STM32单片机
原理与项目实战

刘龙 高照玲 田华 著

人民邮电出版社

北 京

图书在版编目（CIP）数据

STM32单片机原理与项目实战 / 刘龙，高照玲，田华
著. -- 北京 ：人民邮电出版社，2022.9（2024.7重印）
ISBN 978-7-115-57851-8

Ⅰ．①S… Ⅱ．①刘… ②高… ③田… Ⅲ．①单片微
型计算机 Ⅳ．①TP368.1

中国版本图书馆CIP数据核字(2021)第227083号

内 容 提 要

近年来，嵌入式系统开发技术和嵌入式产品的发展势头迅猛，其应用领域涉及通信、消费电子、汽车工业等各个方面。嵌入式系统的设计与开发是一项实践性很强的专业技术，要求从业者深刻理解理论知识，并将原理与实践紧密结合。

本书旨在以实践驱动学习，通过"做中学"的方式让读者掌握相关知识点。全书内容分为10章，主要介绍了STM32系列处理器的基础知识、开发工具、基本系统、通用输入输出端口应用、系统节拍定时器、中断系统、定时器、串行通信、模数转换器，并展示了一个综合项目——温度控制系统。书中提供了19个范例，这些范例可以帮助读者循序渐进地掌握嵌入式系统开发的核心技术。

本书适合电子信息、通信、控制、计算机等相关专业的师生阅读，也适合作为嵌入式系统开发的入门教程，是一本既适合自学入门，又适合教学参考的图书。

◆ 著　　　　　刘 龙　高照玲　田 华
　　责任编辑　胡俊英
　　责任印制　王 郁　焦志炜
◆ 人民邮电出版社出版发行　　北京市丰台区成寿寺路 11 号
　　邮编　100164　　电子邮件　315@ptpress.com.cn
　　网址　https://www.ptpress.com.cn
　　北京七彩京通数码快印有限公司印刷
◆ 开本：800×1000　1/16
　　印张：23　　　　　　　　2022 年 9 月第 1 版
　　字数：458 千字　　　　　2024 年 7 月北京第 5 次印刷

定价：89.80 元

读者服务热线：(010)81055410　印装质量热线：(010)81055316
反盗版热线：(010)81055315
广告经营许可证：京东市监广登字 20170147 号

作者简介

刘龙

熟悉项目管理，精通嵌入式系统软硬件设计，以及 C、Python 等编程语言，拥有 10 余年的嵌入式产品研发经验。现就职于某高校健康医疗科技学院，从事医工结合方面的研究工作。

高照玲

就职于某高校智能与电子工程学院电子信息工程系，主要研究方向为嵌入式软硬件开发与导航、制导和控制。

田华

就职于某高校智能与电子工程学院电子信息工程系，主要研究方向为微控制系统、FPGA嵌入式应用。

前言

近年来，嵌入式系统开发技术和嵌入式产品的发展势头迅猛，其应用领域涉及通信、消费电子、汽车工业、工业控制、信息家电、国防工业等各个方面。嵌入式产品在信息技术产业以及电子工业的经济总额中所占的比重越来越大，对国民经济增长的贡献日益显著。随着手机、媒体播放器、数码相机和机顶盒等嵌入式产品的普及，嵌入式系统的相关知识在广大民众中的传播越来越广泛。出于对嵌入式知识的追求，广大学生纷纷选修嵌入式系统课程，以学习嵌入式系统的理论知识和开发技能。目前，嵌入式系统课程已经成为高等院校计算机及相关专业的一门重要课程，嵌入式系统开发技术是相关领域研究、应用和开发等专业技术人员必须掌握的重要技术之一。

为了适应嵌入式系统开发技术的发展，目前国内众多院校都开设了这门课程，教学目标和内容各有特色和侧重。由于嵌入式系统的设计与开发是一项实践性很强的专业技术，光有理论知识是无法真正深刻理解和掌握的，因此嵌入式系统教学的问题是：讲授理论原理比较容易，难在如何让读者能够有效地进行实践。作者根据近年自身进行嵌入式系统设计的教学和工程实践的经验体会到，只通过书本难以让读者提高嵌入式系统的实际设计能力。传统的以课堂讲授为主、以教师为中心的教学方式会使学生感到枯燥和抽象，难以锻炼学生的嵌入式系统设计所必需的对器件手册、源代码和相关领域的自学能力，难以提高嵌入式系统的实际设计能力。

本书的内容组织遵循工程教育理念，从培养读者能力入手，以实用、切合实际为原则，为读者提供简明、直观、易懂的内容。书中采用实际项目实现为向导，深入浅出地介绍单片机技术的具体应用，并通过具体项目讲解单片机开发的基本流程和方法，以及单片机开发工具的使用方法。这样，读者可以清楚地看到运行的现象或结果，从而留下直观和深刻的印象，并且能迅速理解和掌握单片机的基本工作原理、一般开发流程，以及相关开发工具的使用方法。

一、适用对象

本书适用于电子信息、通信、控制、计算机等相关专业单片机原理及应用课程的教学，也可作为有志于从事嵌入式系统开发的读者的入门教程。

二、学习本书所需的知识和能力基础

学习本书内容需要读者具备基本的 C 语言编程能力，且学习过数字电路、模拟电路等课程，熟悉基本的电路原理。

三、学习总体目标

本书将为读者深入学习嵌入式系统开发打下良好的基础，并着重从以下两方面培养读者的能力。

（1）理论知识：了解单片机的基本概念；了解单片机的应用和发展；理解单片机 C 语言基础；理解 ARM 开发的 Cortex 微控制器软件接口标准（CMSIS）；熟悉 ARM 开发工具和开发环境；理解单片机基本系统；熟悉单片机内部资源。

（2）专业技能：掌握 JLink 驱动安装及其接口调试的方法；掌握 MDK 开发环境的搭建和使用方法；掌握 STM32 系列处理器系统时钟的配置和使用方法；掌握 STM32 系列处理器输入输出端口的配置和使用方法；掌握 STM32 系列处理器中断的配置和使用方法；掌握 STM32 系列处理器的系统节拍定时器和通用定时计数器的配置和使用方法；掌握 STM32 系列处理器通用异步串行通信的配置和使用方法；掌握 STM32 系列处理器模数转换器的配置和使用方法；掌握单片机常用外部设备的扩展和使用方法；掌握单片机软件工程开发方法。

四、内容结构

1．基本结构

本书以工程教育理念为指导，合理安排结构。书中采用典型情境任务开发的方式介绍相应的知识点，充分体现"做中学"的教学思路。本书以 STM32 系列处理器为核心自行设计开发板，设计一个来自工业控制领域的实际项目——温度控制系统，并围绕此项目展开具体内容的讲解。

2．项目简介

温度表征的是物体的冷热程度，是生活及生产中最基本的物理量。自然界中所发生的物理、化学变化过程很多都与温度紧密相关。在生产过程中，温度的测量和控制直接和安全生产、生产效率、节约能源等相关。工业过程中离不开温度控制，不同的控制精度与控制方法对结果起着重要的作用。基于此目的，本书将带领读者完成一个基本的工业温度控制系统的软硬件设计。

工业温度控制系统是工业控制领域的典型系统，通常由采集模块、显示模块、通信模块与控制模块 4 部分组成。

本书首先通过第 1~3 章使读者掌握单片机的基本概念与典型的软硬件开发工具的使用方法；然后在第 4~9 章中，通过理论讲解与实践，完成温度控制系统 4 个组成模块的软硬件设计；最后在第 10 章中，通过对单片机软件工程基础内容的讲解，使读者完成对上述内容的整合与调试。项目与内容的关系如图 0-1 所示。

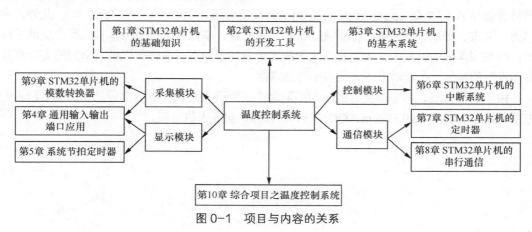

图 0-1　项目与内容的关系

3. 内容概要

全书共 10 章。

第 1 章介绍 ARM 的基本概念、体系结构、应用与发展；ARM Cortex-M 系列微处理器的功能、特点和结构；STM32 系列处理器的性能、结构、存储系统；C 语言开发的编程规范和设计思想；CMSIS 的基本概念、设计及规范。

第 2 章介绍 STM32 系列处理器开发时常用的软件平台及硬件工具；JLink 驱动的安装与调试；MDK 的使用方法。

第 3 章介绍 STM32 系列处理器的基本系统的组成；电源电路的设计与注意事项；复位电路的设计与注意事项；时钟电路的设计与注意事项；调试电路的设计与注意事项等。

第 4 章介绍 STM32 系列处理器通用输入输出端口的内部结构、配置及其使用方法。

第 5 章介绍 STM32 系列处理器系统节拍定时器的概念、相关寄存器和使用方法。

第 6 章介绍 STM32 系列处理器的中断源、中断处理过程、中断寄存器和嵌套向量中断控制器等。

第 7 章介绍 STM32 系列处理器定时器的基本原理及相关寄存器等。

第 8 章介绍串行通信的基本概念；RS-232C 总线标准；STM32 串行通信接口的特性、引脚、结构；STM32 的 UART 中断使用等。

第 9 章介绍 STM32 单片机模数转换器的概念、分类、主要技术指标、引脚配置、相关寄存器等。

第 10 章以温度控制系统为中心，介绍 STM32 单片机系统开发过程中涉及的程序结构、状态机等内容。

本书由刘龙、高照玲、田华编写，其中，刘龙负责编写第 1~4 章（约合 15 万字），高照玲负责编写第 5~7 章（约合 11 万字），田华负责编写第 8~10 章（约合 18 万字）。此外，鞠尔男、韩雪、杨永、王治强、孙丽飞、王伟、宋文斌、李德胜等人也为本书的写作提供了帮助。在编写本书的过程中，大连理工大学的王哲龙博士为本书的创作提供了全面的支持和具有建设性的指导，在此对上述人员表示特别感谢。

由于水平有限，书中难免有遗漏和不足之处，恳请广大读者提出宝贵意见，本书作者的电子邮箱是 edaworld@163.com，QQ 为 915897209，欢迎来信交流。

资源与支持

本书由异步社区出品，社区（https://www.epubit.com/）为您提供相关资源和后续服务。

配套资源

本书提供配套资源，请在异步社区本书页面中单击"配套资源"，跳转到下载界面，按提示进行操作即可。注意：为保证购书读者的权益，该操作会给出相关提示，要求输入提取码进行验证。

如果您是教师，希望获得教学配套资源，请在社区本书页面中直接联系本书的责任编辑。

提交勘误

作者和编辑尽最大努力来确保书中内容的准确性，但难免会存在疏漏。欢迎您将发现的问题反馈给我们，帮助我们提升图书的质量。

当您发现错误时，请登录异步社区，按书名搜索，进入本书页面，单击"提交勘误"，输入勘误信息，单击"提交"按钮即可。本书的作者和编辑会对您提交的勘误进行审核，确认并接受后，您将获赠异步社区的 100 积分。积分可用于在异步社区兑换优惠券、样书或奖品。

扫码关注本书

扫描下方二维码，您将会在异步社区微信服务号中看到本书信息及相关的服务提示。

与我们联系

我们的联系邮箱是 contact@epubit.com.cn。

如果您对本书有任何疑问或建议，请您发邮件给我们，并请在邮件标题中注明本书书名，以便我们更高效地做出反馈。

如果您有兴趣出版图书、录制教学视频，或者参与图书翻译、技术审校等工作，可以发邮件给我们；有意出版图书的作者也可以到异步社区在线投稿（直接访问 www.epubit.com/ contribute 即可）。

如果您所在的学校、培训机构或企业，想批量购买本书或异步社区出版的其他图书，也可以发邮件给我们。

如果您在网上发现有针对异步社区出品图书的各种形式的盗版行为，包括对图书全部或部分内容的非授权传播，请您将怀疑有侵权行为的链接发邮件给我们。您的这一举动是对作者权益的保护，也是我们持续为您提供有价值的内容的动力之源。

关于异步社区和异步图书

"异步社区"是人民邮电出版社旗下 IT 专业图书社区，致力于出版精品 IT 图书和相关学习产品，为作译者提供优质出版服务。异步社区创办于 2015 年 8 月，提供大量精品 IT 图书和电子书，以及高品质技术文章和视频课程。更多详情请访问异步社区官网 https://www.epubit.com。

"异步图书"是由异步社区编辑团队策划出版的精品 IT 专业图书的品牌，依托于人民邮电出版社近 40 年的计算机图书出版积累和专业编辑团队，相关图书在封面上印有异步图书的 LOGO。异步图书的出版领域包括软件开发、大数据、人工智能、测试、前端、网络技术等。

异步社区

微信服务号

目录

第1章
STM32 单片机的基础知识

本章导读

1. 主要内容

单片机是一种集成电路芯片，也是采用超大规模集成电路技术，把 CPU、RAM、ROM、I/O 口和中断系统、定时器/计时器等功能集成到一块硅片上，构成的一个小而完善的微型计算机系统。目前单片机已经渗透到我们生活的很多领域，几乎很难找到哪个领域没有应用单片机。

由于 ARM 具有强大的处理能力和极低的功耗，现在越来越多的公司在产品选择的时候都考虑使用 ARM 处理器。特别是在工控领域，随着 ARM 功能的增强和完善，其在某些方面可以取代原先 x86 架构的单片机。基于以上两个原因，学习和使用 ARM 处理器已经变得非常流行。

本章主要介绍 ARM 的基本概念、体系结构、应用与发展；ARM Cortex-M 系列微处理器的功能、特点和结构；STM32 系列处理器的性能、结构、存储系统；C 语言开发的编程规范和设计思想；CMSIS 的基本概念、设计及规范。

2. 总体目标

（1）掌握 ARM 的基本概念；

（2）了解 ARM 的体系结构、应用与发展；

（3）了解 ARM Cortex-M 系列微处理器的功能、特点和结构；

（4）理解 STM32 系列处理器的性能、结构、存储系统；

（5）掌握 C 语言开发的编程规范和设计思想；

（6）掌握 CMSIS 的基本概念、设计及规范。

3. 重点与难点

重点：掌握 ARM 的基本概念；了解 ARM Cortex-M 系列微处理器的功能、特点和结构；理解 STM32 系列处理器的性能、结构、存储系统；掌握 C 语言开发的编程规范和设计思想。

难点：掌握 CMSIS 的基本概念、设计及规范。

4．解决方案

对于 CMSIS 的基本概念、设计及规范，可通过对具体实例中代码的逐条讲解，强化概念理解记忆。

在各种不同类型的嵌入式系统中，以微控制器（Microcontroller）作为系统的主要控制核心所构成的单片嵌入式系统（国内通常称为单片机系统）占据着非常重要的地位。本书将介绍以 Cortex-M 系列微控制器为核心的单片嵌入式系统的原理，以及硬软件设计、调试等方法。

单片嵌入式系统的硬件基本构成可分成两大部分：微控制器芯片和外围的接口与控制电路。其中微控制器是构成单片嵌入式系统的核心。

微控制器又称为单片微型计算机（Single-Chip Microcomputer 或 One-Chip Microcomputer），或者嵌入式微控制器（Embedded Microcontroller）。国内普遍使用的名字为"单片机"。尽管单片机的"机"的含义并不十分恰当，甚至比较模糊，但考虑到多年来国内习惯了"单片机"这一叫法，为了符合我国的使用习惯，本书仍采用"单片机"的名称。

所谓的微控制器即单片机，它通常只是一片大规模集成电路芯片，但在芯片的内部却集成了中央处理器（Central Processing Unit，CPU）、各种存储器（RAM、ROM、EPROM、EEPROM 和 FlashROM 等）、各种输入输出接口（定时器/计数器、并行 I/O 接口、串行 I/O 接口以及模数转换接口等）等众多的部件。因此，一片芯片就构成了一个基本的微型计算机系统。

单片机的微小体积，极低的成本和面向控制的设计，使得它作为智能控制的核心器件被广泛地应用于嵌入式工业控制、智能仪器仪表、家用电器、电子通信产品等各个领域中的电子设备和电子产品。可以说，由以单片机为核心构成的单片嵌入式系统已成为现代电子系统中最重要的组成部分。

1.1　单片机的由来与发展历史

1.1.1　嵌入式系统

1．什么是嵌入式系统

以往我们按照计算机的体系结构、运算速度、结构规模、适用领域，将其分为巨型计算机、大型计算机、小型计算机和微型计算机，并以此来组织学科和产业分工，这种分类沿袭了约 40 年。近 20 年来，随着计算机技术的迅速发展，以及计算机技术和产品对其他行业的广泛渗透，以应用为中心的分类方法变得更切合实际。具体来说，就是按计算机的非嵌入式应用和嵌入式应用将其分为通用系统和嵌入式系统。

通用系统具有计算机的标准形态,通过装配不同的应用软件,以类同面目出现,并应用在社会的各个方面。现在我们在办公室里、家里,最广泛使用的 PC 就是通用系统最典型的代表。

而嵌入式计算机以嵌入式系统的形式出现在各种装置、产品和系统中。在许多的应用领域中,如工业控制、智能仪器仪表、家用电器、电子通信设备等的电子系统和电子产品中,我们对计算机的应用有着不同的要求。这些要求的主要特征为:

- ❑ 面对控制对象。面对传感器转换的信号输入;面对人机交互的操作控制;面对对象的伺服驱动和控制。
- ❑ 嵌入应用系统。体积小、功耗小、价格低廉,可方便地嵌入应用系统和电子产品。
- ❑ 能在工业现场环境中可靠地运行。
- ❑ 优良的控制功能。面对外部的各种模拟和数字信号能及时地捕捉,面对多种不同的控制对象能灵活地进行实时控制。

可以看出,满足上述要求的计算机系统与通用系统是不同的。换句话讲,能够满足和适合以上这些应用的计算机系统与通用系统在应用目标上有巨大的差异。

我们将具备高速计算能力和海量存储,用于高速数值计算和海量数据处理的计算机系统称为通用系统。而将面对工控领域对象,嵌入各种控制应用系统、各类电子系统和电子产品,实现嵌入式应用的计算机系统称为嵌入式系统(Embedded System)。

对于特定的环境、特定的功能,计算机系统需要与所嵌入的应用环境成为一个统一的整体,并且往往要满足紧凑、高可靠性、实时性好、低功耗等技术要求。这样一种面向具体、专用应用目标的计算机系统的设计方法和开发技术,构成了今天嵌入式系统的重要内涵,也是嵌入式系统发展成一个相对独立的计算机研究和学习领域的原因。

2. 嵌入式系统的特点与应用

嵌入式系统是以应用为核心、以计算机技术为基础、软件硬件可裁剪,以及对功能、可靠性、安全性、成本、体积、重量、功耗、环境等方面有严格要求的专用计算机系统。嵌入式系统将应用程序、操作系统与计算机硬件集成在一起,简单地讲就是系统的应用软件与系统的硬件一体化。这种系统具有软件代码少、高度自动化、响应速度快等特点,特别适用于面向对象的实时性要求高的应用和多任务的应用。

嵌入式系统在应用数量上远远超过了各种通用系统,一台通用系统计算机,如 PC 的外部设备中包含了 5～10 个嵌入式系统:键盘、鼠标、软驱、硬盘、显卡、显示器、调制解调器(Modem)、网卡、声卡、打印机、扫描仪、数字相机、USB 集线器等均是由嵌入式处理器控制的。制造、过程控制、通信、仪器、仪表、汽车、船舶、航空、航天、军事装备、消费等均是嵌入式计算机的应用领域。

通用系统和嵌入式系统形成了计算机技术的两大分支。与通用系统相比，嵌入式系统最显著的特性是它面对工控领域的测控对象。工控领域的测量对象几乎都是物理量，如压力、温度、速度、位移等；控制对象则包括马达、电磁开关等。嵌入式系统对这些量的采集、处理等是有限的，而对控制方式和能力的要求是多种多样的。显然，这一特性形成并决定了嵌入式系统和通用系统在系统结构、技术、学习、开发和应用等诸多方面的差别，也使得嵌入式系统成为计算机技术发展中的一个重要分支。

嵌入式系统以其独特的结构和性能，越来越多地应用于国民经济的各个领域。

1.1.2　嵌入式计算机系统

嵌入式系统根据其核心控制部件的不同可分为几种不同的类型：

❑　各种类型的工控机；
❑　可编程逻辑控制器（Programmable Logic Controller，PLC）；
❑　以通用微处理器或数字信号处理器构成的嵌入式系统；
❑　单片嵌入式系统。

采用上述不同类型的核心控制部件所构成的系统都实现了嵌入式系统的应用，组成了嵌入式系统应用的"庞大家族"。

以单片机作为控制核心的单片嵌入式系统大部分应用于专业性极强的工业控制系统，其主要特点是：结构和功能相对单一、存储容量较小、计算能力和效率比较低、具有简单的用户接口。由于这种嵌入式系统功能专一可靠、价格便宜，因此在工业控制、电子智能仪器仪表等领域有着广泛的应用。

作为单片嵌入式系统的核心控制部件，单片机从体系结构到指令系统都是按照嵌入式系统的应用特点专门设计的，它能较好地满足面对控制对象、应用系统的嵌入、现场的可靠运行和优良的控制功能等要求。因此，单片系统应用是发展最快、品种最多、数量最大的嵌入式系统，有着广泛的应用前景。由于单片机具有嵌入式系统的专用体系结构和指令系统，因此在其基本体系结构上，可衍生出能满足各种不同应用系统要求的系统或产品。用户可根据应用系统的各种不同要求和功能，选择最佳型号的单片机。

一个典型的嵌入式系统——单片嵌入式系统，在我国大规模应用已有几十年的历史。它不但是中小型工控领域、智能仪器仪表、家用电器、电子通信设备和电子系统中的重要工具和普遍的应用手段，同时，单片嵌入式系统的广泛应用和不断发展，也大大推动了嵌入式系统技术的快速发展。因此对于电子、通信、工业控制、智能仪器仪表等相关专业的学生来讲，深入学习和掌握单片嵌入式系统的原理与应用，不仅能对自己所学的基础知识进行检验，而且能够培养和锻炼自己的分析问题、综合应用和动手实践的能力，掌握真正的专业技能和应用技术。同时，深入学习和掌握单片嵌入式系统的原理与应用，可为更好地掌握其他嵌入式系统打下基础。

1.1.3 单片机的发展历史

美国英特尔（Intel）公司在 1971 年推出了 4004 型 4 位微处理器芯片；1972 年推出了 8 位单片机雏形 8008；1976 年推出 MCS-48 单片机。此后的 30 年中，单片机的发展和其相关的技术经历了数次的更新换代，大约每三四年更新一代、集成度增加、功能加强。

尽管单片机的历史并不长，但以 8 位单片机的推出为起点，单片机的发展大致可分为 4 个阶段。

第一阶段（1976—1978 年）：初级单片机阶段。以 Intel 公司的 MCS-48 为代表，这个系列的单片机内集成 8 位 CPU、I/O 口、8 位定时器/计数器，寻址范围不大于 4KB，有简单的中断功能，无串行接口。

第二阶段（1978—1982 年）：单片机完善阶段。在这一阶段推出的单片机的功能有较大的加强，能够应用于更多的场合。这个阶段的单片机普遍带有串行 I/O 口、有多级中断处理系统、16 位定时器/计数器，片内集成的 RAM、ROM 容量加大，寻址范围可达 64KB。一些单片机内还集成了模数转换器。这类单片机的典型代表有 Intel 公司的 MCS-51、摩托罗拉（Motorola）公司的 6801 和 Zilog 公司的 Z80 等。

第三阶段（1982—1992 年）：8 位单片机巩固阶段及 16 位高级单片机发展阶段。在此阶段，尽管 8 位单片机的应用已普及，但为了更好地满足测控系统的嵌入式应用的要求，单片机集成的外围接口电路有了更大的扩充。这个阶段单片机的代表为 8051 系列。许多半导体公司和生产厂商以 MCS-51 的 8051 为内核，推出了满足各种嵌入式应用的多种类型和型号的单片机。单片机主要技术发展如下。

（1）外围功能集成。满足模拟量直接输入的模数转换接口；满足伺服驱动输出的 PWM；保证程序可靠运行的程序监控定时器 WDT（俗称看门狗定时器）。

（2）出现了为满足串行外围扩展要求的串行扩展总线和接口，如串行外部接口（Serial Peripheral Interface，SPI）、内部集成总线（Inter Integrated Circuit，I²C）、单总线（1-Wire）等。

（3）出现了为满足分布式系统，突出控制功能的现场总线接口，如 CAN 总线等。

（4）在程序存储器方面广泛使用了片内程序存储器技术，出现了片内集成 EPROM、EEPROM、FlashROM 以及 MaskROM、OTPROM 等各种类型的单片机，以满足不同产品的开发和生产的需求，也为最终取消外部程序存储器扩展奠定了良好的基础。

与此同时，一些公司面向更高层次的应用，推出了 16 位单片机，典型代表有 Intel 公司的 MCS-96 系列单片机。

第四阶段（1993 年至今）：百花齐放阶段。现阶段单片机发展的显著特点是百花齐放、技术创新，以满足日益增长的广泛需求。单片机主要技术发展如下。

（1）单片嵌入式系统应用是面对最底层的电子技术应用，从简单的玩具、小家电到复杂的工业控制系统、智能仪器仪表、电器控制，以及机器人、个人通信信息终端、机顶盒等。因此，面对不同的应用对象，不断推出满足不同领域要求的，从简易功能到功能齐全的单片机。

（2）大力发展专用型单片机。早期的单片机是以通用型为主的。由于单片机设计生产技术提高、周期缩短、成本下降，以及许多特定类型电子产品（如家电类产品的巨大的市场需求）推动了专用型单片机的发展。在这类产品中采用专用型单片机，具有低成本、资源有效利用、系统外围电路少、可靠性高等优点。因此，专用型单片机也是单片机发展的一个主要方向。

（3）致力于提高单片机的综合品质。采用更先进的技术来提高单片机的综合品质，如提高 I/O 口的驱动能力；增加抗静电和抗干扰功能；宽（低）电压低功耗等。

1.1.4 单片机的发展趋势

纵观 30 多年的发展过程，单片嵌入式系统的核心——单片机，正朝着多功能、多选择、高速度、低功耗、低价格、扩大存储容量和加强 I/O 功能等方向发展。其进一步的发展趋势是多方面的。

（1）全盘互补金属氧化物半导体（Complementary Metal Oxide Semiconductor，CMOS）化。CMOS 电路具有许多优点，如极宽的工作电压范围、极佳的低功耗及功耗管理特性等。CMOS 化已成为目前单片机及其外围器件流行的趋势。

（2）采用精简指令集计算机（Reduced Instruction Set Computer，RISC）体系结构。早期的单片机大多采用 CISC 体系结构，指令复杂，指令代码、周期数不统一，指令运行很难实现流水线操作，大大阻碍了运行速度的提高。如 MCS-51 系列单片机，当外部时钟频率为 12MHz 时，其单周期指令运行速度仅为 1MIPS。采用 RISC 体系结构和精简指令后，单片机的指令绝大部分成为单周期指令，而通过增加程序存储器的指令宽度（如从 8 位增加到 16 位），实现了一个地址单元存放一条指令。在这种体系结构中，很容易实现并行流水线操作，可大大提高指令运行速度。目前，一些 RISC 体系结构的单片机，如美国爱特梅尔半导体（Atmel）公司的 AVR 系列单片机已实现了在一个时钟周期执行一条指令。与 MCS-51 相比，在相同的 12MHz 外部时钟频率下，单周期指令运行速度可达 12MIPS，一方面可获得很高的指令运行速度；另一方面，在相同的运行速度下，可大大降低时钟频率，有利于获得良好的电磁兼容效果。

（3）多功能集成化。单片机在内部已集成了越来越多的部件，如定时器/计数器、模拟比较器、模数转换器、模数转换器、串行通信接口、WDT、LCD 控制器等。还有的单片机为了构成控制网络或形成局部网，内部含有局部网络控制模块 CAN 总线。为了能在变频控制中方便地使用单片机，需形成最具经济效益的嵌入式控制系统。有的单片机内部设置了专门用于变频控制的脉宽调制（Pulse Width Modulation，PWM）控制电路。

（4）片内存储器的改进与发展。目前新型的单片机一般在片内集成两种类型的存储器：静态随机存储器（Static Random Access Memory，SRAM），作为临时数据存储器存放工作数据；只读存储器 ROM，作为程序存储器存放系统控制程序和固定不变的数据。片内存储器的改进与发展的方向是扩大容量、加强 ROM 数据的易写和保密等特性。一般新型的单片机在片内集成的 SRAM 的容量在 128B～1KB，ROM 的容量一般为 4KB～8KB。为了适应网络、音视频等高端产品的需要，单片机在片内集成了更大容量的 RAM 和 ROM，如 Atmel 公司的 ATmega16，片内的 SRAM 为 1KB，FlashROM 为 16KB。而该系列的高端产品 ATmega256 片内集成了 8KB 的 SRAM，256KB 的 FlashROM 和 4KB 的 EEPROM。

❑ 片内程序存储器由 EPROM 型向 FlashROM 型发展。早期的单片机在片内往往没有程序存储器或片内集成 EPROM 型的程序存储器。将程序存储器集成在单片机内可以大大提高单片机的抗干扰性能、提高程序的保密性、减少硬件设计的复杂性等，因此片内程序存储器已成为新型单片机的标准方式。但由于 EPROM 需要使用 12V 电压编程写入，具有紫外线擦除、重写入次数有限等特点，给使用带来了不便。新型的单片机则采用 FlashROM、MaskROM、OTPROM 作为片内的程序存储器。FlashROM 在常用电压（如 5V/3V）下就可以实现编程写入和擦除操作，重写次数在 10 000 次以上，并可实现在线系统可编程（In System Programmable，ISP）技术的优点，为使用带来极大的方便。采用 MaskROM 的微控制器称为掩模芯片，它是在芯片制造过程中就将程序"写入"了，并且永远不能改写。采用 OTPROM 的微控制器，其芯片出厂时片内的程序存储器是"空的"，它允许用户将自己编写好的程序一次性地编程写入，之后便再也无法修改了。后两种类型的单片机适合大批量产品生产，而前两种类型的微控制器适合产品的设计开发、批量生产以及学习培训的应用。

❑ 程序保密化。一个单片嵌入式系统的系统程序是系统的最重要的部分，是知识产权保护的核心。为了防止片内的程序被非法读出并复制，新型的单片机往往对片内的程序存储器采用加锁保密措施。系统程序编程写入片内的程序存储器后，可以再对加密保护单元编程，给芯片加锁。加锁加密后，从芯片的外部无法读取片内的系统程序代码，若将加密单元擦除，则片内的程序同时被擦除，这样便达到了程序保密的目的。

（5）ISP、IAP 及基于 ISP、IAP 技术的开发和应用。微控制器在片内集成 EEPROM、FlashROM 的发展，导致了 ISP 技术在单片机中的应用。首先实现了系统程序的串行编程写入（下载），使得我们不必将焊接在印制电路板（Printed Circuit Board，PCB）上的芯片取下，就可直接将程序下载到单片机的程序存储器，淘汰了专用的程序下载写入设备。其次，基于 ISP 技术的实现，模拟仿真开发技术重新兴起。在单时钟、单指令运行的 RISC 结构的单片机中，可实现 PC 通过串行电缆对目标系统进行在线仿真调试。在 ISP 技术应用的基础上，又发展了在线程序可编程（In Application Programmable，IAP）技术，也称在线应用可编程技术。利用 IAP 技术，可实现用户随时根据需要在线对原有的系统方便地更新软件、修改软件，还能实现对系统软件的远程诊断、远程调试和远程更新。

（6）实现全面功耗管理。采用 CMOS 工艺后，单片机具有极佳的低功耗和功耗管理功能。它包括以下几个方面。

❑ 传统的 CMOS 单片机的低功耗运行方式，即闲置方式（Idle Mode）、掉电方式（Power Down Mode）。

❑ 双时钟技术。配置有高速（主）和低速（子）两个时钟系统。在不需要高速运行时，则转入低速时钟系统的控制下，以节省功耗。

❑ 片内外围电路的电源管理。对集成在片内的外围接口电路实行供电管理，当该外围电路不运行时，关闭其供电。

❑ 低电压节能技术。CMOS 电路的功耗与电源电压有关，降低系统的供电电压，能大幅度降低器件的功耗。新型的单片机往往具有宽电压（3V～5V）或低电压（3V）运行的特点。低电压、低功耗是手持便携式系统重要的追求目标，也是绿色电子的发展方向。

（7）以串行总线方式为主的外围扩展。目前，单片机与外围器件接口技术发展的一个重要方向是由并行外围总线接口向串行外围总线接口的发展。采用串行总线方式为主的外围扩展技术具有方便、灵活、电路系统简单、占用 I/O 资源少等特点。虽然采用串行接口比采用并行接口数据传输速度慢，但随着半导体集成电路技术的发展，大批采用标准串行总线通信协议（如 SPI、I²C、1-Wire 等）的外围芯片器件的出现，串行传输速度不断提高（可达到 1Mbit/s～10Mbit/s 的速率），可片内集成程序存储器而不必外部并行扩展程序存储器，加上单片嵌入式系统有限速的要求，使得以串行总线方式为主的外围扩展方式能够满足大多数系统的需求，从而成为流行的扩展方式，而采用并行接口的扩展技术成为辅助方式。

（8）单片机向单片系统的发展。单片系统（System on a Chip，SoC）是一种高度集成化、固件化的芯片级集成技术，其核心思想是把除了无法集成的某些外部电路和机械部分之外的所有电子系统等电路全部集成在一片芯片。现在，一些新型的单片机（如 AVR 系列单片机）已经具有 SoC 的雏形，在一片芯片集成了各种类型和更大容量的存储器、更多性能更加完善和强大的功能电路接口，这使得原来需要几片甚至十几片芯片组成的系统，现在只用一片芯片就可以实现。其优点是不仅减小了系统的体积和降低了成本，而且大大提高了系统硬件的可靠性和稳定性。

1.2　单片机的应用

1.2.1　单片机的应用结构

仅由一片单片机芯片是不能构成一个应用系统的。系统的核心控制芯片往往还需要与一些外围芯片、器件和控制电路机构有机地连接在一起，才能构成一个实际的单片机系统；进而嵌入应用对象的环境体系中，作为其中的核心智能化控制单元而构成典型的单片系统，如洗衣机、电视机、空调、智能仪器仪表等。

单片嵌入式系统的结构如图1-1所示，通常包括三大部分，即能实现嵌入式对象各种应用要求的单片机、系统硬件电路和系统软件。

（1）单片机：单片机是单片嵌入式系统的核心控制芯片，由它实现对控制对象的测控、系统运行管理控制和数据运算处理等功能。

（2）系统硬件电路：根据系统采用单片机的特性以及嵌入对象要实现的功能要求而配备的外围芯片、器件所构成的全部硬件电路。通常包括以下几部分。

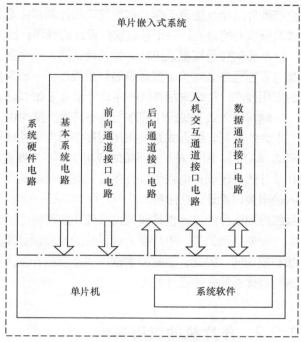

图1-1　单片嵌入式系统的结构

- ❑ 基本系统电路。提供和满足单片机系统运行所需要的时钟电路、复位电路、供电电路、驱动电路、扩展的存储器等。
- ❑ 前向通道接口电路。这是应用系统面向对象的输入接口电路，通常有传感器、变换器输入通道。根据现实世界物理量转换成输出信号的类型的不同，如模拟电压、开关信号、数字脉冲信号等，接口电路也不同。常见的有传感器、信号调理器、模数转换器（Analog-to-Digital Conversion，ADC）、开关量输入、频率测量接口等。
- ❑ 后向通道接口电路。这是应用系统面向对象的输出接口电路。根据应用对象伺服和控制要求，通常有数模转换器（Digital-to-Analog Conversion，DAC）、开关量输出电路、功率驱动接口、PWM 输出控制器等。

❑ 人机交互通道接口电路。人机交互通道接口电路是满足应用系统人机交互需求的电路，包括与键盘、拨动开关、发光二极管、数码管、液晶显示器、打印机等相连多种输入输出接口电路。

❑ 数据通信接口电路。数据通信接口电路是满足远程数据通信或构成多机网络应用系统的电路，通常包括 RS-232、PSI、I²C、CAN 总线、USB 总线等通信接口电路。

（3）系统软件：系统软件的核心就是下载到单片机中的系统运行程序。整个嵌入式系统全部硬件的相互协调工作、智能管理和控制都由系统运行程序决定。它可被认为是单片嵌入式系统核心的核心。一个系统软件设计的好坏，往往决定了整个系统性能的好坏。

系统软件是根据系统功能要求设计的，一个嵌入式系统的运行程序实际上是该系统的监控与管理程序。对于小型系统的应用程序，一般采用汇编语言编写。而对于中型和大型系统的应用程序，往往采用高级程序设计语言（如 C 语言）来编写。

编写嵌入式系统应用程序与编写其他类型的软件程序（如基于 PC 的应用软件设计开发）有很大的不同，嵌入式系统应用程序多面向硬件底层和控制，而且要面对有限的资源（如有限的 RAM）。因为嵌入式系统的应用软件不仅要直接面对单片机及与它连接的各种不同种类和设计的外围硬件电路编程，还要面对系统的具体应用和功能编程。整个运行程序常常是输入输出接口设计、存储器、外围芯片、中断处理等交织在一起。因此，除了硬件系统的设计，系统应用软件的设计也是嵌入式系统开发研制过程中重要和困难的任务。

需要强调的是，单片嵌入式系统的硬件设计和软件设计之间的关系是十分紧密、互相依赖和制约的。因此，通常要求嵌入式系统的开发人员既要具备扎实的硬件设计能力，也要具备相当优秀的软件设计能力。

1.2.2　单片机的应用领域

以单片机为核心构成的单片嵌入式系统已成为现代电子系统中最重要的组成部分。在现代的数字化世界中，单片嵌入式系统已经大量地渗透到我们生活的各个领域，几乎很难找到哪个领域没有单片机的踪迹。飞机上各种仪表的控制、计算机的网络通信与数据传输、工业自动化过程的实时控制和数据处理、生产流水线上的机器人、医院里先进的医疗器械和仪器、广泛使用的各种智能 IC 卡、小朋友的程控玩具和电子宠物等都是典型的单片嵌入式系统应用。

单片机芯片的微小体积、极低的成本和面向控制的设计，使得它作为智能控制的核心器件被广泛地用于嵌入式工业控制、智能仪器仪表、家用电器、电子通信产品等各个领域的电子设备和电子产品中，主要的应用领域有以下几个方面。

（1）智能家用电器。俗称带"电脑"的家用电器，如电冰箱、空调、微波炉、电饭锅、电视机、洗衣机等。在传统的家用电器中嵌入单片机系统后，产品的性能、特点都可得到很大的改善，实现运行智能化、温度的自动控制和调节、节约电能等。

（2）智能机电一体化产品。单片机嵌入式系统与传统的机械产品相结合，使传统的机械产品结构简化、控制智能化，从而构成新一代的机电一体化产品。这些产品已在纺织、机械、化工、食品等工业生产中发挥出巨大的作用。

（3）智能仪器仪表。用嵌入式系统改造原有的测量、控制仪器仪表，能促使仪器仪表向数字化、智能化、多功能化、综合化、柔性化等方向发展。由嵌入式系统构成的智能仪器仪表可以集测量、处理、控制功能于一体，赋予传统的仪器仪表崭新的面貌。

（4）测控系统。用嵌入式系统可以构成各种工业控制系统、适应控制系统、数据采集系统等，例如温室人工气候控制、汽车数据采集与自动控制系统。

1.3 其他单片机

在单片机发展的历程中，51 单片机做出了非常重要的贡献。

今天的所谓的 51 单片机实际上是一个总概念，泛指所有采用了 Intel 公司的 MCS-51 内核架构，或与 MCS-51 兼容的那些单片机。典型的代表为 Intel 公司生产的 8051 系列单片机。目前国际上仍有许多半导体公司和生产厂商以 MCS-51 为内核，推出了经过改进和扩展的、满足各种嵌入式应用的多种类型和型号的 51 兼容单片机。所以 51 单片机在单片嵌入式系统的应用中占据着非常重要的地位。

在国内高校的单片机系统课程与教学中，20 多年来基本上都是以 51 单片机作为构成单片机系统的典型控制芯片介绍的，培养出了大批了解、熟悉以及掌握 51 单片机的技术人员和工程师，出版了大批与 51 单片机相关的教材和应用参考书。直到现在，国内的 51 单片机还是有着相当庞大的用户群体。

从应用和市场的角度看，51 单片机仍能满足许多应用系统的需求，并且有着价格低廉、参考资料和例程多等许多优点。除此之外，现在许多半导体公司和生产厂商也不断地在推出多种类型和型号的、以 MCS-51 为内核、经过比较大的改进和扩展的 51 兼容 SoC 单片机，它们的性能比标准的 8051 单片机高得多，也能够满足许多更高要求的应用。

但由于 MCS-51 本身的内核结构的局限性，51 单片机，尤其是标准 51 架构的单片机，在性能、技术和硬件与软件设计理念等方面已经落后了。从技术角度看，标准 51 架构的单片机已经跟不上单片机流行和发展的趋势了。

随着单片机系统技术的发展，目前市场上出现了许多新型的 32 位芯片。其中以 ARM 公司为基础的微控制器、微处理器的发展尤为引人注目。ARM 采用了 RISC 结构，在速度、内存容量、外围接口的集成化程度，以及向串行扩展、更适合使用高级语言编程等众多的特性，其所使用的开发技术和仿真调试技术等方面，都充分体现和代表了当前单片嵌入式系统发展的趋势。也正是这些显著特点和具有极高的性价比，使得 ARM 处理器得到广泛的应用，成为市场上的主流芯片之一。

因此，从教育的长远和发展眼光出发，我们的教学与学习的目标应该更高些。要相应地改变教学内容、教学方式和学习方式，充分体现和融入新的技术、新的硬件和软件系统设计理念和方法，为培养适应当今技术发展的嵌入式系统工程师和打好坚实的基础，以满足社会对高水平人才的需求。

1.4　ARM 简介

1.4.1　ARM 公司简介

ARM 是 Advanced RISC Machines 的缩写，ARM 公司是微处理器行业的一家知名企业，最初是由苹果（Apple）、Acorn 计算机集团和 VLSI Technology 组成的合资企业。ARM 公司的总部位于英国剑桥，在全球设立了多个办事处和设计中心，也设计了大量高性能、廉价、低功耗的 RISC 处理器及软件，发展了相关技术。ARM 公司设计的处理器具有性能高、成本低、功耗小和代码密度大等特点，广泛应用于手机、数字机顶盒、汽车制动系统、网络路由器等。

ARM 公司将其一些知识产权授权给世界上许多著名的半导体、软件和 OEM 企业，每个厂商得到 IP 内核后结合自己的特点，设计生产各自特点的 ARM 芯片。利用这种方式，ARM 公司已经和全世界 200 多家公司合作，出售了 600 多个处理器许可证。以这种合作关系，ARM 公司很快成为全球 RISC 标准的缔造者。目前为止，市面上已有超过 150 亿枚基于 ARM 的芯片。ARM 取得了巨大的市场份额，可以说 ARM 公司的收益增速通常要比整个半导体行业快。

随着 ARM 的不断普及，ARM 已不再是遥不可及的高端处理器。ARM 公司设计出了一系列面向低端市场的微处理器内核——Cortex-M 系列内核，大有以之取代 8 位和 16 位微处理器的趋势。

1.4.2　ARM 的体系结构

ARM 的体系结构并不复杂，可以进行极小规模的实现，从而实现其高性能、低功耗等特点。ARM 是 32 位精简指令集计算机（RISC），它集成了非常典型的 RISC 结构并具有以下特性：

- ❑　大型统一寄存器文件；
- ❑　加载/存储体系结构。其中的数据处理操作只针对寄存器内容，并不直接针对内存内容；
- ❑　简单寻址模式。所有加载/存储地址只通过寄存器内容和指令字段确定。

此外，ARM 体系结构还包括某些可改进代码密度和性能的其他主要特性：

- ❑ 可组合使用转换与算术或逻辑运算的指令；
- ❑ 用于优化程序循环的自动递增和自动递减寻址模式；
- ❑ 加载和存储多个指令以使数据吞吐量最大化；
- ❑ 几乎所有指令都采取条件执行的方式执行，以使执行吞吐量最大化。

这些对基本 RISC 体系结构的增强使 ARM 处理器可以在高性能、较少代码、较低功耗和较小硅片几个方面实现良好平衡。

1.4.3 ARM 的发展

ARM 公司开发了很多系列的 ARM 处理器内核，以前都是以 ARMx（x 为具体数字）进行命名的，如比较经典的 ARM7、ARM9、ARM11 等。目前，ARM 公司不再按照这样的方式命名，而是按照应用等级划分成 3 个类别，并以 Cortex 为前缀进行命名，而且每一个大的系列又分若干小的系列。

ARM Cortex 系列处理器采用全新的 ARM v7 架构，根据适用的领域不同，ARM 微处理器分为三大类：

- ❑ Cortex-A 系列——面向开放式操作系统的高性能处理器；
- ❑ Cortex-R 系列——面向实时应用且具备卓越性能的处理器；
- ❑ Cortex-M 系列——面向具有确定性的微控制器应用的成本敏感型解决方案的处理器。

图 1-2 所示为目前市场上比较流行的根据性能、功能和处理能力来划分的几大系列的微处理器。

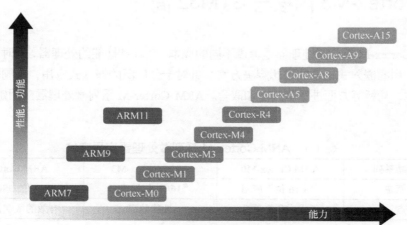

图 1-2 ARM 处理器性能比较

ARM 体系结构的发展经历了几个关键时期，图 1-3 所示为 ARM 体系结构的发展过程，包含其各阶段支持的指令集和对应的内核版本。

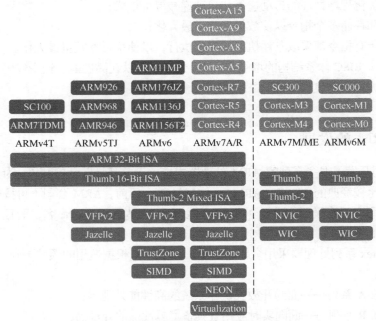

图 1-3 ARM 体系结构的发展过程

1.5 Cortex-M3 内核与 STM32 简介

ARM Cortex-M 系列微处理器是考虑不同的成本、功耗和性能的处理器，同时是各类可兼容、易于使用的嵌入式设备的理想解决方案。针对十分广泛的嵌入式应用，不同的处理器在性能、成本、功耗等方面进行了权衡和取舍。ARM Corter-M 系列微处理器应用定位如表 1-1 所示。

表 1-1 ARM Cortex-M 系列微处理器应用定位

微处理器系列	ARM Cortex-M0	ARM Cortex-M3	ARM Cortex-M4
应用领域	"8/16 位"应用	"16/32 位"应用	"32 位/DSC"应用
特点	低成本和简单性	性能效率	有效的数字信号控制

图 1-4 所示为 ARM Cortex-M 系列微处理器性能比较。Cortex-M 系列微处理器都是二进

制向上兼容的，这使得软件重用以及从一个 Cortex-M 处理器无缝发展成另一个处理器成为可能。

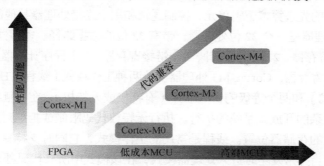

图 1-4　ARM Cortex-M 系列微处理器性能比较

1.5.1　什么是 Cortex-M3 内核

ARM Cortex-M3 是一种基于 ARMv7 架构的 ARM 嵌入式内核，它采用哈佛结构，使用分离的指令和数据总线。ARM 公司对 Cortex-M3 的定位是：向专业嵌入式市场提供低成本、低功耗的芯片。在成本和功耗方面，Cortex-M3 具有相当好的性能。和所有的 ARM 内核一样，ARM 公司将其设计授权给各个制造商开发具体的芯片。Cortex-M3 内核通过接口总线的形式挂载了储存器、外设、中断等组成一个多点控制器（Multipoint Control Unit，MCU）。迄今为止，已经有多家芯片制造商开始生产基于 Cortex-M3 内核的 MCU。目前 Cortex-M3 处理器内核的授权客户包括东芝（Toshiba）、意法半导体（ST）、Ember、Accent、Actel、ENERGY、ADL、思智浦半导体（NXP）、德州仪器（TI）、Atmel、博通（Broadcom）、三星（Samsung）、ZiLOG 和 Renesas 等，其中东芝、ST、NXP、TI、Atmel 等已经推出基于 Cortex-M3 的 MCU 产品。

Cortex-M3 处理器是一个 32 位的处理器，内部的数据路径是 32 位的，寄存器是 32 位的，寄存器接口也是 32 位的。基于 ARMv7 架构的 Cortex-M3 处理器带有一个分级结构，它集成了名为 CM3Core 的中心处理器内核和先进的系统外设，实现了内置的中断控制、存储器保护以及系统的调试和跟踪功能。对这些外设可进行高度配置，允许 Cortex-M3 处理器处理大范围的应用并贴近系统的需求。

Cortex-M3 中央内核基于哈佛架构，指令和数据各使用一条总线，所以 Cortex-M3 处理器对多个操作可以并行执行，加快应用程序的执行速度。内核流水线分 3 个阶段：取指、译码和执行。当遇到分支指令时，译码阶段也包含预测的指令取指，这提高了执行的速度。

处理器在译码阶段自行对分支指令进行取指。在稍后的执行过程中，处理完分支指令后便知道下一条要执行的指令。如果分支指令不跳转，那么紧跟着的下一条指令随时可供使用。如果分支指令跳转，那么在跳转的同时分支指令可供使用，空闲时间限制为一个周期。

  Cortex-M3 内核包含一个适用于传统 Thumb 和新型 Thumb2 指令的译码器、一个支持硬件乘法和硬件除法的先进算术逻辑单元、控制逻辑和用于连接处理器其他部件的接口。

  Cortex-M3 处理器是一个 32 位处理器，带有 32 位的数据路径、寄存器库和存储器接口，其中有 13 个通用寄存器、2 个堆栈指针、1 个链接寄存器、1 个程序计数器和一系列包含编程状态寄存器的特殊寄存器。Cortex-M3 处理器支持两种工作模式 [线程（Thread）模式和处理器（Handler）模式] 和两个等级的访问形式（有特权或无特权），在不牺牲应用程序安全的前提下实现了对复杂的开放式系统的执行。执行无特权代码限制或拒绝对某些资源的访问，如某个指令或指定的存储器位置。线程是常用的工作模式，它同时支持享有特权的代码以及没有特权的代码。当异常发生时进入处理器模式，在该模式中所有代码都享有特权。

  Cortex-M3 的内核架构如图 1-5 所示，下面主要关注图中标了序号的模块：寄存器组、嵌套向量中断控制器、外部中断信号组、存储器接口、总线互联网络、调试接口。

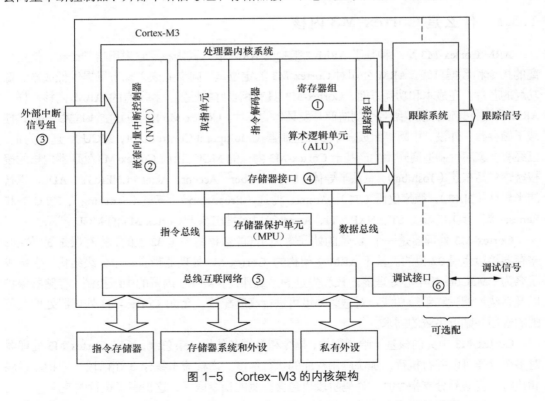

图 1-5　Cortex-M3 的内核架构

1. 寄存器组

  ❑　通用寄存器（R0～R12）：R0～R12 都是 32 位通用寄存器，可用于数据操作。绝大多数 16 位 Thumb 指令只能访问 R0～R7，32 位 Thumb2 指令可以访问所有寄存器。

❏ 两个堆栈指针（R13）：Cortex-M3 拥有两个堆栈指针，都是堆积的，因此任一时刻只能使用其中一个。

❏ 连接寄存器（R14）：当调用一个子程序时，由 R14 存储并返回地址。与其他大多数处理器不同，ARM 为了减少访问内存的次数，把返回地址直接存储在寄存器中。这样使很多只有一级子程序调用的代码无须访问内存（堆栈内存），从而提高子程序调用的效率。如果多于一级，则需要把前一级的 R14 的值压到堆栈里。

❏ 程序计数寄存器（R15）：指向当前的程序地址，如果修改它的值，就能改变程序的执行流程。

❏ 特殊功能寄存器：如程序状态字寄存器组、中断屏蔽寄存器组、控制寄存器等。

2. 嵌套向量中断控制器

嵌套向量中断控制器（Nested Vectored Interrupt Controller，NVIC）的功能为可嵌套中断支持、向量中断支持、动态优先级调整、中断延时大大缩短、中断可屏蔽。

3. 外部中断信号组

Cortex-M3 的所有中断机制都由 NVIC 实现。除了支持 240 条中断之外，NVIC 还支持 16−4−1=11 个内部异常源（5 个为保留中断源），可以实现容错管理机制。Cortex-M3 有 256 个预定义的异常类型。

4. 存储器接口

Cortex-M3 支持 4GB 存储空间。与其他 ARM 架构不同，Cortex-M3 的存储器映射由半导体厂商决定。Cortex-M3 预先定义了"粗线条的"存储器映射。通过把片上外设的寄存器映射到外设区，就可以简单地以访问内存的方式来访问这些外设的寄存器，从而控制外设工作。

5. 总线互联网络

总线互联网络是指 Cortex-M3 内部的若干个总线接口，使 Cortex-M3 能同时取指和访问内存。用于访问指令存储器的总线：有两条代码存储区总线负责对代码存储区的访问，分别是 ICode 总线和 DCode 总线。ICode 总线用于取指，DCode 总线用于查表等操作。用于访问存储器和外设的系统总线：覆盖的区域包含 SRAM、片上外设、片外 RAM、片外扩展设备以及系统级存储区的部分空间。用于访问私有外设的总线负责一部分私有外设的访问，主要是访问调试组件。它们也在系统级存储区。

6. 调试接口

Cortex-M3 在内核水平上搭载了若干种与调试相关的特性,最主要的就是程序执行控制,包括停机、单步执行、指令断点、数据观察点、寄存器和存储器访问、性能速写以及各种跟踪机制。目前可用的访问接口包括 SWJ-DP,既支持传统的联合测试工作组(Joint Test Action Group,JTAG)调试,也支持新的串行线调试(Serial Wire Debug,SWD)协议。

1.5.2 什么是 STM32

ARM 公司是专门从事基于 RISC 技术芯片设计开发的公司,作为知识产权供应商,ARM 公司本身不直接从事芯片生产,通过转让设计许可由合作公司生产各具特色的芯片。2004 年,ARM 公司推出了 Cortex-M3 的 MCU 内核。紧随其后,ST 公司推出了基于 Cortex-M3 内核的 MCU,就是 STM32。STM32 凭借其产品的多样化、极高的性价比、简单易用的开发方式,迅速在众多 Cortex-M3 内核的 MCU 中脱颖而出,从而被广大嵌入式产品开发者所使用。STM32 系列芯片专门用于满足功耗低、处理性能强、芯片的实时性效果好、价格低廉的嵌入式场合要求,给微处理器使用者带来了广阔的开发空间,提供全新的 32 位产品供用户选择、使用,结合了产品性能高、能耗低、实时性强、电压要求低等特点,还具备芯片的集中程度高、方便开发的优点。

STM32 系列处理器目前主要有三大类别:"基本型"系列 STM32F101;"增强型"系列 STM32F103;"互联型"系列 STM32F105、STM32F107。

STM32F101 是基本型产品系列,其处理运算频率可以达到 36MHz。STM32F103 是增强型产品系列,其处理运算频率可以达到 72MHz,是同类产品中性能较高的产品。两个系列都内置 32~128KB 的 FlashROM,不同的是 SRAM 的最大容量和外设接口的组合。当时钟频率为 72MHz 时,从 FlashROM 执行代码,STM32 功耗 36mA,相当于 0.5mA/MHz。该系列芯片本身集成很多内部的 RAM 和外围设备。

STM32 系列的 F105 和 F107 是该公司应用于网络通信的芯片产品,沿用增强型系列的 72MHz 处理频率,增加了以太网接口和 USB 接口。内存包括 64~256KB FlashROM 和 2064KB 嵌入式 SRAM。该系列采用 LQFP64、LQFP100 和 LFBGA100 这 3 种封装,不同的封装保持引脚排列一致,结合 STM32 的设计理念,开发人员通过选择产品可重新优化功能、存储器、性能和引脚数量,以最小的硬件变化来满足个性化的应用需求。

STM32 的系统架构如图 1-6 所示。其中,主系统主要由 4 个驱动单元和 4 个被动单元构成。4 个驱动单元是 DCode 总线;系统(System)总线;通用 DMA1;通用 DMA2。4 个被动单元是 AHB 到 APB 的桥(连接所有的 APB 设备);内部 FlashROM;内部 SRAM;可变静态存储控制器(FSMC)。

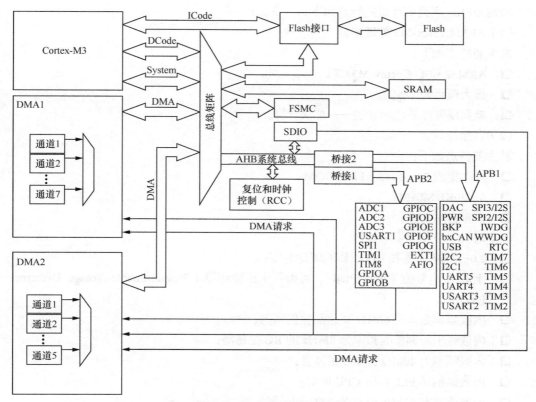

图 1-6 STM32 的系统架构

各单元之间通过如下总线结构相连。

（1）ICode 总线：将 Cortex-M3 内核 ICoed 总线和闪存指令接口相连，指令的预取在该总线上完成。

（2）DCode 总线：将 Cortex-M3 内核的 DCode 总线与闪存存储器的数据接口相连，常量加载和调试访问在该总线上面完成。

（3）系统总线：连接 Cortex-M3 内核的系统总线到总线矩阵，总线矩阵协调内核和 DMA 之间的访问。

（4）DMA 总线：将 DMA 的 AHB 主控接口与总线矩阵相连，总线矩阵协调 CPU 的 DCode 和 DMA 到 SRAM、闪存和外设的访问。

（5）总线矩阵：协调内核系统总线和 DMA 主控总线之间的访问仲裁，仲裁使用轮换算法。

（6）AHB/APB 桥：这两个桥在 AHB 和 2 个 APB 总线间提供同步连接，APB1 操作限速 36MHz，APB2 的最大频率是 72MHz。

STM32F103 系列单片机的特点如下。

（1）ARM Cortex-M3 处理器核。

其主要特点如下：

- ARM32 位的 Cortex-M3 CPU；
- 最大频率为 72MHz；
- 单周期硬件乘法和除法——加快计算。

（2）存储器。

其主要特点如下：

- 片上集成 32～128KB Flash ROM；
- 6～20KB SRAM；
- 多重自举功能。

（3）时钟、复位和供电管理。

- 2.0～3.6V 供电和 I/O 引脚的驱动电压；
- 上电/断电复位（POR/PDR）、可编程电压检测器（Programmable Votage Detector，PVD）；
- 内嵌频率为 4～16MHz 高速晶体振荡器；
- 内嵌经出厂调校的频率为 8MHz 的 RC 振荡器；
- 内嵌频率为 40kHz 的 RC 振荡器；
- 内嵌锁相环 PLL 供应 CPU 时钟；
- 内嵌外部有 32kHz 晶体的 RTC 振荡器。

（4）低功耗。

- 3 种省电模式，包括睡眠、停机和待机模式；
- VBAT 为 RTC 和后备寄存器供电。

（5）STM32F10x 的一些外围构成。

- 3 个 12 位模数转换器，1μs 转换时间（16 通道），转换范围是 0～3.6V，双采样和保持功能，温度传感器；
- 7 通道 DMA 控制器；
- 多达 80 个快速 I/O 口，26、36、51、80 个多功能双向 5V 兼容的 I/O 口，所有 I/O 口可以映射到 16 个外部中断。

（6）多达 11 个定时器。

- 4 个 16 位定时器，每个定时器有 4 个 IC、OC、PWM 或脉冲计数器；
- 2 个 16 位的 6 通道高级控制定时器，最多 6 个通道可用于 PWM 输出；
- 2 个看门狗定时器（独立看门狗和窗口看门狗）；

□ SysTick 定时器，24 位倒数计数器；

□ 2 个 16 位基本定时器，用于驱动 DAC。

（7）多达 13 个通信接口。

□ 多达 2 个 I²C 接口（SMBus/PMBus）；

□ 多达 3 个 USART 接口，支持 ISO7816、LIN、IrDA 接口和调制解调控制；

□ 多达 2 个 SPI（18Mbit/s）；

□ CAN 接口（2.0B）；

□ USB 2.0 全速接口；

□ 串行线调试（SWD）和 JTAG 接口。

1.5.3　STM32 单片机的时钟

　　STM32 类似一个人的生命系统，而时钟系统就像人的心脏，也像 CPU 的"脉搏"，是 STM32 不可或缺的一部分。STM32 既有高速外设又有低速外设，各外设工作频率不尽相同，所以需要分频，把高速设备和低速设备分开管理；另外，同一电路，时钟频率越高功耗越大，抗电磁干扰能力越弱，会给电路设计带来困难，考虑到电磁兼容需要倍频。因此，较复杂的 MCU 一般采用多时钟源的方法解决这些问题，并为每个外设配备外设时钟开关，在不使用外设时将其时钟关闭，以降低功耗。

　　在 STM32 中，有 4 个最重要的时钟源，分别为 LSI、LSE、HSI、HSE。

　　（1）低速内部时钟（LSI）：由内部 RC 振荡器产生，提供给实时时钟模块（RTC）和独立看门狗。

　　（2）低速外部时钟（LSE）：以外部晶振作为时钟源，主要将其时钟信号提供给实时时钟，一般采用 32.768kHz 的频率。

　　（3）高速内部时钟（HSI）：由内部 RC 振荡器产生，频率为 8MHz，但不稳定，可以直接作为系统时钟或者 PLL 输入。

　　（4）高速外部时钟（HSE）：以外部晶振作为时钟源，晶振频率可取 4MHz～16MHz，一般采用 8MHz 的晶振频率；也可直接以系统时钟或者以 PLL 输入的外部高速时钟为例来分析，并假设外部晶振频率为 8MHz。如图 1-7 所示，从左端的 OSC_OUT 和 OSC_IN 开始，这两个引脚分别接外部晶振的两端。频率为 8MHz 的时钟信号遇到第一个分频器 PLLXTPRE，通过寄存器配置，对输入时钟信号进行二分频或不分频。假定选择不分频，经过 PLLXTPRE 后，频率仍为 8MHz。然后遇到开关 PLLSRC，可以选择其输出为外部高速时钟 HSE 或是内部高速时钟 HSI。这里选择输出为 HSE，接着遇到锁相环 PLL（具有倍频作用），在这里可以输入倍频因子 PLLMUL。如果倍频因子设定为 9 倍频，那么经过 PLL 之后，时钟从原来频率为 8MHz 的

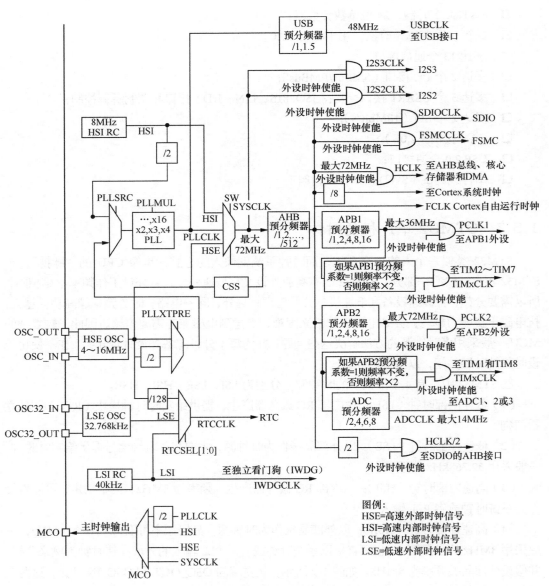

图 1-7　STM32 单片机时钟树

HSE 变为频率为 **72MHz** 的 PLLCLK。紧接着为一个开关 SW，经过此开关输出的是 STM32 的系统时钟 SYSCLK，此开关用来选择 SYSCLK 的时钟源，可选择 HSI、PLLCLK、HSE。这里选择 PLLCLK，SYSCLK 的频率就为 **72MHz**。SYSCLK 的信号经过 AHB 预分频器，分频后输入其他外设,如 AHB 总线、核心存储器、DMA、SDIO、存储器控制器 FSMC,可作为 APB1 和 APB2 预分频器的输入端及作为 Cortex 自由运行时钟的 FCLK。本例中设置 AHB 预分频器不分频,即输出信号的频率为 72MHz。另外 PLLCLK 的信号在输入开关 SW 前,流向了 USB 预分频器,该分频器输出为 USB 外设的时钟(USBCLK)信号。

从上面时钟树可看到,经过一系列的倍频、分频后得到了几个与开发密切相关的时钟信号。

(1)SYSCLK:系统时钟,STM32 大部分器件的时钟源,主要由 AHB 预分频器分配到各个部件。

(2)HCLK:由 AHB 预分频器直接输出得到,提供 AHB 总线、核心存储器、DMA 及 Cortex 内核的时钟信号。HCLK 是 Cortex 内核运行的时钟,即 CPU 主频,该数值的大小与 STM32 的运算速度、数据存取速度密切相关。

(3)FCLK:同样由 AHB 预分频器输出得到,是 Cortex 的"自由运行时钟"。"自由"表现在它不来自时钟 HCLK,因此不受 HCLK 影响,它的存在可保证处理器休眠时也能够采样和跟踪到休眠事件,与 HCLK 同步。

(4)PCLK1:外设时钟,由 APB1 预分频器输出得到,最大频率为 36MHz,提供给挂载在 APB1 总线上的外设。

(5)PCLK2:外设时钟,由 APB2 预分频器输出得到,最大频率为 72MHz,提供给挂载在 APB2 总线上的外设。

外部时钟源在精度和稳定性上有很大优势,上电后需通过软件配置,才能采用外部时钟信号。内部时钟起振较快,在芯片刚上电时,默认使用内部高速时钟。

1.6 STM32 单片机的 C 语言编程知识点

1.6.1 STM32 编程的特点

编写单片机应用程序使用的 C 语言与标准 C 语言有区别。用 C 语言编写单片机应用程序时,需根据单片机存储结构及内部资源定义相应的数据类型和变量,而用标准 C 语言编写程序不需要考虑这些问题。

STM32 单片机 C 语言编程时,包含的库函数、数据类型、变量的存储模式、输入/输出处理等方面与标准 C 语言有一定的区别。其他的语法规则、程序结构及程序设计方法等与标准 C 语言的相同。

具体区别如下。

(1)STM32 定义的库函数和标准 C 语言定义的库函数不同。标准 C 语言定义的库函数是按通用微型计算机来定义的,而 STM32 编程中的库函数是按 STM32 单片机相应情况来定义的。

(2)STM32 编程中的数据类型与标准 C 语言的数据类型也有一定的区别,增加了几种 STM32 单片机特有的数据类型。

(3)STM32 编程中的变量存储模式与标准 C 语言中变量的存储模式不一样,其存储模式与 STM32 单片机的存储器紧密相关。

(4)STM32 编程中的输入/输出处理与标准 C 语言的不一样,前者的输入/输出是根据不同的操作来设定的。

1.6.2 STM32 编程中的数据类型

编程过程中,不同的 MCU 或编译器的数据类型的意义各不相同,所以一定要注意相应变量数据类型的定义和转换,否则在程序编译时会出错。

STM32 的开发环境 MDK 的基本数据类型如表 1-2 所示。

表 1-2 MDK 的基本数据类型

数据类型	关键字	长度/B
字符型	char	1
短整型	short int	2
整型	int	4
长整型	long int	4
单精度浮点型	float	4
双精度浮点型	double	8

另外,为了使用方便,MDK 还进行了数据类型的定义,如表 1-3 所示。

表 1-3 MDK 定义的新数据类型

原类型	新类型	含义
unsigned char	uint8	无符号 8 位字符型
signed char	int8	有符号 8 位字符型
unsigned short	uint16	无符号 16 位短整型
signed short	int16	有符号 16 位短整型
unsigned int	uint32	无符号 32 位整型
signed int	int32	有符号 32 位整型
float	fp32	单精度浮点型(32 位长度)
double	fp64	双精度浮点型(64 位长度)

STM32 采用了大量的固件库，保存在 V3.5 库的 **stm32f10x.h** 文件中，同时有自己的数据类型定义。STM32 库中的数据类型定义如表 1-4 所示。

表 1-4 STM32 库中的数据类型定义

类型	符号	长度/B	数据范围
有符号整型	s8	1	$-2^7 \sim (2^7-1)$
	s16	2	$-2^{15} \sim (2^{15}-1)$
	s32	4	$-2^{31} \sim (2^{31}-1)$
	int64_t	8	$-2^{63} \sim (2^{63}-1)$
无符号整型	u8	1	$0 \sim 2^8$
	u16	2	$0 \sim 2^{16}$
	u32	4	$0 \sim 2^{32}$
	uint64_t	8	$0 \sim 2^{64}$

STM32 也使用 float 和 double 表示负数和小数。其中，float 至少能精确表示到小数点后 6 位，double 至少能精确表示到小数点后 10 位。在编程过程中，不同 CPU 的数据类型的意义各不相同，所以一定要注意相应变量数据类型的定义和转换，否则在计算中可能会出现不确定的错误。在 C 语言中，不同类型的数据是可以混合运算的。在进行运算时，不同类型的数据要先转换成同一类型的数据，然后进行运算。数据类型转换规则如图 1-8 所示。其中，箭头的方向只表示数据类型级别的高低，按照箭头所指的方向由低向高转换，这个转换过程是"一步到位"的，分为两种方式：隐式转换（编译软件自动完成）和显式转换（程序强制转换）。

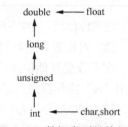

图 1-8 数据类型转换规则

1. 隐式转换规则

（1）字符型数据必须先转换为整型数据（C 语言规定字符型数据和整型数据之间可以通用）。

（2）short 型数据转换为 int 型数据（同属于整型）。

（3）赋值时，一律是赋值符号右部值转换为赋值符号左部类型。其中，当整型数据和双精度浮点型数据进行运算时，先将整型数据转换成双精度浮点型数据，再进行运算，结果为双精度浮点型数据；当字符型数据和实型数据进行运算时，先将字符型数据转换成实型数据，然后进行计算，结果为实型数据。

2. 显式转换规则

例如：

```
(int)(x+y);//将(x+y)转换为 int
```

其中，进行强制类型转换时，我们会得到一个所需要的中间变量，原来变量的类型未发生变化。

1.6.3　STM32 编程常用的 C 语言知识点

这里主要介绍 STM32 编程中常用的几个 C 语言基础知识点。

1. 位操作

位操作是对基本类型变量在位级别进行的操作。C 语言支持 6 种位操作，如表 1-5 所示。

表 1-5　C 语言支持的位操作

运算符	含义	运算符	含义
&	按位与	～	取反
|	按位或	<<	左移
^	按位异或	>>	右移

在 STM32 开发中的位操作有一些实用技巧，如下所述。

❑　对指定位进行设置。

在不改变其他位的值的情况下，对一位或某几位进行设置。这种方法是先对需要设置的位用 "&" 操作符进行清 0 操作，然后用 "|" 操作符设置值。

对 GPIOA 的状态修改，先对寄存器 CRL 的值进行清 0 操作。

```
GPIOA->CRL&=0XFFEFFFE0;//将第 0～3 位清 0
```

然后，与需要设置的值进行或运算。

```
GPIOA->CRL|=0X00000004;//设置第 2 位的值，不改变其他位的值
```

❑　移位操作提高代码的可读性。

例如，一个固件库的 GPIO 初始化的函数里面的代码为 GPIOx→BSRR=(((uint32 t)0x01)<<5)，下面是直接设置一个固定的值：

```
GPIOx-> BSRR =0x0020
```

两者相比，可以直观地看出，将寄存器 BSRR 的第 5 位设置为 1，能提高代码的可读性。

❑　使用 "～" 取反操作提高可读性。

寄存器 SR 的每一位代表一个状态，有时需要设置某一位的值为 0，同时其他位都保留为 1。例如，设置第 3 位为 0，可以直接参考以下代码：

```
TIMx->SR = 0xFFF7
```

也可以使用库函数代码：

```
TIMx->SR = (uint32_t)~TIM_FLAG_Update;
```

TIM FLAG 通过宏定义来定义：
```
#define TIM_FLAG_Update    ((uint32_t)0x0008)
```
从宏定义中可以看出，利用 TIM_FLAG_ Update 设置第 3 位为 0，可读性非常强。

2. 宏定义和条件编译

❑ define 宏定义。

define 是 C 语言中的预处理命令，用于宏定义可以提高源代码的可读性，为编程提供方便。常见的格式如下：
```
# define 标识符字符串
```
"标识符"为所定义的宏名，"字符串"可以是常数、表达式、格式串等。例如：
```
#define SYSCLK FREQ 8MHz 8000000
```
定义标识符 SYSCLK_FREQ_8MHz 的值为 8000000。

❑ ifdef 条件编译。

在 STM32 程序开发过程中，经常会遇到一种情况，当满足某条件时对一组语句进行编译，而当条件不满足时编译另一组语句。这时需要使用条件编译命令，常见形式为：
```
# ifdef 标识符
程序段 1
#else
程序段 2
#endif
```
条件编译的作用是，当标识符已经被定义过（一般是用# define 定义），则对程序段 1 进行编译，否则编译程序段 2。其中，#else 部分也可以没有，即：
```
#ifdef 程序段 1
#endif
```
这个条件编译在 STM32 开发环境 MDK 里面用得很多，例如，在 stm32f10x.h 这个头文件中经常会看到这样的语句：
```
#ifdef STM32F10X_MD
<中容量芯片需要的一些变量定义>
#end
```
在需要引入<中容量芯片需要的一些变量定义>时，在代码中加入"# define STM32F10X_MD"编译预处理命令即可，否则忽略对其的编译。条件编译编程技巧在 STM32 中使用得较多，有必要熟练掌握。

3. 外部声明

C 语言中 extern 可以置于变量或者函数前，以表示变量或者函数的定义在其他文件中。编译器遇到此变量和函数时，在其他模块中寻找其定义。可以多次用 extern 声明变量，但定义只有一次。例如，在 **main.c** 定义全局变量 u8 USART_RX_STA：

```
u8 USART_RX_STA; //变量定义
```

如果同一个工程中包含 **test.c** 文件，可以写一个声明语句将该变量引入并使用：

```
extern u8 USART_RX_STA;//声明变量，可以多次声明
void test(void)
{
    printf("%d", USART_RX_STA)
}
```

4．定义类型别名

typedef 用于为现有类型创建一个新的名字，或称为类型别名。定义类型别名后，就可以用类型别名代替数据类型说明符对变量进行定义。类型别名可以用大写字母，也可以用小写字母，为了区别一般用大写字母表示。在 MDK 中用得最多的就是定义结构体的类型别名和枚举类型。例如如下结构体类型定义：

```
struct _GPIO
{
    __IO uint32_t CRL;
    __IO uint32_t CRH;
};
```

定义该类型变量的方式为：

```
struct _GPIO GPIOA; //定义结构体变量 GPIO
```

MDK 中有很多这样的结构体变量需要定义，可以为结构体定义一个类型别名 GPIO_TypeDef，在使用时可以通过 GPIO_TypeDef 来定义结构体变量：

```
typedef struct
{
    __IO uint32_t CRL;
    __IO uint32_t CRH;
}GPIO_TypeDef; //结构体类型别名定义
GPIO_TypeDef GPIOA, GPIOB; //结构体变量
```

这里，GPIO_TypeDef 与 struct _GPIO 的作用是等同的。

5．结构体

MDK 中很多地方使用结构体以及结构体指针。结构体就是将多个变量组合为一个有机的整体。结构体的使用方法是：先声明结构体类型，再定义结构体变量，最后，通过结构体变量引用其成员。

结构体类型声明形式如下：

```
struct 结构体名
{
```

```
  成员列表;
};
```
结构体变量定义形式如下：
```
struct 结构体变量名列表;
```
例如：
```
struct U_TYPE
{
  int BaudRate;
  int WordLength;
};
struct U_TYPE usart1, usart2, *usart3;
```
也可以在结构体声明的时候直接定义变量和指针。

结构体成员变量的引用方法如下：
```
结构体变量名.成员名
结构体指针名->成员名
```
例如要引用 **usart1** 的成员 **BaudRate**，方法如下：
```
usart1.BaudRate;
usart1->BaudRate;
```
在 STM32 程序开发过程中，经常会遇到要初始化一个外设（如串口），它的初始化状态是由几个属性来决定的，如串口号、波特率、极性以及模式。不使用结构体的初始化函数形参列表的形式如下：
```
void USART_Init(u8 usartx, u32 BaudRate, u8 parity, u8 mode);
```
如果需要增加一个入口参数，需要进行如下修改：
```
void USART_Init(u8 usartx, u32 BaudRate, u8 parity, u8 node, u8 WordLength)
```
函数的入口参数随着开发不断地增多，就要不断地修改函数的定义。使用结构体就能解决这个问题：只需要改变结构体的成员变量，就可以达到改变入口参数的目的。

参数 **BaudRate**、**WordLength**、**StopBits**、**Parity BardwareFlowControl** 对于串口而言，是一个有机整体，可以将其定义成一个结构体。MDK 中是这样定义的：
```
typedef struct {
uint32_t USART BaudRate;
uint16_t USART WordLength;
uint16_t USART StopBits;
uint16_t USART_ Parity;
uint16_t USART_ BardwareFlowControl;
}USART_InitTypeDef;
```
这样，初始化串口的时候，入口参数可以使用 **USART_InitTypeDef** 类型的变量或者指针变量，MDK 中是这样做的：
```
void USART_Init (USART_TypeDef* USARTx, USART_InitTypeDef* USART Initstruct);
```
其中，**USART_TypeDef** 和 **USART_InitTypeDef** 是两种结构体类型。在结构体中加入新的

成员变量，就可以达到修改入口参数同样的目的，不用修改任何函数定义，同时可以提高代码的可读性。

6．文件管理

受到简洁的 C 语言入门程序范例的影响，初学者往往将所有的代码都写在一个 C 文件中。这是一个非常坏的习惯。当程序逐渐变长，编辑、查找和调试就将变得非常困难。而且这种代码很难用在别的项目中，除非仔细地理顺函数关系，然后寻找并复制每一段函数。

一种合理的方法是将一个大程序划分为若干个小的 C 文件。在单片机程序中，最常用的划分方法是按照功能模块划分，将每个功能模块做成独立的 C 文件。例如某个项目中用到模数转换器、串行端口、数码管、按键，可以据此划分为 4 个文件：**ADC.c**、**Uart.c**、**Seg.c**、**Key.c**。属于每个功能模块的函数写在相应的文件中，然后在相应的头文件中声明对外引用的函数与全局变量。

做好文件划分与管理后，每个文件都不会很长。如果需要修改或调试某个函数，打开相应模块的 C 文件，很容易找到；打开相应的头文件还可以查看函数列表。

下面用一个简单的例子说明模块对应的 C 文件与其头文件的关系。

假设编写一个数据处理功能模块 **DataProcess.c** 文件，其中包含两个功能函数：求和函数与求平均值函数。

新建 **DataProcess.c** 文件并将其添加进工程，编写两个功能函数的代码：

```
int Sum(int a,int b,int c)        //对 3 个数据求和的函数
{
    int y;
    y = a + b + c;
    return y;
}
float Average(int a,int b,int c)   //对 3 个数据求平均值的函数
{
    float y;
    y = a + b + c;
    return (y/3);
}
```

假设在 main.c 文件内的某函数需要调用 **DataProcess.c** 文件内的两个函数，需要在 main.c 文件开头用 extern 关键字声明外部函数，告诉编译器这两个函数属于其他文件。

```
extern int Sum(int a,int b,int c);          //声明 Sum()是外部函数
extern float Average(int a,int b,int c);   //声明 Average()是外部函数
```

为了避免重复劳动，可以创建 **DataProcess.h** 头文件，将上述两句代码写入头文件，在 main.c 文件开头处包含 "DataProcess.h"，就相当于做了函数声明。

按照上面的方法，在编写程序时，为每个功能模块都写一个 C 文件和一个同名的头文件。在 C 文件内写代码，将函数声明集中写在相应的头文件内。若在 FileA 文件中需要调用 FileB 文件内的函数，只需在 FileA 文件的开头添加#include "FileB.h"即可。

图 1-9 给出一个按照此规则创建的一个项目工程文件示意。

对于可能被多个功能模块访问到的全局变量，也可以通过头文件中的 extern 声明对外引用。例如，各个 C 文件中都会用到的系统级的全局变量，可以单独放到 global.c 文件中：

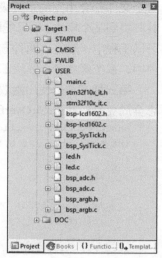

```
int AlarmValue;              //报警阈存放变量
unsigned int SystemStatus;   //系统状态存放变量
```

再写一个 global.h 文件，将这些全局变量对外引用：

```
extern int AlarmValue;             //报警阈值存放变量
extern unsigned int SystemStatus;    //系统状态存放变量
```

图 1-9　项目工程文件示意

之后在任何 C 文件中，如果需要调用这些全局变量，只需要在文件开头处包含 global.h 头文件即可。这种方法的好处是只要文件包含 global.h 头文件，就可以访问所有的全局变量，但有可能会破坏程序的结构性和模块的独立性。例如多个文件中会用到上例中的 **AlarmValue** 变量，这几个文件都必须通过 global.c 文件访问该变量，所以这多个文件之间有了额外的关联，在以后其他工程中重复使用时不能独立出来，必须重写 global.c 文件。

访问全局变量的第二种方法就是：全局变量隶属于哪个模块，就写在哪个 C 文件中，然后在相应的头文件中用 extern 声明对外引用。例如 OverflowFlag 全局变量是前例中求和函数模块中的全局变量，用于指示加法运算溢出。这个全局变量应该隶属于 DataProcess.c 文件。在 DataProcess.c 文件中写函数体，并声明 OverflowFlag 全局变量：

```
unsigned char OverflowFlag;
int Sum(int a,int b,int c) //3 个数据求和函数
{
    int y;
    y = a + b + c;
    if (y > 65535) OverflowFlag = 1;
    return y;
}
```

然后在 **DataProcess.h** 文件中声明求和函数与全局标志变量：

```
extern unsigned char OverflowFlag;   //加法溢出标志全局变量
extern int Sum(int a,int b,int c);   //声明 Sum()是外部函数
```

这种方法的好处是结构清晰，以后重复使用这个模块时，包含该模块的头文件，则不仅包含功能函数的声明，还包含相关的全局变量。但是对于一些隶属关系模糊的变量，特别是

各个文件都会用到的系统级变量，例如系统状态、警告标志等，不好将其归类。即使强行将其归类到某个模块，很可能因为难以记忆该变量属于哪个头文件而给下次重复使用带来困难，所以工程中一般将这两种方法结合起来。隶属关系明确的全局变量一般写在相应模块的 C 文件中，系统级或各个模块都需要访问的全局变量，一般写到公共文件 global.c 中。

第三种方法是使用函数来访问全局变量。可以通过 GetOverflowFlag()函数来读取溢出标志全局变量；通过 ClrOverflowFlag()函数来清除溢出标志。

```
unsigned char OverflowFlag;    //加法溢出标志全局变量
int Sum(int a,int b,int c)     //对 3 个数据求和的函数
{
    int y;
    y = a + b + c;
    if (y > 65535) OverflowFlag = 1;
    return y;
}
char GetOverflowFlag()         //访问 OverflowFlag 标志
{
    return OverflowFlag;
}
void ClrOverflowFlag()         //清除 OverflowFlag 标志
{
    OverflowFlag = 0;
}
```

然后在 DataProcess.h 中声明这些函数：

```
extern int Sum(int a,int b,int c);    //声明 Sum()是外部函数
extern char GetOverflowFlag()         //访问 OverflowFlag 标志
extern void ClrOverflowFlag()         //清除 OverflowFlag 标志
```

这种方法可以让全局变量仅存在于每个功能模块的内部，不对外暴露。该方法的结构性和安全性最好，但代码的执行效率较低，对于访问频繁的操作来说，步骤烦琐。

文件的划分和管理方便了阅读和调试，建议初学者养成文件管理的习惯，即使对于简单的程序，最好也要按模块划分和管理文件，这对以后提高工作效率有很大的帮助。

1.7　什么是 CMSIS 固件库

1.7.1　CMSIS 固件库简介

在嵌入式开发领域，软件的投入在不断提高，相反硬件的投入却逐年降低，如图 1-10 所示。因此嵌入式领域的公司，越来越多地把精力放到了软件上，但软件在芯片更换或是开发

工具的更新换代中，其代码的重用性不高，随着 Cortex-M 处理器大量进入市场，ARM 公司意识到建立一套软件开发标准的重要性，Cortex 微控制器软件接口标准（Cortex Microcontroller Software Interface Standard，CMSIS）应运而生。

　　CMSIS 是 ARM 和一些编译器厂商以及半导体厂商共同遵循的一套标准，是由 ARM 公司提出的，专门针对 Cortex-M 系列的标准。在该标准的约定下，ARM 公司和芯片厂商会提供一些通用的应用程序接口（Application Program

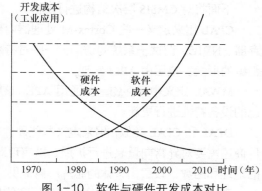

图 1-10　软件与硬件开发成本对比

Interface，API）来访问 Cortex 内核以及一些专用外设，以减少更换芯片以及开发工具等移植工作所带来的金钱以及时间上的浪费。只要都是基于同样内核的芯片，代码均是可以复用的。

1.7.2　CMSIS 固件库设计及规范

1. CMSIS 分层

　　如图 1-11 所示，CMSIS 可以分为以下 3 个基本功能层：
- 核内外设访问层（Core Peripheral Access Layer，CPAL）；
- 中间件访问层（Middleware Access Layer，MWAL）；
- 设备外设访问层（Device Peripheral Access Layer，DPAL）。

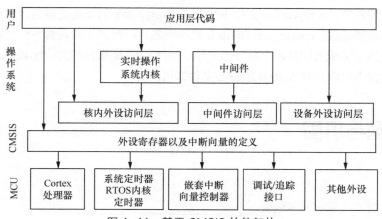

图 1-11　基于 CMSIS 软件架构

下面将对 CMSIS 层次结构进行剖析。

CPAL 用来定义一些 Cortex-M 处理器内部的一些寄存器地址以及功能函数，如对内核寄存器、NVIC、调试子系统的访问。一些对特殊用途寄存器的访问被定义成内联函数或是内嵌汇编的形式。该层由 ARM 实现。

MWAL 定义中间件的一些通用 API，该层也由 ARM 负责实现，但芯片厂商需要根据自己的设备特性进行更新。

DPAL 和 CPAL 类似，用来定义一些硬件寄存器的地址以及对外设的访问函数。另外芯片厂商还需要对异常向量表进行扩展，以实现对自己设备的中断处理。该层可引用 CPAL 定义的地址和函数，该层由具体的芯片厂商提供。

通过以上 3 个层次的划分，芯片厂商能根据自己特性外设的差异化，提供专业的服务，以简化程序的开发，达到高速、低成本的开发目的。

2．CMSIS 规范

不同芯片的 CMSIS 的头文件是有区别的，但是结构基本是一致的，图 1-12 所示为 STM32系列微处理器的 CMSIS 头文件结构。

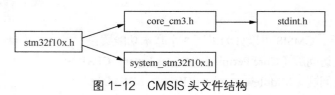

图 1-12　CMSIS 头文件结构

其中，stdint.h 文件包含对 8 位、16 位、32 位等数据类型指示符的定义，主要用来屏蔽不同编译器之间的差异。core_cm3.h 文件中包含了 Cortex-M3 的全局变量的声明和定义，并定义了一些静态功能函数。system_stm32f10x.h 是不同芯片厂商定义的包含系统初始化函数以及一些系统时钟的定义配置和时钟变量等的文件。虽然 CMSIS 提供的文件比较多，但用户在编写应用程序过程中可以只写入 stm32f10x.h 文件即可。

1.8　习题与巩固

1．填空题

（1）单片嵌入式系统通常包括_____、_____、_____三大部分。

（2）Cortex-M3 处理器是一个_____位的处理器。

（3）STM32 系列处理器目前主要有_____、_____、_____三大类别。

2. 简答题

（1）什么是嵌入式系统？什么是单片机？什么是 ARM？

（2）ARM 微处理器分为三大系列吗？这三大系列各有什么特点？

（3）列举出三种以上的单片机厂商和单片机型号。

（4）在 STM32 中，4 个重要的时钟源是什么？

（5）什么是 CMSIS？为什么要使用 CMSIS？

第2章
STM32 单片机的开发工具

本章导读

1. 主要内容

先进的开发工具系统能够提供一整套易操作的开发解决方案，包括软件开发工具和调试工具，以及系统开发和评估板。运用开发工具可以提高产品开发效率，缩短产品开发周期。ARM 开发工具应该兼容所有 ARM 系列内核，并能与众多第三方实时操作系统及工具兼容，简化开发流程。

本章主要介绍 STM32 系列处理器开发时常用的软件平台及硬件工具；JLink 驱动的安装与调试；RealView MDK（简称 MDK）的使用。

2. 总体目标

（1）了解常用的软件平台及硬件工具；

（2）掌握 JLink 驱动的安装与调试；

（3）掌握 MDK 的安装；

（4）掌握新建 MDK 的工程模块；

（5）掌握 MDK 的硬件配置；

（6）掌握 MDK 的编译与调试。

3. 重点与难点

重点：掌握 JLink 驱动的安装与调试；掌握 MDK 的安装；掌握新建 MDK 的工程模块；掌握 MDK 的硬件配置；掌握 MDK 的编译与调试。

难点：掌握 MDK 的硬件配置、编译与调试。

4. 解决方案

针对 MDK 的硬件配置、编译与调试的掌握，课程设计了 8 个实验，通过实际的动手操作来完成教学目标。

　　本章将介绍进行 STM32 系列处理器开发时常用的硬件开发工具及软件开发平台。

2.1　STM32 的开发工具一览

2.1.1　硬件开发工具

　　（1）SEGGER 公司的 JLink 仿真器，如图 2-1 所示，它可以和市场上主流的软件平台无缝连接。

　　（2）Keil 公司的 ULINK2 仿真器，如图 2-2 所示，它是 MDK 的专用调试工具。

图 2-1　JLink 仿真器　　　　　　　　　图 2-2　ULINK2 仿真器

　　（3）ST-LINK/V2 仿真器是 ST 公司为评估、开发 STM8 系列和 STM32 系列 MCU 而设计的、集在线仿真与下载为一体的开发工具，如图 2-3 所示。STM32 系列通过 SWD 接口与 ST-LINK/V2 连接，而 ST-LINK/V2 通过高速 USB 接口与 PC 端连接。

　　（4）J-Link-OB 仿真器是由 SEGGER 公司开发的一套独立的仿真调试下载器，如图 2-4 所示，通常被应用到各大公司的评估板上（On-Board），这也是后缀为 "OB" 的原因。J-Link-OB 仿真器具备 USB 通信功能，可以与 PC 通信，另一端通过 SWD 方式与可支持器件通信，完成调试任务。

图 2-3　ST-LINK/V2 仿真器　　　　　　　图 2-4　J-Link-OB 仿真器

（5）CooCox Tools 是开源开发工具，也是完全免费的开发工具，可以在官方网站上找开源的原理图和固件，升级非常方便，还可以用在 MDK 等平台。

2.1.2　软件开发平台

（1）Keil 公司的 RealView MDK 采用 ARM 的 RVCT 编译工具链，支持几乎所有基于 ARM 内核的 MCU。

（2）IAR 公司的 EWARM 采用 ICCARM 编译器，支持几乎所有基于 ARM 内核的 MCU。

2.2　硬件开发工具 JLink

2.2.1　JLink 的驱动安装及调试接口

在使用 JLink 仿真器时要首先安装其驱动程序，如图 2-5 所示。本书使用的安装版本是 Setup_JLink_V500b，和其他软件一样，其安装过程没有特殊之处，在此不做详细介绍。但值得注意的是，一定要将 Setup_JLink_V500b 文件安装完毕后，才能将 JLink 仿真器插入 PC 的 USB 接口。安装成功后，在"设备管理器"界面会发现"J-Link driver"字样，如图 2-6 所示。

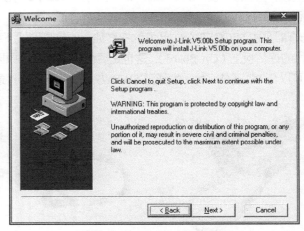

图 2-5　JLink 驱动安装界面

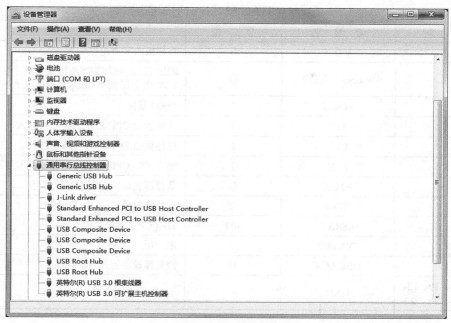

图 2-6　设备管理器界面

2.2.2　硬件调试接口 JTAG/SWD 的定义

Cortex-M0 内嵌 CoreSight 片上跟踪和调试体系结构，支持 JTAG 和 SWD 接口调试。不过对于 STM32 系列微处理器来说，仅 U 系列带有 JATG 和 SWD 两种调试方式，其他处理器只有 SWD 调试方式。为了让读者对 JTAG 调试方式有一定的认识，下面也将对 JTAG 调试方式进行介绍。

1. JTAG 调试方式

（1）JTAG 接口定义

JTAG（Joint Test Action Group，联合测试行动小组）是一种国际标准测试协议，主要用于芯片内部的测试与程序仿真及下载等。Cortex-M3 系列单片支持标准的 JTAG 调试接口，其标准的 JTAG 接口定义如图 2-7 所示。

表 2-1 所示为 JTAG 调试接口引脚描述。

VTref	1	2	Vsupply
nTRST	3	4	GND
TDI	5	6	GND
TMS	7	8	GND
TCK	9	10	GND
RTCK	11	12	GND
TDO	13	14	GND
nSRST	15	16	GND
DBGRQ	17	18	GND
DBGACK	19	20	GND

图 2-7　标准的 JTAG 接口定义

表 2-1　JTAG 调试接口引脚描述

引　　脚	信　号　名	类　　型	描　　述
1	VTref	O	目标板的参考电压输入
2	Vsupply（可选）	O	通过 JLink 内部的跳线可设置这个引脚提供 3.3V 的电压或 400mA 的电流或者不连接
3	nTRST	I	JTAG 复位
5	TDI	I	目标板上 CPU 的 JTAG 数据输入
7	TMS	I	目标板的 JTAG 接口模式设定
9	TCK	I	输入目标 CPU 的 JTAG 时钟输入信号
11	RTCK	O	从目标板返回的测试时钟信号
13	TDO	O	从目标板输出的 JTAG 数据
15	nSRST	I/O	目标 CPU 的复位信号
17	DBGRQ	I	未使用
19	DBGACK	O	给目标设备提供 5V 电源
4、6、8、10、12、14、16、18、20	GND	—	与 GND 连接

（2）JTAG 调试接口连接

图 2-8 所示为 JTAG 的典型连接。

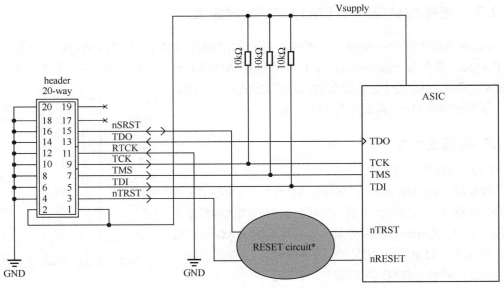

图 2-8　JTAG 的典型连接

2．SWD 调试方式

SWD 用一个时钟引脚加上一个双向数据引脚替换了 JTAG 的多个调试引脚，可以提供所有常规调试和测试功能，以及实时系统内存访问，无须停止处理器或需要任何目标驻留代码。

SWD 方式特点如下：

- 仅需要 2 个引脚；
- 高数据传输速率；
- 低功耗，不需要额外电源或接地插针；
- 较低的开发工具成本，仿真器可以内置到评估板中；
- 可靠，内置错误检测功能模块。

SWD 提供了 JTAG 的轻松且无风险的迁移，因为 SWDIO 和 SWCLK 两个信号重叠在 TMS 和 TCK 上，所以双模式设备能够提供其他 JTAG 信号。在 SWD 模式下，可以将这些额外的 JTAG 引脚用作其他功能。

SWD 与所有 ARM 处理器以及使用 JTAG 进行调试的任何处理器兼容，它可以访问 Cortex 处理器（A、R、M 系列）和 CoreSight 调试基础结构中的寄存器。

图 2-9 所示为标准的 SWD 接口引脚分布。

表 2-2 所示为 SWD 调试端接口引脚描述。

VTref	1	2	Vsupply
Not used	3	4	GND
Not used	5	6	GND
SWDIO	7	8	GND
SWCLK	9	10	GND
Not used	11	12	GND
SWO	13	14	GND
RESET	15	16	GND
Not used	17	18	GND
5V-Supply	19	20	GND

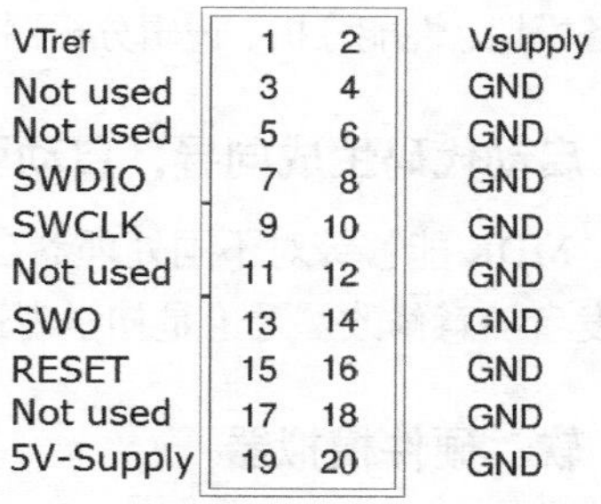

图 2-9　标准的 SWD 接口引脚分布

表 2-2　SWD 调试端接口引脚描述

引　　脚	信　号　名	类　　型	描　　述
1	VTref	O	目标板的参考电压输入
2	Vsupply（可选）	O	有调试工具输出电流或不连接
3	保留	NC	未使用
5	保留	NC	未使用
7	SWDIO	I/O	双向数据端口
9	SWCLK	I	输入目标 CPU 的时钟
11	保留	NC	未使用
13	SWO	O	SWD 输出 Trace 端口
15	RESET	I/O	目标 CPU 的复位信号
17	保留	NC	未使用
19	5V-Supply	O	用于给目标设备提供 5V 电源
4、6、8、10、12、14、16、18、20	GND	—	与 GND 连接

2.3 软件开发环境 MDK 的使用方法

Keil 应该是在国内最普及的一种 8051 编程环境，大多数初学 8051 的工程师都采用 Keil 进行编程。Keil 的界面友好、容易入门等优点都是公认的。在 ARM 出现后，Keil 公司为了提供针对 ARM 的编译环境，刚开始推出了 Keil for ARM。在 ARM 公司收购 Keil 公司后，ARM 公司结合自己的优势和 Keil 的特点推出了新一代的 ARM 编译平台——RealView MDK，简称 MDK。

MDK 集成了业内领先的开发环境，包括 uVision 集成开发环境与 RealView 编译器。MDK 支持几乎所有的 ARM 芯片，并且可自动配置启动代码、集成 Flash 烧写模块，具有强大的 Simulation 设备模拟、性能分析、逻辑分析器等，大大降低了初学者学习嵌入式的门槛。它的突出特性如下。

1. 启动代码生成向导，自动引导

MDK 能够针对不同处理器自动生成完整的启动代码，并提供图形化的操作窗口，可以让开发者随意修改。无论是初学者还是有开发经验的工程师都可大大节省时间，提高开发效率。

2. 软、硬件模拟器

在 Keil C51 中有软、硬件模拟器，MDK 也保持了这样优秀的特性。对于软件模拟器来说，它完全脱离了硬件平台，可以与硬件同步开发，大大缩短开发周期。但它的缺点是脱离了原来的硬件平台后，可能会造成与硬件平台的不一致。

ARM 可以采用硬件调试工具进行硬件仿真调试，大大减少开发中带来的一系列麻烦的工作，而且在系统升级的时候，也不必拆卸芯片。

3. 性能分析器

MDK 的性能分析器的产生，让开发者看得更远、更准，它辅助开发者实现查看代码覆盖情况、程序运行时间、函数调用次数等高端控制功能，从而指导开发者轻松进行代码优化工作。

4. 逻辑分析器

在单片机的开发中基本都是与逻辑信号"打交道"的，MDK 逻辑分析器的推出无疑给工程师的开发提供了便捷，降低了开发成本，特别是对于初学者来说，不必为了价格高昂的测试工具发愁。

5. 轻松编程

MDK 集成了大量的 Flash 编程算法，使开发者可以边调试、边下载程序，非常快捷，而不用专门的编程工具或第三方软件。

2.3.1 MDK 的安装

对于 MDK 的安装，在这里就不多作介绍，它和一般软件的安装没有什么特殊的区别。要提醒的是，读者在安装完后一定要注册，否则可能会受到编写代码量的限制，导致很多程序运行不了。

单用户许可证注册成功界面，如图 2-10 所示。

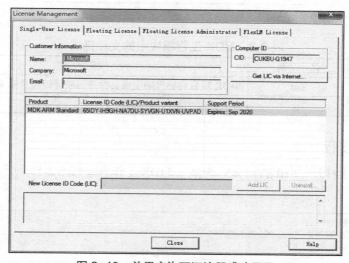

图 2-10 单用户许可证注册成功界面

2.3.2 MDK 工程模块的创建

下面以 MDK 6.22 平台为例，结合 CMSIS，介绍在 MDK 下创建一个工程模块的整个过程。读者可以按照本节的介绍一步步创建自己的工程模块，快速熟悉使用 MDK 进行 STM32 系列处理器的应用开发过程。

1. 新建工程文件夹

在需要保存开发项目的地方新建工程文件夹，可将其用于保存开发过程中需要的启动代码、源代码、头文件、工程管理、输出文件等，例如在 D 盘 STM32 文件夹下新建文件夹 Demo。下面介绍 STM32 的 MDK 工程模块，如图 2-11 所示。

本工程模块包括 2 个文件夹，表 2-3 所示为对 MDK 工程模块中的文件的描述。

图 2-11　MDK 工程模块

表 2-3　MDK 工程模块中的文件描述

序　号	名　称	描　述
1	out	MDK 项目向导自动生成文件夹与编译链接目标文件存放文件夹
2	src	用户编写的源代码的文件夹

2．新建 MDK 工程

（1）在桌面上打开"Keil μVision5"软件，MDK 工作界面如图 2-12 所示，可以看出该界面非常简洁。

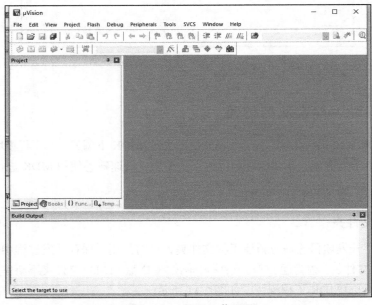

图 2-12　MDK 工作界面

（2）单击菜单栏的"Project"，选择"New μVision Project"，将出现图 2-13 所示的对话框，要求为新建工程输入一个文件名，这里输入"STM32"。然后，把工程保存在新建的"Demo\out"文件夹里。

（3）弹出一个对话框，如图 2-14 所示，要求选择处理器的型号。可以根据使用的处理器来选择处理器型号。如果没有相应的可以选择一款与之兼容的处理器；如果是新推出的处理器，可以更新开发环境。一般每过一段时间 MDK 就会更新开发环境，以对新处理器提供支持。这里选择"STM32F103C8"，在右侧有对这款处理器的介绍。

图 2-13 工程存储

图 2-14 选择处理器

（4）单击"OK"后，弹出图 2-15 所示的对话框，用户选择添加软件代码包，如 CMSIS→CORE 和 Device→Startup，即分别选择添加 startup_stm32f10x_md.s 与 system_stm32f10x.c 启动代码包。启动代码用来初始化目标设备的配置，完成运行时系统的初始化工作，对于嵌入式系统开发而言是必不可少的。

（5）单击"OK"便可将启动代码加入工程，这使得系统的启动代码编写工作量大大减少，从而使开发者基本不用与汇编语言打交道。图 2-16 所示为在工程项目中已经添加了启动代码包 startup_stm32f10x_md.s 与 system_stm32f10x.c。

（6）根据使用 STM32 单片机外设的要求，在 StdPeriph Drivers 下面选择需要的外设模块。这里需要注意的是，FrameWork 和 RCC 是必选项，其他的可根据需要进行选择。例如开发者需要使用通用输入输出端口来点亮发光二极管，可以选择 GPIO；需要定时器定时，可以选择 TIM。添加外设后生成的工程，如图 2-17 所示。

（7）创建工程后，就可开始编写源代码了。首先创建几个文件组，用于存放源文件。单击图标"▲"，弹出图 2-18 所示的对话框。

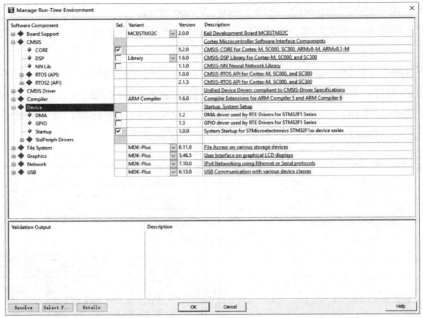

图 2-15　启动代码生成确认框

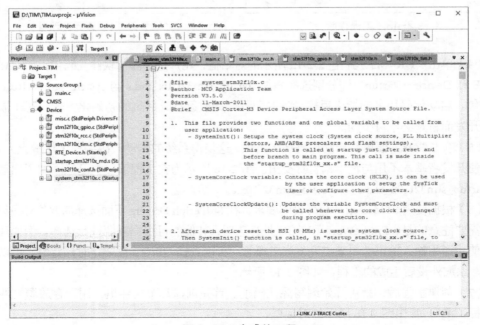

图 2-16　生成的工程

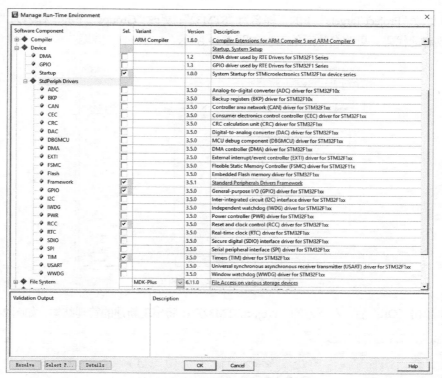

图 2-17　添加外设后生成的工程

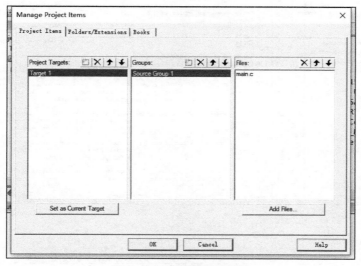

图 2-18　文件管理对话框

（8）更改"Project Targets"下的工程名为"STM32"；更改"Groups"下的工程名为"Source"，用于存放启动代码。更改名称后的工程如图 2-19 所示。

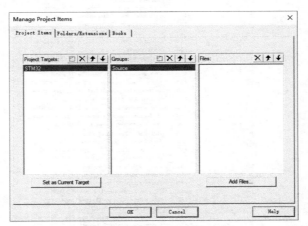

图 2-19 更改名称后的工程

（9）单击"OK"后，左下方的"Project:STM32"中将出现新建的管理结构，如图 2-20 所示。

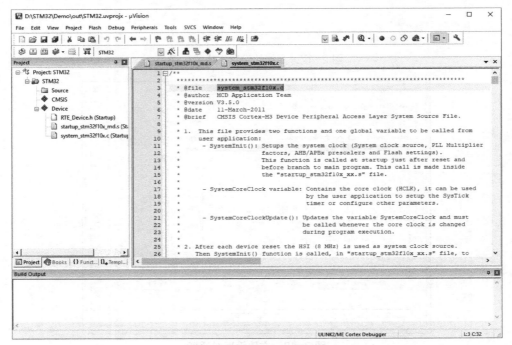

图 2-20 MDK 文件管理

（10）接下来添加文件 main.c 文件，保存至 Demo\src 文件夹。添加文件如图 2-21 所示。

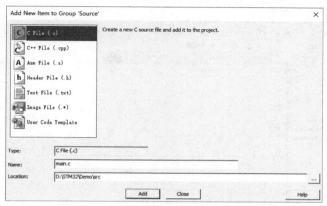

图 2-21 添加文件

（11）如果有，在相应文件组上单击右键，在弹出的快捷菜单中单击"Add Files to Group"，弹出添加文件对话框，把其他文件添加到文件组中，如图 2-22 所示。

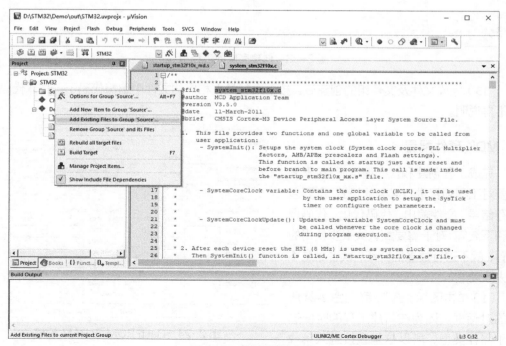

图 2-22 添加其他文件

（12）分别添加文件到相应的文件组中，创建完成的工程组如图 2-23 所示。

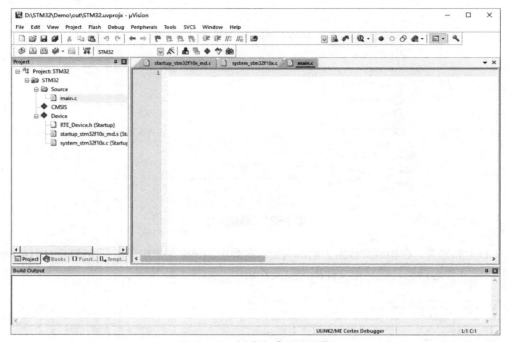

图 2-23　创建完成的工程组

（13）完成文件及文件组的创建后，接下来就是在相应的文件中编写代码了，具体代码这里不再说明。

3. MDK 硬件配置

完成工程创建和代码编写后，接下来需要对工程项目进行必要的设置。主要包括存储器、文件输出、代码优化、代码调试和下载等。对于需要默认或很少使用的设置，就不进行过多的介绍，读者尽量不要去改动它。

（1）单击图标"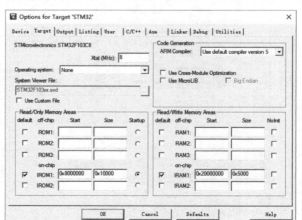

图 2-24　Flash ROM 和 RAM 设置

"，弹出图 2-24 所示的对话框。因为在新建工程的时候选择了器件类型，所以这里直接进入第 2 项并开始设置。对 Flash ROM 和 RAM 进行设置也非常重要，但是一般情况下 MDK 已经设置好了，不需要改变。

（2）接下来单击"Output"对输出文件进行设置，单击"Select Folder for Objects..."，选择输出文件的保存路径，如图 2-25 所示。

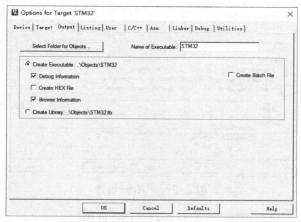

图 2-25　对输出文件进行设置

（3）勾选复选框"Create HEX File"输出十六进制文件代码，并在"Name of Executable:"中输入生成的十六进制文件的名字。具体设置如图 2-26 所示。

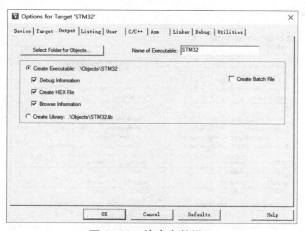

图 2-26　输出文件设置

（4）单击"C/C++"对 C/C++进行一定的设置，建议读者在开发的过程中不要更改设置。当程序编写、调试完成后，可以适当选择"Optimization"优化等级，进一步缩小代码空间并优化运行速度。如果有些文件需要在编译过程中包含进来，可以在"Include Paths"中添加。

C/C++设置如图 2-27 所示。

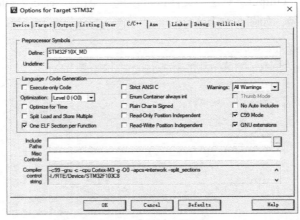

图 2-27　C/C++设置

（5）单击"Debug"进行设置。左边是选择采用软件模拟方式进行调试，在没有硬件平台的情况下，可以采用这种方式进行设置。如果有硬件平台，建议读者尽量采用硬件方式进行设置并仿真调试。这里采用哪种硬件工具需要读者根据自己的需求进行选择。如果没有能满足需求的工具，请先安装好仿真工具的驱动程序。下面介绍采用 JLink 的 SWD 方式下的硬件调试设置，如图 2-28 所示。

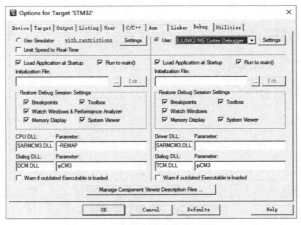

图 2-28　硬件调试设置

（6）在硬件仿真选择"Cortex-M/R J-LINK/J-TRACE_Cortex"；勾选复选框"Run to main()"，如果不勾选，那么仿真时会从启动代码开始执行，如果勾选，会直接运行到 main()函数，main()

函数前面代码就可以不用去关心。JLink V8 调试设置如图 2-29 所示。

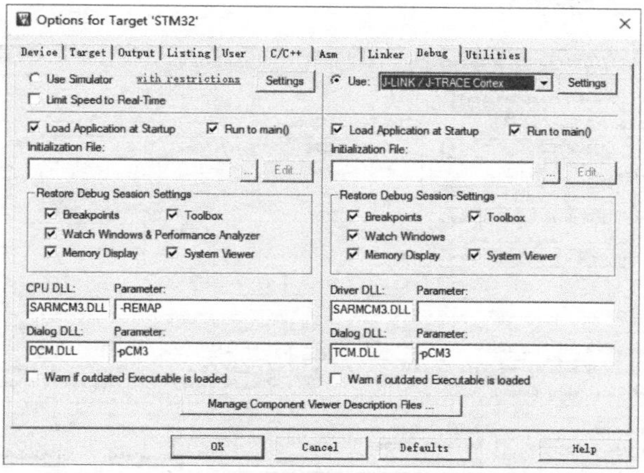

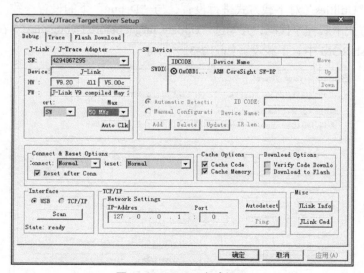

图 2-29　JLink V8 调试设置

（7）如果 JLink 已经安装了驱动，并且连接好 PC 和目标硬件。单击"**Settings**"按钮将进入 Cortex JLink/JTrace Target Driver Setup 窗口。SWD 方式设置如图 2-30 所示。时钟可以根据器件的支持情况适当地调整，其他采用默认设置。

图 2-30　SWD 方式设置

（8）如果没能正确识别，可以在"**Port**"下选择正确的方式（SWD/JTAG）。在"**Max Clock**"下选择调试速度时，不要太快，采用默认速度就可以了。如果选择错误将不能正确识别，如

图 2-31 所示。更换成 JTAG 后的界面，由于硬件采用的是 SWD 方式，所以选择 JTAG 后，将不能正确识别。

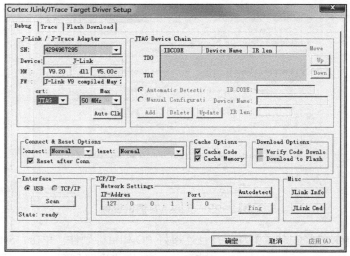

图 2-31　JTAG 方式设置

（9）单击 "Utilities" 对下载方式进行设置，与 "Debug" 下的设置一致。当然，读者也可以使用其他方式下载程序代码，并勾选 "Update Target before Debugging"，在调试时自动先下载代码到 Flash ROM 中。下载设置如图 2-32 所示。

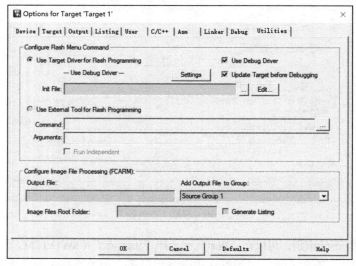

图 2-32　下载设置

（10）单击"Settings"弹出如下对话框，这里软件已经自动设置好 Flash 下载算法了，如图 2-33 所示。

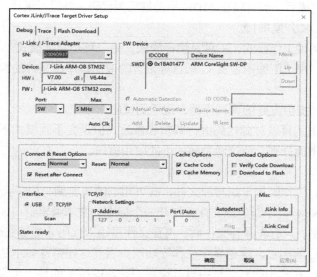

图 2-33 下载算法设置

（11）如果没有自动设置，选中相应算法后，可以单击"Add"，添加下载算法，如图 2-34 所示。

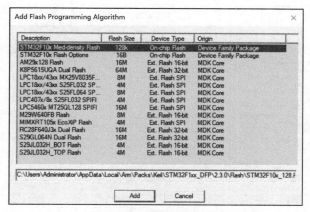

图 2-34 添加下载算法

返回到原先的对话框，到此，MDK 下的工程项目就设置完成了。单击"OK"，退出设置对话框。

4．利用 MDK 调试 STM32

工程模块建立完成后，就可以在 MDK 平台编写源代码，并进行编译、调试了。下面进一步介绍怎样使用 MDK 开发项目。

μVision5 提供两种工作模式，一种是编译模式，另一种是调试模式。

□ 编译模式：用于汇编语言及 C 语言等语言的应用程序源文件的编写，并产生可执行文件。

□ 调试模式：提供友好的调试界面，用于测试应用程序。

在这两种模式下均可以对源代码进行编辑和修改，但是在不同模式下，窗口和窗口布局都有一定的区别，下面分别介绍这两种模式下的应用窗口。

（1）编译模式

在编译模式下，工作区用于编写源文件，既可用汇编语言编写程序，也可用 C 语言编写程序。通过 File→New 命令新建源文件，打开一个标准的文本编辑窗口，可在此窗口输入源代码。需要注意的是，只有先保存文件后，再在文件里输入代码才能够实现高亮显示关键字，左侧显示文本中各行的标号，绿色显示注释等功能。当然这些特殊显示功能均可以通过单击 Edit→Configuration，在弹出的对话框中进行设置。图 2-35 所示的是一个典型的编译模式下的工作区。

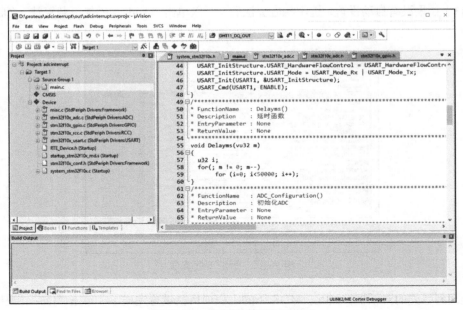

图 2-35 编译模式下的工作区

下面分别对编译模式下的菜单栏、图标、工程工作区、输出窗口等进行详细介绍。

① 菜单栏

图 2-36 所示为 MDK 的菜单栏，可以看出 MDK 的菜单栏与其他 Windows 应用程序的菜单栏并没有多大的区别。而且很多时候，我们都是通过图标或快捷键对 MDK 进行操作，实际通过菜单栏进行操作的情况并不多。所以，这里就不过多介绍，读者可以自行了解，但是一定要熟悉。MDK 的功能非常强大，但是仍有一些工程师对一些比较方便、快捷的功能不熟悉，甚至没有使用过。

| File Edit View Project Flash Debug Peripherals Tools SVCS Window Help |

图 2-36 MDK 菜单栏

② 快捷功能

如图 2-37 所示，MDK 的大部分功能都有相应的快捷功能。MDK5 相比于 MDK4，增加了 3 个图标，如图 2-38 所示。

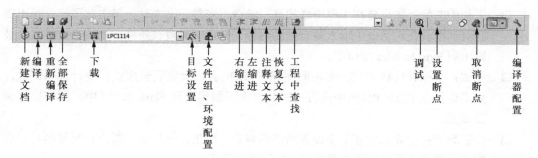

图 2-37 MDK 的快捷功能

下面将对其中比较常用的图标进行详细说明。

❑ 新建文档：可以单击此图标，新建 C 文件、H 文件、汇编文件、文本文件等，在保存的时候加上相应的扩展名即可。

❑ 编译：在编写好源代码后，需要编译才能调试和下载代码到 Flash ROM。需要注意的是，第一次单击此图标时，整个工程会被编译一遍，之后再单击，只编译修改的部分。建议读者多使用此图标编译代码。

❑ 重新编译：总是会把整个工程重新编译，无论是否修改过代码，所以使用"重新编译"的时间会比"编译"的长，特别是工程特别大时。建议读者尽量别使用"重新编译"，而是使用"编译"。

图 2-38 MDK5 新增快捷图标

- ❑ 全部保存：当修改多个文件时，单击此图标会同时保存多个文件，比单个保存方便一些。
- ❑ 下载：当编译完成后，可以单击此图标直接把代码下载到处理器的 Flash ROM。
- ❑ 目标设置：主要对目标板进行设置。前文已经介绍过，读者可以查看硬件设置部分的内容。
- ❑ 文件组、环境配置：主要是对文件组、编译环境和电子书等进行设置，应用得比较多的就是对文件组进行创建、修改等。
- ❑ 右缩进：在编程的时候，一般都要对齐代码，保持文件整洁。当多行代码需要整体右缩进 2 个字符位时，选择代码，单击此图标即可。
- ❑ 左缩进：与右缩进相同，只是缩进方向相反。
- ❑ 注释文本：当需要注释掉部分代码或文本时，可以选择文本，然后单击此图标。
- ❑ 恢复文本：当需要恢复被注释掉的代码或文本时，选择被注释掉的文本，然后单击此图标。
- ❑ 工程中查找：如果要在工程中查找某一函数、变量、文本时，单击此图标，弹出查找对话框。在对话框中输入要查找的内容，并设置好查找条件，之后查找结果会被输出到 Find In Files 窗口中。
- ❑ 调试：当编译完代码后，单击此图标，MDK 会切换到调试模式，进行代码调试；如果设置在 Flash ROM 中进行调试，会先下载代码到 Flash ROM 中，再切换到调试模式。
- ❑ 设置断点：把光标放在需要设置断点的地方，单击此图标设置断点；当然也可以直接在需要设置断点的地方双击鼠标左键设置断点。
- ❑ 取消断点：把光标放在设置好断点的地方，单击此图标取消断点；当然也可以直接在设置断点的地方双击鼠标左键取消断点。
- ❑ 编译器配置：对 µVision 进行配置，主要对编译环境等进行配置。
- ❑ 运行环境设置：用于指定编译程序时加载到项目中的软件包，例如编译 STM32 微处理器程序时，需要启动代码 startup_stm32f10x_md.s 与 system_stm32f10x.c 支持，可以通过此按钮来选取。
- ❑ 软件包安装：MDK5 安装时默认不安装任何设备的软件包支持，必须用户手动安装，如果要使用 STM32 系列微处理器，必须在线安装相应的支持包。MDK5 软件包安装界面如图 2-39 所示。

③ 工程工作区

工程工作区由多个部分组成，所有的窗口都是叠加在一起的。工程工作区的应用非常频繁，读者应该充分了解这一部分的内容。

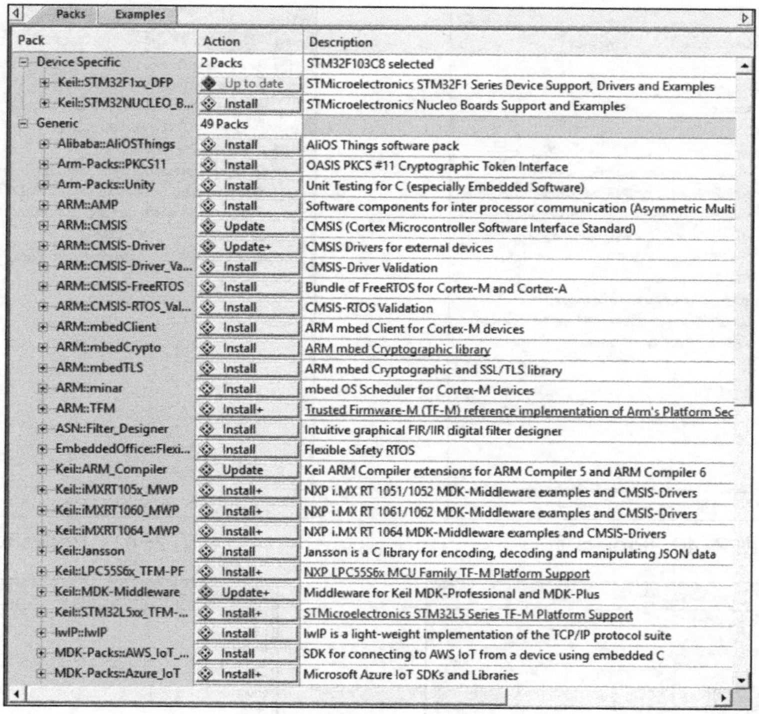

Pack	Action	Description
◖ Packs　Examples		▷
Pack	Action	Description
⊟ Device Specific	2 Packs	STM32F103C8 selected
⊞ Keil::STM32F1xx_DFP	◆ Up to date	STMicroelectronics STM32F1 Series Device Support, Drivers and Examples
⊞ Keil::STM32NUCLEO_B...	❖ Install	STMicroelectronics Nucleo Boards Support and Examples
⊟ Generic	49 Packs	
⊞ Alibaba::AliOSThings	❖ Install	AliOS Things software pack
⊞ Arm-Packs::PKCS11	❖ Install	OASIS PKCS #11 Cryptographic Token Interface
⊞ Arm-Packs::Unity	❖ Install	Unit Testing for C (especially Embedded Software)
⊞ ARM::AMP	❖ Install	Software components for inter processor communication (Asymmetric Multi
⊞ ARM::CMSIS	❖ Update	CMSIS (Cortex Microcontroller Software Interface Standard)
⊞ ARM::CMSIS-Driver	❖ Update+	CMSIS Drivers for external devices
⊞ ARM::CMSIS-Driver_Va...	❖ Install	CMSIS-Driver Validation
⊞ ARM::CMSIS-FreeRTOS	❖ Install	Bundle of FreeRTOS for Cortex-M and Cortex-A
⊞ ARM::CMSIS-RTOS_Val...	❖ Install	CMSIS-RTOS Validation
⊞ ARM::mbedClient	❖ Install	ARM mbed Client for Cortex-M devices
⊞ ARM::mbedCrypto	❖ Install	ARM mbed Cryptographic library
⊞ ARM::mbedTLS	❖ Install	ARM mbed Cryptographic and SSL/TLS library
⊞ ARM::minar	❖ Install	mbed OS Scheduler for Cortex-M devices
⊞ ARM::TFM	❖ Install+	Trusted Firmware-M (TF-M) reference implementation of Arm's Platform Sec
⊞ ASN::Filter_Designer	❖ Install	Intuitive graphical FIR/IIR digital filter designer
⊞ EmbeddedOffice::Flexi...	❖ Install	Flexible Safety RTOS
⊞ Keil::ARM_Compiler	❖ Update	Keil ARM Compiler extensions for ARM Compiler 5 and ARM Compiler 6
⊞ Keil::iMXRT105x_MWP	❖ Install+	NXP i.MX RT 1051/1052 MDK-Middleware examples and CMSIS-Drivers
⊞ Keil::iMXRT1060_MWP	❖ Install+	NXP i.MX RT 1061/1062 MDK-Middleware examples and CMSIS-Drivers
⊞ Keil::iMXRT1064_MWP	❖ Install+	NXP i.MX RT 1064 MDK-Middleware examples and CMSIS-Drivers
⊞ Keil::Jansson	❖ Install	Jansson is a C library for encoding, decoding and manipulating JSON data
⊞ Keil::LPC55S6x_TFM-PF	❖ Install+	NXP LPC55S6x MCU Family TF-M Platform Support
⊞ Keil::MDK-Middleware	❖ Update+	Middleware for Keil MDK-Professional and MDK-Plus
⊞ Keil::STM32L5xx_TFM-...	❖ Install+	STMicroelectronics STM32L5 Series TF-M Platform Support
⊞ lwIP::lwIP	❖ Install	lwIP is a light-weight implementation of the TCP/IP protocol suite
⊞ MDK-Packs::AWS_IoT_...	❖ Install	SDK for connecting to AWS IoT from a device using embedded C
⊞ MDK-Packs::Azure_IoT	❖ Install+	Microsoft Azure IoT SDKs and Libraries

图 2-39　MDK5 软件包安装界面

❑　Project

在编辑模式和调试模式下都有 Project 页。图 2-40 所示为 STM32 工程模块的 Project 页显示。

❑　Books

Books 页列出了关于 μVision IDE 的一些发行信息、开发工具、用户指南及设备数据库相关数据等，如图 2-41 所示。双击指定的"书籍"就可以打开，并可以通过上面介绍的"文件组、环境配置"图标打开对话框进行添加、删除和整理。

❑　Functions

Functions 页非常重要，其列出了工程中各个 C 文件中的函数。通过列表可以非常快速地定位函数，通过双击函数名称可找到函数所在的位置。Functions 页如图 2-42 所示，显示了部分 STM32 工程模块的函数。

❑　Templates

Templates 页列出了 C 语言常用的编程模板，如图 2-43 所示，当把鼠标指针放在相应字符上时就会显示模板的格式。双击模板可以在编辑区显示编程模板；通过鼠标右键还可以添加自己的模板。

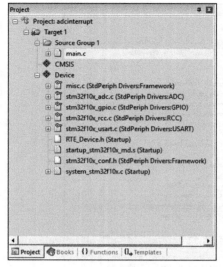

图 2-40　Project 页

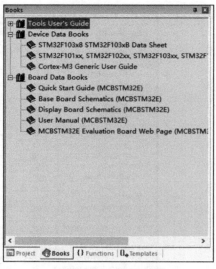

图 2-41　Books 页

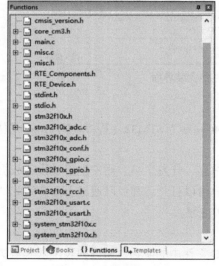

图 2-42　Functions 页

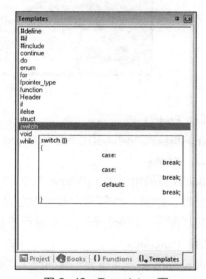

图 2-43　Templates 页

④ 输出窗口

输出窗口主要有 2 个页面，分别是 Build Output 和 Find In Files。通常在软件的最下方显示，当然也可拖到其他地方。

❑　Build Output

Build Output 页用于显示编译信息，包括汇编、编译、连接、生成目标程序等，同时显示编译结果、错误提示和警告提示。Build Output 页如图 2-44 所示。读者应该明确此页的具体显示表示的含义。

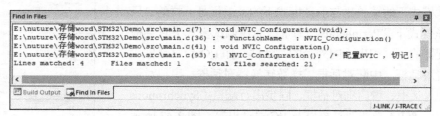

```
Build Output
compiling stm32f10x_tim.c...
compiling system_stm32f10x.c...
linking...
Program Size: Code=1592 RO-data=252 RW-data=0 ZI-data=1632
FromELF: creating hex file...
".\Objects\STM32.axf" - 0 Error(s), 0 Warning(s).
Build Time Elapsed:  00:00:04
                                                           J-LINK / J-TRACE (
```

图 2-44 Build Output 页

编译项及说明，如表 2-4 所示。

表 2-4 编译项及说明

项　　目	说　　明	描　　述
Code	代码空间	Flash ROM 占用空间
RO-data	指令和常量	指令以及常量被编译后是 RO 类型数据
RW-data	已初始化变量	已被初始化成非 0 值的变量编译后是 RW 类型数据
ZI-data	未初始化的变量	未被初始化或初始化为 0 的变量编译后是 ZI 类型数据

❏　Find In Files

当使用"工程中查找"图标，并输入查找内容后，查找的结果会在 Find In Files 页显示出来。Find In Files 页显示结果如图 2-45 所示。

```
Find In Files
E:\nuture\存储word\STM32\Demo\src\main.c(7) : void NVIC_Configuration(void);
E:\nuture\存储word\STM32\Demo\src\main.c(36) : * FunctionName   : NVIC_Configuration()
E:\nuture\存储word\STM32\Demo\src\main.c(41) : void NVIC_Configuration(void)
E:\nuture\存储word\STM32\Demo\src\main.c(93) :   NVIC_Configuration(); /* 配置NVIC，切记!
Lines matched: 4      Files matched: 1       Total files searched: 21

Build Output  Find In Files
                                                           J-LINK / J-TRACE (
```

图 2-45 Find In Files 页显示结果

（2）调试模式

调试模式下的工作区与编辑模式下的工作区有一点区别，调试模式主要用于显示反汇编程序、源代码的执行跟踪，调试信息、处理器寄存器显示、变量显示以及外设窗口显示等。

调试模式必须在正确配置后通过单击"调试"图标切换。注意，没有错误（包括编译结果和配置）才能切换到此模式。在软件模拟和硬件仿真模式下窗口有些区别，读者需要注意，例如，MDK 的逻辑分析仪只有在软件模拟模式下才可以使用。

下面通过 JLink 调试 STM32 最小系统。调试模式窗口如图 2-46 所示。

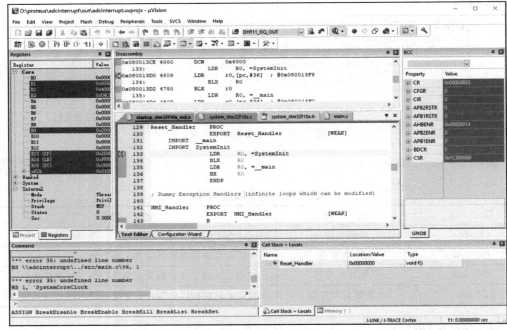

图 2-46　调试模式窗口

① 菜单栏

调试模式下的菜单栏与编译模式下的菜单栏是一样的。只是在编译模式下 "Peripherals" 为空，而在调试模式下它会根据微处理器的不同列出不同外设的对话框，如 I/O 口对话框、时钟配置对话框、中断对话框、模数转换器对话框、串口对话框、时钟对话框、看门狗对话框、同步串行端口（Synchronous Serial Port，SSP）总线对话框以及 I²C 对话框等。图 2-47 所示为 STM32 的外设列表。

② 图标

图 2-48 所示为调试模式下的图标，与编辑模式下的图标相比，它们的第 1 行是完全相同的，区别是第 2 行为调试模式下的专用图标。

调试模式下的专用快捷功能，主要由调试图标和调试窗口等组成。

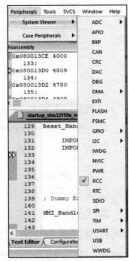

图 2-47　STM32 的外设列表

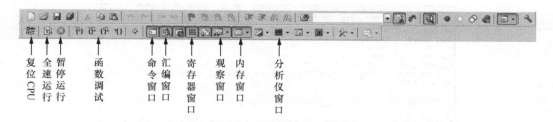

图 2-48 调试模式下的图标

- 复位 CPU：单击此图标复位 CPU，跳转到启动代码入口。如果在 Debug 设置中选择了 "Run to main()" 选项，则会运行到 main() 入口。一般在运行了部分或全部代码后，需要重新运行一遍时使用。
- 全速运行：一般用于验证代码功能，或运行到某一指定代码位置，只是需要先在指定位置设置好断点。
- 暂停运行：当代码处于运行状态时，如果需要暂停，可以单击此图标暂停运行。
- 函数调试：这部分有 4 个图标，一般都是在对函数或单个语句进行调试时使用，读者需要注意它们的区别，这几个图标非常形象，这里就不逐一介绍了。
- 命令窗口：用于隐藏或显示命令窗口。
- 汇编窗口：用于隐藏或显示汇编窗口。
- 寄存器窗口：用于隐藏或显示寄存器窗口。
- 观察窗口：用于隐藏或显示观察窗口。
- 内存窗口：用于隐藏或显示内存窗口。
- 分析仪窗口：用于隐藏或显示分析仪窗口。

③ 工程工作区

调试模式下的工程工作区由 Project 和 Registers 两个页组成，其中 Project 页和编辑模式下是一样的，这里就不再介绍。图 2-49 所示为 STM32 系统处理器的 Registers 页。在调试过程中，如果寄存器值发生变化，相应寄存器将以蓝色显示。大多数情况下，都不需要关注 Registers 页内容的变化。

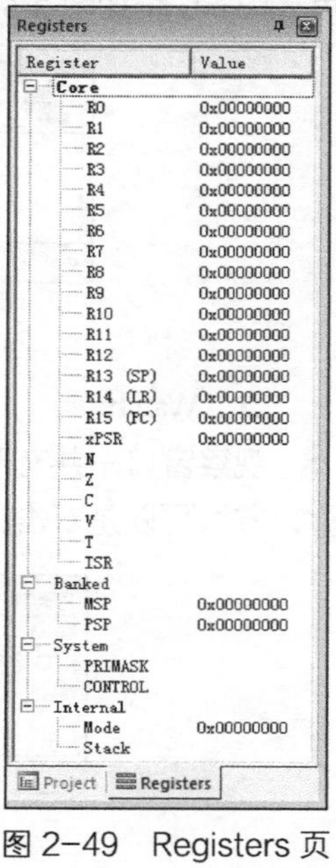

④ 输出窗口

图 2-49 Registers 页

在调试模式下的输出窗口与编译模式下的是不同的，调试模式下只有 Command 页，如图 2-50 所示。此页可以用于 Debug 命令与 μVision 进行通信，并显示调试命令相关信息。通过这些命令可以修改寄存器，也可以调用 Debug 函数。

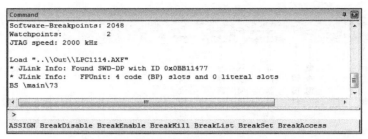

图 2-50　Command 页

⑤　观察窗口

观察窗口用于查看、修改程序中的变量值，并列出当前函数的调用关系。观察窗口包含 4 个页面：Locals、Watch#1、Watch#2 和 Call Stack。

❑　Locals

当程序运行到相应的函数时，Locals 页就会自动列出此函数中的全部局部变量。如果要修改某一个变量的值，只需选中变量，双击变量后面的值，框就会变蓝，此时可输入值到框中。Locals 页如图 2-51 所示。

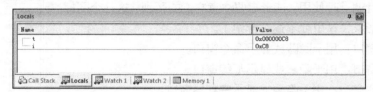

图 2-51　Locals 页

❑　Watch

观察窗口一共有两个 Watch 页。使用 Watch 页需要手动输入要查看或修改的全局变量名称，方法可以是双击鼠标左键或按 F2 键等，如图 2-52 所示。

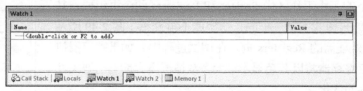

图 2-52　Watch 1 页

❑　Call Stack

图 2-53 所示，此页显示了函数的调用关系。双击此页中的某个函数，就会在工作区显示该函数对应变量值或地址。

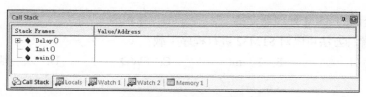

图 2-53 Call Stack 页

⑥ 内存窗口

μVision5 提供了 4 个 Memory 页，可以以不同的格式同时显示指定内存区域的内容，如图 2-54 所示。在 Address 文本框中，输入内存地址、变量或函数等，即可显示相应开始地址的内容。μVision5 可以仿真高达 4GB 的存储空间。

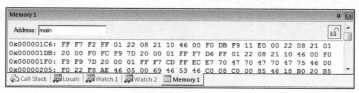

图 2-54 Memory 1 页

⑦ 外设窗口

μVision5 为程序设计和调试提供了多个外设对话框，不同的微处理器根据外设不同提供的对话框也不同。这些对话框默认是不显示的，开发者需要什么外设窗口，可以通过菜单"Peripherals"来打开相应窗口。这里就不再展开介绍，读者在调试相关外设时请尽量使用相应外设的窗口进行调试，这样将达到事半功倍的效果。

2.4 习题与巩固

1. 填空题

（1）JTAG 调试接口有_____个引脚，SWD 接口最少需要_____个调试接口。

（2）JLink V8 是_____公司的产品。

（3）RealView MDK 是_____公司开发的。

2. 选择题

（1）下列哪个不是 RealView MDK 开发环境的特点？（　　　）

    A. Windows 风格　　　　　　　　　　B. 兼容的 Keil μVision 界面

   C. 全面的 ARM 处理器支持　　　　D. 体积庞大

（2）下列哪种方法可以对 STM32 进行程序下载?（　　　）

   A. 串口　　　　　　B. J-Link　　　　　C. SWD　　　　　　D. 以上都可以

3. 简答题

（1）简述 MDK 与 Keil 的关系。

（2）MDK 安装后，为什么一定注册?

（3）简述 MDK 新建工程的一般过程。

（4）简述如何进行 MDK 的硬件配置。

（5）简述编译模式和调试模式的区别。

第3章
STM32 单片机的基本系统

本章导读

1. 主要内容

初学者可能感觉单片机最小系统很神秘，其实单片机最小系统很简单，就是用最少器件构成的、能使单片机工作的系统。最小系统虽然简单，但却是大多数控制系统必不可少的关键部分。

本章主要介绍 STM32 系列处理器的引脚分布、基本系统的组成；电源电路的设计步骤及注意事项；复位电路的设计步骤及注意事项；时钟电路的设计步骤及注意事项；调试电路的设计步骤及注意事项；启动电路的设计及注意事项。

2. 总体目标

（1）了解 STM32 系列处理器特性；

（2）理解 STM32 的最小系统组成；

（3）了解电源电路的作用；

（4）掌握电源电路的一般的设计步骤及注意事项；

（5）了解复位电路的作用；

（6）掌握复位电路的一般的设计步骤及注意事项；

（7）了解时钟电路的作用；

（8）掌握时钟电路的一般的设计步骤及注意事项；

（9）了解调试电路的作用；

（10）掌握调试电路的一般的设计步骤及注意事项；

（11）了解启动电路的作用；

（12）掌握启动电路的一般的设计步骤及注意事项。

3．重点与难点

重点：理解 STM32 的最小系统组成；掌握电源电路、复位电路、时钟电路、调试电路和启动电路的一般的设计步骤及注意事项。

难点：各电路原理图的理解和各元件参数的选择。

4．解决方案

在课堂着重讲解重点原理图和重要元件，并布置相应作业，帮助及加学生者对内容的理解。

在本章中，我们将学习怎样设计一个最小系统，同时介绍在设计最小系统时应该注意的事项。有了最小系统，我们可以结合前文介绍的工程模块调试和运行代码。

3.1　单片机的基本系统组成元素

一个微处理器自己是不能独立运行的，必须给它供电，输入时钟信号，并提供复位信号。如果芯片内部没有程序存储器，则要加上存储器，形成一个完整的系统才能正常工作。随着微处理器的发展，很多处理器都内置了时钟、复位、内部程序存储器等系统，使最小系统更有效。

图 3-1 所示为 STM32 的最小系统结构，一共由 5 部分组成。这样设计的目的是提高系统的通用性，在有些应用场合可以省略时钟系统、复位模块和调试接口等，而使用处理器内部自带的电路。调试接口虽然不是最小系统的必要模块，但是它在产品开发的过程中非常重要，可以大大提高开发效率。所以，调试接口在开发过程中是非常有必要的。图 3-2 所示为本书的基本系统中的原理图设计示例，包含调试与启动部分。

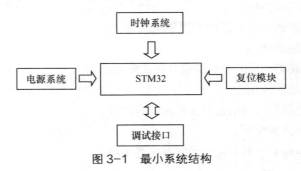

图 3-1　最小系统结构

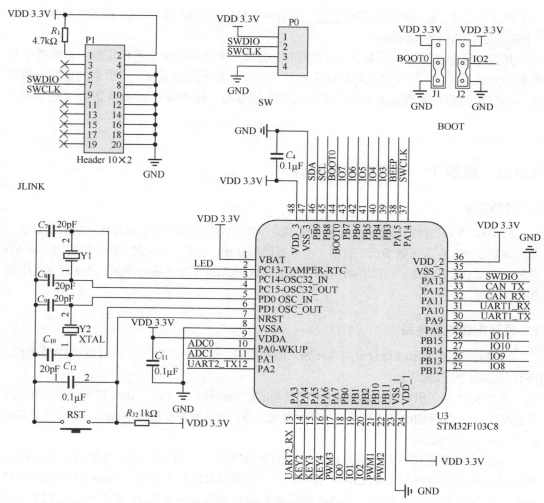

图 3-2　调试与启动部分原理

3.2　项目实战：电源电路的设计

3.2.1　概述

在开发中电源电路往往不被工程师重视，大多数工程师都把大量的时间和精力花到实现一个产品的功能、提高产品的新性能上。只有在产品运行不稳定的时候,他们才愿意去花费一些时间去排查电源的问题。

其实电源的重要性并不亚于产品的功能,如果一个产品的电源不稳定就会影响整个系统的稳定性。所以,初学者在开始就应该对电源部分给予足够重视。这里说的重视电源部分,不仅是指要在原理上设计出一个完美的电源电路,还指要在画 PCB 图纸时把它放在首位。

3.2.2　范例 1：电源电路的设计

1．分析需求

STM32 系列芯片有两类电源输入,分别是 ADC 的内部稳压器电源和单片机供电电源,两者都是 3.3V。在大多数情况下这两个电源可以不分开,直接连在一起。如果要使用内部 AD 功能,即要求分开供电,可以在两电源之间连接 0Ω电阻或电感器进行隔离;或者对 9 号引脚加电压基准。

2．设计末级电源电路

电源的前级设计和末级设计与电压输入输出相关。这里假设输入为 9～12V 的直流电源,并且有足够的电压输入。

从 STM32 的手册可以知道,该单片机使用的是功耗最小的 32 位 ARM 内核。一个单片机系统在 3.3V 上消耗的电流还与外部条件有很大关系,这里假设不超过 200mA,这样整个系统在 500mA 以上就足够了。

由于系统功耗并不大,而系统对电源的要求比较高,所以不太适合使用开关电源。可以采用低电压差模拟电源 LDO。合乎技术参数的 LDO 芯片很多,Sipex 半导体公司的 SPX1117 是一个不错的选择,当然在实际应用时也可以选择兼容的 IC(如 LM1117 等)来替代。

SPX1117 为一个低功耗正向电压调节器,可以用在一些高效率、小封装的低功耗设计电路中。有固定输出或可调电源输出多种型号(电压可选 1.5V、1.8V、2.5V、2.85V、3.0V、3.3V、5.0V),具有较低的静态电流,SPX1117 最大可以输出 0.8A 的电流。SPX1117 一共有 4 种封装形式可以选择,其封装形式如图 3-3 所示。为了减小 PCB 面积,我们选择 SOT-223(M3)封装。

根据 SPX1117 的数据手册,电源的末级电路设计如图 3-4 所示。需要注意是输入电压的范围——要稳定输出 0.8A 电流,必须保证 SPX1117 的电压差在 1.1V 以上。

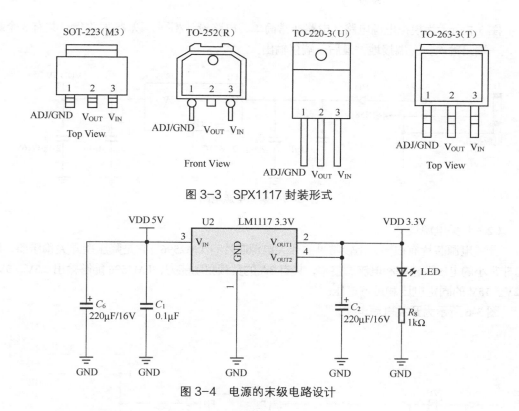

图 3-3　SPX1117 封装形式

图 3-4　电源的末级电路设计

3. 设计前级电源电路

尽管 SPX1117 允许的输入电压高达 **20V**，但是太高的电压会使芯片的发热量上升，散热系统不好设计，而且安装不方便，会使电源稳定性大打折扣。由于 SPX1117 的电压差必须大于 **1.1V**，同时，很多外围电路使用 5V 电压，所以采用 5V 作为前级输出电压是非常有必要的。

通过对整个电路的综合考虑，前级电源一般采用两种方式比较普遍。一种是开关电源，一种是模拟电源，它们各有优势。开关电源效率较高，发热量较少，因而在功耗较大（1A 以上）时，可以减小电源模块体积；但电路相对复杂，成本比较高，输出电压纹波较大。所以，在功耗不是特别大时，建议采用模拟电源供电。

（1）模拟电源设计

对于模拟电源，常用的有 **78xx** 系列（正电压输出）和 **79xx** 系列（负电压输出）。这两种系列芯片由于内部电流的限制，以及过热保护和安全工作区的保护，基本不会损坏。如果能够提供足够的散热片，它们能够提供大于 **1.5A**（具体输入电流与封装及散热等有关）的输出电流。

图 3-5 所示为模拟电源电路。电路非常简单，电路设计相同，以 7805 为例，共有 3 个端子，一端接输入，一端接地，最后一端接输出。

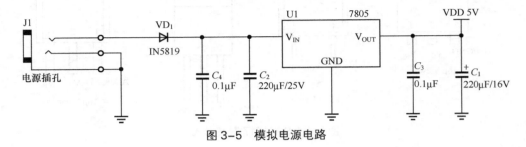

图 3-5　模拟电源电路

（2）开关电源设计

开关电源芯片有很多，比较常见的开关电源芯片有 LM2596。它是降压型开关稳压器，具有非常小的电压调整率和电流调整率，具有 3A 的负载驱动能力，LM2596 能够输出 3.3V、5V、12V、15V 的固定电压和可调电压。

图 3-6 所示为开关电源电路。

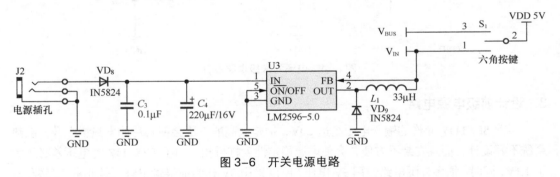

图 3-6　开关电源电路

上面两个电路中的 VD_1 和 VD_8 均是为防止反接电源烧坏器件而设计的。在输入电流大于 1A 时，应更换大电流二极管。

在开关电源电路中应特别注意续流二极管和电感器的选择。

① 续流二极管 VD_9

在降压型开关调节器中需要一个续流二极管为关断时的电感电流提供回路，续流二级管的要求是：靠近 LM2596、与其连接的导线要短、引脚要短。由于肖特基二极管开关速度快、正向压降较小，所以其应用性能很好，特别适用于输出电压较低（5V 或更低）的情况。也可以选用超快恢复（时间小于 50ns）的整流二极管，但是在芯片突然关断时，可能会引起电路不稳定或电磁干扰等问题。

② 电感器 L_1

所有的开关调节器都有两种基本的工作方式：连续型和非连续型。两者之间的区别主要在于流过电感器的电流不同，即若电感电流是连续的则称为连续型；若电感电流在一个开关周期内降到零则为非连续型。每一种工作模式都可以影响开关调节器的性能。当负载电流较小时，在设计中可采用非连续模式。LM2596 既适用于连续型，也适用于非连续型。通常情况下，连续型工作模式具有较好的工作特性，且能提供较大的输出功率、较小的峰值电流和较小的纹波电压。一般应用时可根据下面公式选择电感器（电压单位为 V，电流单位为 A）：

$$L = (5 \sim 10)\frac{V_o}{100I_o}\left(1 - \frac{V_o}{V_{IN}}\right)mH$$

3.2.3 电源电路设计注意事项

（1）在设计电源电路时，千万不要省略电容器，特别是电解电容器，在各方面都允许的情况下尽量采用容量大的电解电容器。

（2）电容器的耐压特别重要，一定要留足够的电压空间，最好预留一半的电压空间，否则电容器极易被烧坏。特别是钽电容器，它容易爆炸、燃烧。

（3）一定不要省略设计防止反接烧坏电源的二极管，否则电源及其他电路容易被烧坏。

（4）画 PCB 原理图时，要先画电源部分（包括地线），尽量加大电源线的宽度（不低于 30mil）。一定不要靠覆铜来连接电源线。

（5）特别是对开关电源布线时，地线尽量单点连接；反馈线（4 引脚连接线）要远离电感器，其他部分的连线要尽量短而粗，最好用地线屏蔽。

（6）要得到稳定的输出电压，一定要注意稳压芯片的电压差。在设计电源时，电压差一定不能低于最小值，但也不能太高，否则稳压芯片会发热，从而被烧毁。

3.3 项目实战：复位电路的设计

3.3.1 概述

复位电路的基本功能是系统上电时提供复位信号，系统供电稳定后撤销复位信号。可靠起见，电源稳定后还要经过一定的延时才能撤销复位信号。以防电源开关或电源插头在分合过程中引起抖动而影响复位。

3.3.2 范例 2：复位电路的设计

传统的阻容复位电路虽然简单、便宜，却可能成为系统可靠性的"大敌"。很多微控制器内部有看门狗，但很多时候，在实际应用中内部看门狗是不能满足需求的。因此，用户需要使用专用的复位器件，按照处理器芯片厂商给出的参数来合理地设计复位电路，以确保复位可靠。STM32 系列微处理器内部带有上电复位电路，但是为了系统能稳定工作，我们还是采用外部复位电路。

常见的复位电路有很多，下面分别介绍传统的阻容复位电路和专用且带有看门狗的复位芯片 SP706S 的应用。

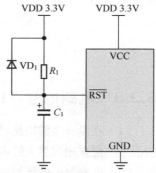

图 3-7　简单的阻容复位电路

1. 阻容复位电路

图 3-7 所示为简单的阻容复位电路。当系统上电时，电容器 C_1 两端电压不能突变，使复位端口电压为 0V，随着电容器的不断充电，复位端口电压上升，单片机复位结束，正常工作。当电源电压消失时，二极管 VD_1 为 C_1 提供一个快速放电回路，使得复位端口电压迅速归零，以便下次上电时能够及时、可靠地复位。

图 3-8 所示为阻容复位电路输入输出特性，中间部分为没有二极管 VD_1 时的输入输出特性，最下面部分为增加 VD_1 后的输入输出特性。增加了二极管的 VD_1，电源电压瞬间下降时可使电容迅速放电，令系统可靠地复位。

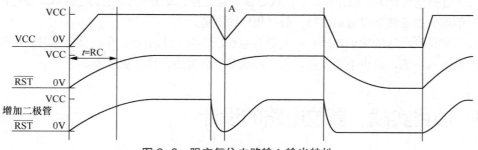

图 3-8　阻容复位电路输入输出特性

2. SP706S 复位芯片

阻容复位电路非常简单，成本也非常低。但是当环境比较恶劣时，这种电路就不能稳定、可靠地进行复位了，在这种情况下我们一般采用专业的复位芯片来设计复位电路。复位芯片有很多，下面就以 SP706S 为例来设计复位电路，如图 3-9 所示。在调试或不用看门狗时，可以去掉 R_2 位置上的 0Ω 电阻器。在需要看门狗时，可焊接好 0Ω 电阻器。至于手动复位按键 S_1，可以根据需要选择安装与否。

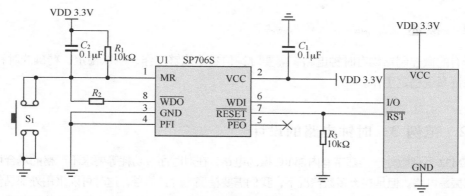

图 3-9　SP706S 典型应用

CPU 可以通过定时翻转 I/O 电平信号来"喂狗"。一旦 CPU 在 1.6s 内未翻转 I/O 的电平，则 SP706S 内部的看门狗溢出，WDI 引脚输出低电平，$\overline{MR}$ 引脚被 $\overline{WDO}$ 引脚拉为低电平，导致 SP706S 在 $\overline{RESET}$ 引脚输出 200ms 的复位脉冲信号使 CPU 复位，同时 SP706S 内部清零看门狗，重新开始计数。

3.3.3　复位电路设计注意事项

（1）复位电路非常重要，如果没有特别的要求，可以采用阻容复位电路。如果在要求比较严格的应用场合，一定要使用复位芯片来设计复位电路。

（2）如果不需要看门狗，可以不用 SP706S 的 WDI 引脚，并且不焊接 R_2 电阻器。当然也可以换成没有看门狗的复位芯片，如 SP708S 等。

（3）如果要使用看门狗，在调试时一定要关闭看门狗，在完成调试后才打开，否则将不能调试或者不能正常使用 ISP 进行下载。

（4）随着技术的发展，很多单片机（如 STM32 系列）已经自带内部看门狗了，这使得我们可在有些应用场合省去外部看门狗。不过这里要说明的是，在真正艰苦的环境下，内部看门狗并不能保证工作的可靠性，因为当外部条件使整个单片机不工作时，内部"看门狗"就没有任何意义。所以要保证系统足够的稳定性，设计外部"看门狗"是很有必要的。

3.4 项目实战：时钟电路的设计

3.4.1 概述

所有的微控制器均有时钟电路，需要时钟信号才能够工作，所以稳定、精确的时钟信号才能保证系统稳定工作。

3.4.2 范例 3：时钟电路的设计

STM32 系列微处理器都带有内部 RC 振荡电路，在对时序、功耗等要求不严格的场合可以不接外部振荡电路。但是在大多数情况下，我们需要精确的时钟信号，这时可以采用外部晶体振荡器来提供时钟信号。图 3-10（a）所示为采用无源晶体振荡器与处理器内部的晶体振荡器设计的时钟电路。图 3-10（b）所示为外部电路产生时钟信号，Clock 可以为任何稳定的时钟信号源。

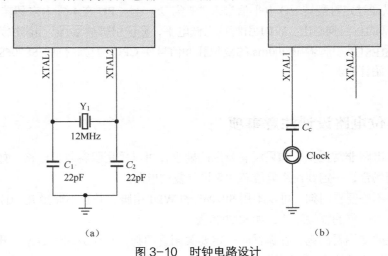

（a）   （b）

图 3-10 时钟电路设计

3.4.3 时钟电路设计注意事项

（1）对于 STM32 系列微处理器来说，一般都是采用频率为 8MHz 的外部无源晶体振荡器。

（2）对于外部晶体振荡器电路，考虑到成本、安装等因素，一般都是采用无源晶体振荡器，如图 3-10（a）所示。如果对时钟电路有更高的要求，可以采用有源晶体振荡器或其他的时钟源。

3.5 项目实战：调试电路的设计

3.5.1 概述

调试接口不是系统运行的必需的接口电路，但是为了系统开发、调试、升级等方便，我们在设计最小系统时，可以加上这一部分电路。STM32 系列微处理器内置了一个 JTAG 和一个 SWD 接口，通过这两个接口可以控制芯片的运行，并可以获取内部寄存器的信息。这两个接口都要使用 GPIO（普通 I/O 口）来供调试仿真器使用。选用其中一个接口即可将在 PC 上编译好的程序下载到单片机中运行调试。

3.5.2 范例 4：调试电路的设计

1. JTAG 调试接口

JTAG 是一种国际标准测试协议（与 IEEE 1149.1 兼容），主要用于芯片内部测试。现在多数的高级器件都支持 JTAG 协议，如 DSP FPGA 器件等。标准的 JTAG 调试接口有 4 根线，分别为模式选择（TMS）、时钟（TCK）、数据输入（TDI）和数据输出（TDO）线。JTAG 调试接口电路如图 3-11 所示。

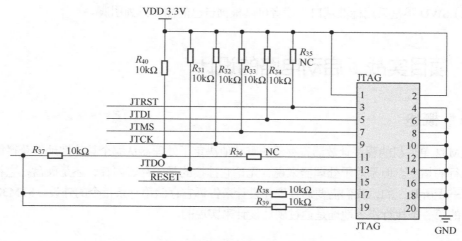

图 3-11 JTAG 调试接口电路

2. SWD 接口

图 3-12 所示为 SWD 接口。在高速模式和数据量大的情况下，通过 JTAG 下载程序会失败，但是通过 SWD 下载出现失败的概率会小很多，更加可靠。只要仿真器支持，通常在使用 JTAG 模式的情况下，可以直接使用 SWD 模式。SWD 模式支持更少的引脚接线，所以需要的 PCB 空间更小，在芯片体积有限的时候推荐使用 SWD 模式，可以选择一个很小的有 2.54mm 间距的 5 芯端子作为仿真接口。

SWD 模式的连接需要 2 根线，其中 SWDIO 为双向数据口，用于主机到目标的数据传送；SWDCLK 为时钟口，用于主机驱动。

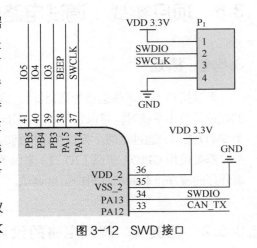

图 3-12　SWD 接口

3.5.3　调试电路设计注意事项

（1）STM32 系列处理器支持两种调试方式，但是采用 JTAG 占用了大量的 PCB 的面积，而采用 SWD 模式则占用得少得多。而且在调试速度等方面，SWD 并不比 JTAG 模式差，所以建议读者在实际应用中尽量采用 SWD 进行设计。

（2）SWD 不是采用标准端口，读者可以根据自己的需要排列引脚。

3.6　项目实战：启动电路的设计

3.6.1　概述

STM32 单片机的程序计数器寄存器的默认值决定了处理器从哪个具体地址去获得第 1 条需要执行的指令。但是对于处理器来说，无论它挂接的是闪存、内存，还是硬盘，它在启动时是"一无所知"的，我们需要通过硬件设计来告诉它存储第一条指令的外设。STM32 系列处理器的第一条执行指令地址是通过硬件设计来实现的。

3.6.2 启动电路分析及工作原理

1. 启动设置

在 STM32F10x 里，可以通过 BOOT[1:0]引脚选择 3 种不同的启动模式，如表 3-1 所示。其硬件连接如图 3-2 所示。

表 3-1 启动模式选择引脚

BOOT1	BOOT0	启 动 模 式	说　　明
X	0	主闪存	主闪存被选为启动区域，这是正常的工作模式
0	1	系统存储器	系统存储器被选为启动区域，这种模式启动的程序功能由厂商设置
1	1	内置 SRAM	SRAM 被选为启动区域，这种模式可以用于调试

系统复位后，在系统时钟的第 4 个上升沿到来时，BOOT 引脚的值将被锁存，然后被 CPU 读取。用户可以通过设置 BOOT1 和 BOOT0 引脚的状态，来选择在复位后的启动模式。

根据选定的启动模式，主闪存、系统存储器或内置 SRAM 按照以下方式进行访问。

❑ 从主闪存启动：主闪存被映射到启动空间（0x00000000），但仍然能够在它原有的地址（0x08000000）访问它，即主闪存的内容可以在两个地址（0x00000000 或 0x08000000）访问。

❑ 从系统存储器启动：系统存储器被映射到启动空间（0x00000000），但仍能在其原有的地址（互联型产品原有地址为 0x1FFFB000，其他产品原有地址为 0x1FFFF000）访问。

❑ 从内置 SRAM 启动：只能在 0x2000000 开始的地址区访问 SRAM。多数情况下，SRAM 只在调试时使用，也可以用于其他一些方面，如故障的局部诊断，写一段小程序加载到 SRAM 中，诊断 PCB 上的其他电路，或者读写 PCB 上的闪存或 EEPROM 等。还可以通过这种方法解除内部闪存的读写保护，当然在解除读写保护的同时，闪存的内容也被自动清除，以防止恶意的软件复制。

2. 启动代码说明

嵌入式系统的启动需要一段启动代码（Boot），类似于启动 PC 时的 BIOS，一般用于完成微控制器的初始化工作和自检。STM32 的启动代码在 startup_stm32f10x_x.s（x 根据微控制器所带的大、中、小容量存储器分为 hd、md、ld），其中的程序功能主要包括初始化堆栈、定义程序启动地址、中断向量表和中断服务程序入口地址。这部分代码已经由 ST 公司提供，当系统复位启动时，单片机会自动从启动代码跳转到用户 main 函数的入口地址。

3.7　习题与巩固

1．填空题

（1）我们使用的 STM32 单片机是 32 位单片机，最大运行频率是_____MHz，工作电压是 3.3V。

（2）STM32 的调试系统支持 JTAG 和_____两种接口标准。

（3）STM32 单片机是_____电平复位。

（4）STM32 单片机时钟系统常用的晶振频率是_____MHz。

2．选择题

以下哪种元器件可以产生 STM32 单片机所需要的电压？（　　　）

A．LM1117-3.3　　　B．7805　　　　　　C．LM2576　　　　　D．电源适配器

3．简答题

（1）简述 STM32 最小系统的组成。

（2）简述电源电路的作用、设计注意事项。

（3）画出一两个基本的电源电路原理图。

（4）简述复位电路的作用、设计注意事项。

（5）画出一两个基本的复位电路原理图。

（6）简述时钟电路的作用、设计注意事项。

（7）画出一两个基本的时钟电路原理图。

（8）简述调试电路的作用、设计注意事项。

（9）画出基本的 SWD 接口原理图。

第4章
通用输入输出端口应用

本章导读

1. 主要内容

单片机端口，也就是单片机的引脚。如果一个端口只具有电平的输出能力，则称该端口为输出端口或驱动端口；如果一个端口只具有电平的输入能力，则称该端口为输入端口。而同时具备输入输出能力的端口称为通用输入输出端口。

本章主要介绍 STM32 系列处理器通用输入输出口（General Purpose Input/Output Port，GPIO）的内部构造、配置及其使用方法；通过具体范例讲解加深读者对学习内容的理解。

2. 总体目标

（1）了解 STM32 系列处理器的 GPIO 内部结构；

（2）熟悉 GPIO 寄存器；

（3）掌握 GPIO 寄存器的配置；

（4）掌握 GPIO 的设计要点；

（5）能够运用寄存器法或库函数法使用 GPIO 驱动简单外部设备。

3. 重点与难点

重点：熟悉 GPIO 寄存器；掌握 GPIO 寄存器的配置；掌握 GPIO 的设计要点；能够运用寄存器法或库函数法使用 GPIO 驱动简单外部设备。

难点：掌握 GPIO 寄存器的配置。

4. 解决方案

本章主要使读者学习并掌握单片机 GPIO 的使用方法。学习到本章时，知识的广度逐渐扩大，建议读者勤于练习、勤于思考，尽量动手实践本书提供的实例，同时可以自行设计一些开关量控制的电路来验证。

本章介绍 STM32 系列处理器 GPIO 的内部构造、配置及其使用方法。

4.1 GPIO 工作原理

4.1.1 STM32F103C8T6 单片机的引脚

STM32 的引脚，又称 GPIO，主要分为 GPIOA、GPIOB、GPIOC……不同的组，每组端口号为 0~15，共有 16 个不同的引脚。不同型号的芯片，具有不同的端口组和不同数量的引脚。本书使用的是 STM32F103C8T6 芯片，共有 48 个引脚，其中包含 PA、PB 的全部引脚和 PC、PD 的部分引脚，具体如图 4-1 所示。

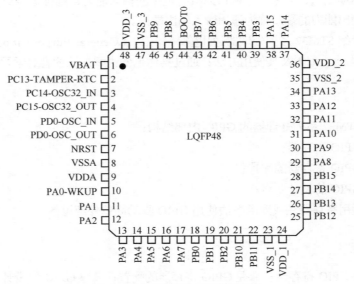

图 4-1 STM32F103C8T6 引脚

STM32F103C8T6 引脚功能如表 4-1 所示。当单片机复位后，其默认功能为表中第 4 列，即复位后的主要功能。除 PA13、PA14、PA15、PB3 和 PB4 之外，大部分引脚在复位后都具有默认的通用输入输出功能。由于 STM32 单片机复位后默认开启的是 JTAG 模式下载功能，因此上述 5 个引脚复位后默认无法开启通用输入输出功能。

表 4-1 STM32F103C8T6 引脚功能

序号	名字	方向	主要功能（复位后）	可选功能（默认）	可选功能（重映射）
1	VBAT	S	VBAT		
2	PC13-TAMPER-RTC	I/O	PC13	TAMPER-RTC	
3	PC14-OSC32_IN	I/O	PC14	OSC32_IN	
4	PC15-OSC32_OUT	I/O	PC15	OSC32_OUT	
5	OSC_IN	I	OSC_IN		PD0
6	OSC_OUT	O	OSC_OUT		PD1
7	NRST	I/O	NRST		
8	VSSA	S	VSSA		
9	VDDA	S	VDDA		
10	PAO-WKUP	I/O	PA0	WKUP/USART2_CTS/ADC12_INO/TIM2_CH1_ETR	
11	PA1	I/O	PA1	USART2_RTS/ADC12_IN1/TIM2_CH2	
12	PA2	I/O	PA2	USART2_TX/ADC12_IN2/TIM2_CH3	
13	PA3	I/O	PA3	USART2_RX/ADC12_IN3/TIM2_CH4	
14	PA4	I/O	PA4	SPI1_NSS/USART2_CK/ADC12_IN4	
15	PA5	I/O	PA5	SPI1_SCK/ADC12_IN5	
16	PA6	I/O	PA6	SPI1_MISO/ADC12_IN6/TIM3_CH1	TIM1_BKIN
17	PA7	I/O	PA7	SPI1_MOSI/ADC12_IN7/TIM3_CH2	TIM1_CH1N
18	PB0	I/O	PB0	ADC12_IN8/TIM3_CH3	TIM1_CH2N
19	PB1	I/O	PB1	ADC12_IN9/TIM3_CH4	TIM1_CH3N
20	PB2	I/O	PB2/BOOT1		
21	PB10	I/O	PB10	I2C2_SCL/USART3_TX	TIM2_CH3
22	PB11	I/O	PB11	I2C2_SDA/USART3_RX	TIM2_CH4
23	VSS_1	S	VSS_1		
24	VDD_1	S	VDD_1		
25	PB12	I/O	PB12	SPI2_NSS/I2C2_SMBAI/USART3_CK/TIM1_BKIN	
26	PB13	I/O	PB13	SPI2_SCK/USART3_CTS/TIM1_CH1N	
27	PB14	I/O	PB14	SPI2_MISO/USART3_RTS/TIM1_CH2N	
28	PB15	I/O	PB15	SPI2_MOSI/TIM1_CH3N	
29	PA8	I/O	PA8	USART1_CK/TIM1_CH1/MCO	
30	PA9	I/O	PA9	USART1_TX/TIM1_CH2	
31	PA10	I/O	PA10	USART1_RX/TIM_CH3	
32	PA11	I/O	PA11	USART1_CTS/CANRX/TIM1_CH4/USBDM	

续表

序号	名字	方向	主要功能 （复位后）	可选功能（默认）	可选功能 （重映射）
33	PA12	I/O	PA12	USART1_RTS/CANTX/TIM1_ETR/ USBDP	
34	PA13	I/O	JTMS/SWDIO		PA13
35	VSS_2	S	VSS_2		
36	VDD_2	S	VDD_2		
37	PA14	I/O	JTCK/SWCLK		PA14
38	PA15	I/O	JTDI		TIM2_CH1_ETR/ PA15/SPI1_NSS
39	PB3	I/O	JTDO		TIM2_CH2/PB3/ TRACESWO/SPI1_ SCK
40	PB4	I/O	JNTRST		TIM3_CH1/ PB4/SPI1_MISO
41	PB5	I/O	PB5	I2C1_SMBAI	TIM3_CH2/ SPI1_MOSI
42	PB6	I/O	PB6	I2C1_SCL/TIM4_CH1	USART1_TX
43	PB7	I/O	PB7	I2C1_SDA/TIM4_CH2	USART1_RX
44	BOOT0		BOOT0		
45	PB8	I/O	PB8	TIM4_CH3	I2C1_SCL/CANRX
46	PB9	I/O	PB9	TIM4_CH4	12C1_SDA/CANTX
47	VSS_3	S	VSS_3		
48	VDD_3	S	VDD_3		

其中，PA13 和 PA14 分别作为 SWD 的 SWDIO 和 SWCLK；PB3、PB4、PA13、PA14 和 PA15 共同用于 JTAG。调试接口引脚如表 4-2 所示。

表 4-2　调试接口引脚

SWJ-DP 端口引脚名称	JTAG 调试接口		SWD 调试接口		引脚分配
	类型	描述	类型	调试功能	
JTMS/SWDIO	输入	JTAG 模式选择	输入/输出	串行数据输入/输出	PA13
JTCK/SWCLK	输入	JTAG 时钟	输入	串行时钟	PA14
JTDI	输入	JTAG 数据输入			PA15
JTDO/TRACESWO	输出	JTAG 数据输出		跟踪时为 TRACESWO 信号	PB3
JNTRST	输入	JTAG 模块复位			PB4

上述 5 个引脚如果要作为普通 I/O 口使用，需要特别的配置。以 PA13 引脚为例，该

引脚在 STM32 中的描述如表 4-1 所示：其复位后默认为 JTMS/SWDIO，其普通功能在"可选功能（重映射）"一列。也就是说，如果 PA13 要当作普通 I/O 口使用时，就必须使用它复用功能中的重映射，通过设置复用重映射和调试 I/O 配置寄存器（AFIO_MAPR）的 SWJ_CFG[2:0] 位，可以改变上述重映射配置。针对调试接口引脚的重映射操作方式如表 4-3 所示。

表 4-3　针对调试接口引脚的重映射操作方式

SWJ-CFG [2:0]	配置为调试专用的引脚	SWJ 接口的 I/O 口分配				
		PA13/ JTMS/ SWDIO	PA14/ JTCK/ SWCLK	PA15/ JTDI	PB3/ JTDO	PB4/ JNTRST
000	所有的 SWJ 引脚（JTAG-DP + SW-DP）复位状态	专用	专用	专用	专用	专用
001	所有的 SWJ 引脚（JTAG-DP + SW-DP）除了 JNTRST 引脚	专用	专用	专用	专用	释放
010	JTAG-DP 接口禁止，SW-DP 接口允许	专用	专用	释放		
100	JTAG-DP 接口和 SW-DP 接口都禁止	释放				
其他	禁止					

由表 4-3 可知，重映射的方式一共有 3 种，在 stm32f10x_gpio.h 已经进行了定义，描述如下：

```
GPIO_Remap_SWJ_JTAGDisable//PB3、PB4、PA15 作为普通 I/O 口，PA13 和 14 用于 SWD
GPIO_Remap_SWJ_Disable//5 个引脚全为普通引脚，不能用 JTAG 和 SWD 仿真器调试，只能用其他调试
//方法，如串口下载等
GPIO_Remap_SWJ_NoJTRST//PB4 可作为普通 I/O 口，JTAG 和 SWD 正常使用，但 JTAG 没有复位
```

因此，当 PA13 用作普通 I/O 口使用时，可以通过以下代码来实现：

```
RCC_APB2PeriphClockCmd(RCC_APB2Periph_GPIOA|RCC_APB2Periph_AFIO,ENABLE);
GPIO_PinRemapConfig(GPIO_Remap_SWJ_JTAGDisable, ENABLE);
```

上述代码中，第一行为打开对应 I/O 口时钟的同时，打开复用 AFIO 时钟，第二行对 PA13 口进行重映射。其中 RCC_APB2PeriphClockCmd() 函数的用法，可以参考 4.3.2 小节。

4.1.2　引脚内部构造

引脚内部构造如图 4-2 所示。最右端为芯片的 I/O 引脚，左端的器件位于芯片内部。I/O 引脚并联了两个用于保护的二极管，该图的上半部分为输入模式，下半部分为输出模式。

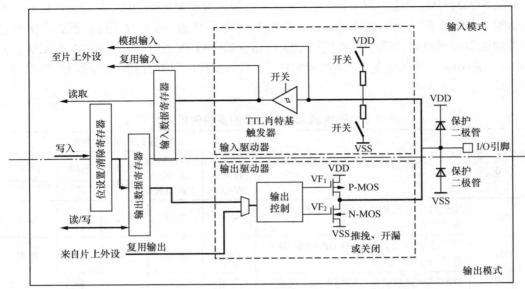

图 4-2　引脚内部构造

　　输入/输出模式可以由软件分别配置成 8 种模式，包括上拉输入、下拉输入、浮空输入、模拟输入、通用开漏输出、通用推挽输出、复用推挽输出和复用开漏输出，如表 4-4 所示。

表 4-4　GPIO 配置模式

状　　态	配　置　模　式	状　　态	配　置　模　式
通用输出	推挽（Push-Pul1）	输入	模拟输入
	开漏（Open-Drain）		浮空输入
复用输出	推挽（Push-Pul1）		下拉输入
	开漏（Open-Drain）		上拉输入

　　下面具体介绍这 8 种工作模式的原理和特点。

4.1.3　GPIO 的 8 种工作模式

　　下面对于上述的 8 种工作模式进行讲解。

1. 上拉、下拉和浮空输入配置

　　图 4-3 所示的箭头表示信号传输方向。从 I/O 引脚向左沿着箭头方向，首先遇到两个开关

和电阻器，与 VDD 相连的称为上拉电阻，与 VSS 相连的称为下拉电阻，再连接到施密特触发器把电压信号转化为数字信号 0、1，存储在输入数据寄存器（IDR）。通过设置配置寄存器（CRL、CRH）控制这两个开关，就可以进入 GPIO 的上拉输入模式（GPIO_Mode_IPU）、下拉输入模式（GPIO_Mode_IPD）和浮空输入模式（GPIO_Mode_IN_FLOATING）。

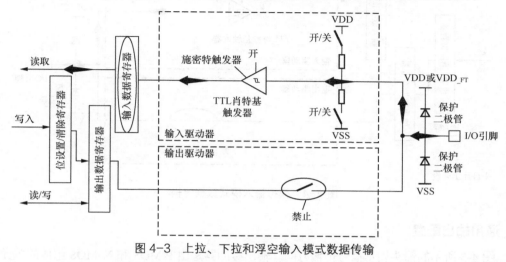

图 4-3　上拉、下拉和浮空输入模式数据传输

在上拉、下拉、浮空输入模式中，输出缓冲器被禁止，施密特触发器被激活。根据输入配置（上拉、下拉或浮空）的不同，弱上拉和下拉电阻被连接，通过读输入数据寄存器的值可得到 I/O 状态。各模式下引脚信号如下。

（1）上拉输入模式：默认状态下（GPIO 引脚无输入），读 GPIO 引脚数据为高电平（1）。

（2）下拉输入模式：与上拉输入模式相反，默认状态下其引脚数据为低电平（0）。

（3）浮空输入模式：在芯片内部既没有接上拉电阻，也没有接下拉电阻，信号由触发器输入。

2. 模拟输入配置

图 4-4 所示的箭头表示信号传输方向。模拟输入模式关闭了施密特触发器，不接上、下拉电阻，经由另一条线路把电压信号传送到片上外设模块，如传送给 ADC 模块，由 ADC 采集电压信号。使用 ADC 外设时，必须设置模拟输入模式。在此模式中，禁止输出缓冲器，禁止施密特触发器输入，实现每个模拟 I/O 引脚上的零消耗，施密特触发器输出值被强制置为 0，弱上拉和下拉电阻被禁止，读取输入数据寄存器时数值为 0。配置时注意：GPIO 在输入模式下不需要设置端口的最大输出速率；在使用任何一种开漏模式时，都需要接上拉电阻。

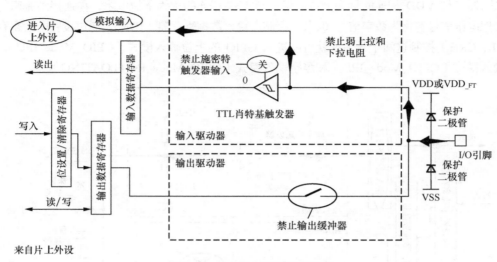

图 4-4　模拟输入模式数据传输

3．通用输出配置

图 4-5 所示的箭头表示信号传输方向。输出缓冲器是由 P-MOS 和 N-MOS 组成的单元电路，推挽或开漏输出模式是根据其工作方式来命名的。当 I/O 端口被配置为输出模式时，输出缓冲器被激活，施密特触发器被激活，弱上拉和下拉电阻被禁止。

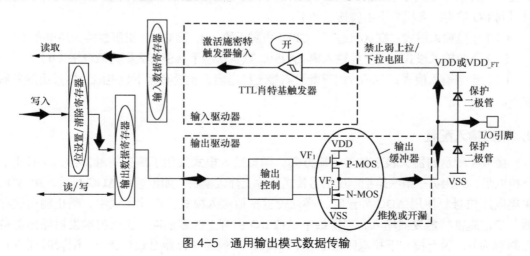

图 4-5　通用输出模式数据传输

（1）开漏模式：输出数据寄存器上的"0"激活 N-MOS，使输出接地（I/O 引脚为低电平）；

而输出数据寄存器上的"1"将端口置于高阻状态（P-MOS 不被激活），正常使用时必须在外部接一个上拉电阻，它具"线与"特性，即很多个开漏模式引脚连接到一起时，若其中任意一个引脚为低电平，则整条线路都为低电平，否则线路为高电平（由外部上拉电阻所接电源提供）。因此，开漏模式一般应用在电平不匹配的场合，如需要输出 5V 的高电平，就需要在外部接一个上拉电阻，电源为 5V，把 GPIO 设置为开漏模式，当输出高阻态时，由上拉电阻和电源向外输出 5V 的电压。

（2）推挽模式：输出数据寄存器上的"0"激活 N-MOS，I/O 口输出低电平；而输出数据寄存器上的"1"激活 P-MOS，I/O 口输出高电平。两个 MOS 管轮流导通，一个负责灌电流，另一个负责拉电流，使其负载能力和开关速度都比普通方式的有很大提高。推挽输出模式一般应用在输出电平为 0V 和 3.3V 而且需要高速切换开关状态的场合。在 STM32 的应用中，除了必须用开漏输出模式的场合，我们都习惯使用推挽输出模式。

4．复用输出配置

图 4-6 所示的箭头表示信号传输方向。当 I/O 端口被配置为复用功能时，输出缓冲器被打开，内置外设的信号驱动输出缓冲器，施密特触发器被激活，弱上拉和下拉电阻被禁止。至于是复用开漏输出还是复用推挽输出，可根据 GPIO 复用功能来选择，如果 GPIO 的引脚用作串口输出，则使用复用推挽输出模式；如果用在 I²C、SMBUS 等这些需要"线与"功能的复用场合，就使用复用开漏输出模式。

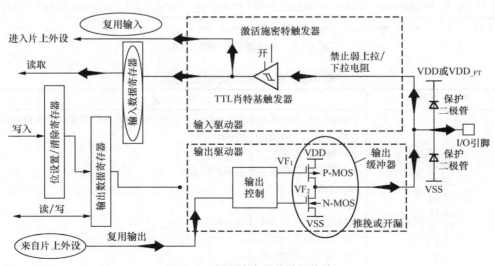

图 4-6　复用输出模式数据传输

4.2 GPIO 寄存器功能详解

单片机寄存器相当于一个变量，只不过这个变量在 CPU 内存单元中具有固定的地址，并有一个特殊的名称，对其赋予不同的数值，便能够控制单片机完成不同的操作。单片机初学者对寄存器的了解，有助于初学者使用库函数对单片机进行正确的操作。

下面对 GPIO 使用过程中经常使用的寄存器进行介绍。

4.2.1 端口配置低寄存器（GPIOX_CRL）

端口配置低寄存器（CRL）为 32 位寄存器，复位值为 0x44444444，其位分布如图 4-7 所示，其位描述如表 4-5 所示。寄存器 CRL 控制 GPIO 的 0～7 号引脚，每个引脚占用 4 个寄存器位。MODE 位用来配置输出的反应速度，CNF 位用来配置各种输入输出模式。

31	30	29	28	27	26	25	24	23	22	21	20	19	18	17	16
CNF7[1:0]		MODE7[1:0]		CNF6[1:0]		MODE6[1:0]		CNF5[1:0]		MODE5[1:0]		CNF4[1:0]		MODE4[1:0]	
rw	rw	rw	rw	rw	rw	rw	rw	rw	rw	rw	rw	rw	rw	rw	rw

15	14	13	12	11	10	9	8	7	6	5	4	3	2	1	0
CNF3[1:0]		MODE3[1:0]		CNF2[1:0]		MODE2[1:0]		CNF1[1:0]		MODE1[1:0]		CNF0[1:0]		MODE0[1:0]	
rw	rw	rw	rw	rw	rw	rw	rw	rw	rw	rw	rw	rw	rw	rw	rw

图 4-7 寄存器 CRL 的位分布

表 4-5 寄存器 CRL 的位描述

寄存器位	描　述
31:30 27:26 23:22 19:18 15:14 11:10 7:6 3:2	CNFy[1:0]：端口的配置位（y=0,…,7），软件通过这些位配置相应的 I/O 端口。 在输入模式（MODE[1:0]=00）。 00：模拟输入模式。 01：浮空输入模式（复位后的状态）。 10：上拉/下拉输入模式。 11：保留。 在输出模式（MODE[1:0]>00）。 00：通用推挽输出模式。 01：通用开漏输出模式。 10：复用推挽输出模式。 11：复用开漏输出模式

续表

寄 存 器 位	描　　述
29:28 25:24 21:20 17:16 13:12 9:8 5:4 1:0	MODEx[1:0]：端口的模式位，软件通过这些位配置相应的 I/O 端口。 00：输入模式（复位后的状态）。 01：输出模式，最大速度为 10MHz。 10：输出模式，最大速度为 2MHz。 11：输出模式，最大速度为 50MHz。

4.2.2　端口配置高寄存器（GPIOX_CRH）

端口配置高寄存器（CRH）为 32 位寄存器，复位值为 0x44444444，其位分布如图 4-8 所示，其位描述如表 4-6 所示。寄存器 CRH 控制 GPIO 的 8～15 号引脚，每个引脚占用 4 个寄存器位。MODE 位用来配置输出的反应速度，CNF 位用来配置各种输入输出模式。

31	30	29	28	27	26	25	24	23	22	21	20	19	18	17	16
CNF15[1:0]		MODE15[1:0]		CNF14[1:0]		MODE14[1:0]		CNF13[1:0]		MODE13[1:0]		CNF12[1:0]		MODE12[1:0]	
rw	rw	rw	rw	rw	rw	rw	rw	rw	rw	rw	rw	rw	rw	rw	rw

15	14	13	12	11	10	9	8	7	6	5	4	3	2	1	0
CNF11[1:0]		MODE11[1:0]		CNF10[1:0]		MODE10[1:0]		CNF9[1:0]		MODE9[1:0]		CNF8[1:0]		MODE8[1:0]	
rw	rw	rw	rw	rw	rw	rw	rw	rw	rw	rw	rw	rw	rw	rw	rw

图 4-8　寄存器 CRH 的位分布

表 4-6　寄存器 CRH 的位描述

寄 存 器 位	描　　述
31:30 27:26 23:22 19:18 15:14 11:10 7:6 3:2	CNFy[1:0]：端口配置位（y = 8,…,15） 通过这些位配置相应的 I/O 端口。 在输入模式（MODE[1:0]=00）。 00：模拟输入模式。 01：浮空输入模式（复位后的状态）。 10：上拉/下拉输入模式。 11：保留。 在输出模式（MODE[1:0]>00）。 00：通用推挽输出模式。 01：通用开漏输出模式。 10：复用推挽输出模式。 11：复用开漏输出模式

续表

寄 存 器 位	描 述
29:28 25:24 21:20 17:16 13:12 9:8 5:4 1:0	MODEy[1:0]：端口的模式位（y = 8,···,15） 通过这些位配置相应的 I/O 端口。 00：输入模式（复位后的状态）。 01：输出模式，最大速度为 10MHz。 10：输出模式，最大速度为 2MHz。 11：输出模式，最大速度为 50MHz

4.2.3　端口输入数据寄存器（GPIOX_IDR）

端口输入寄存器（IDR）为 32 位寄存器，复位值为 0x00000000，位 31～16 保留，其余位可读，其位分布如图 4-9 所示，其位描述如表 4-7 所示。寄存器 IDR 用于读取 GPIO 的输入。读取的某个引脚的电平，如果对应的位为 0（IDRy=0），则表示该引脚输入为低电平；如果为 1（IDRy=1），则表示输入为高电平。

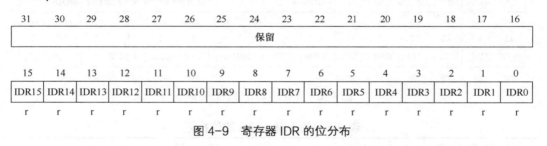

图 4-9　寄存器 IDR 的位分布

表 4-7　寄存器 IDR 的位描述

寄 存 器 位	描 述
31:16	保留，始终读为 0
15:0	IDRy[15:0]：端口输入数据位（y = 0,···,15） 这些位为只读并只能以 16 位的形式读取，读取的值为对应 I/O 口的状态

4.2.4　端口输出数据寄存器（GPIOX_ODR）

端口输出数据寄存器（ODR）为 32 位寄存器，复位值为 0x00000000，位 31～16 保留，其余各位可读写，其位分布如图 4-10 所示，其位描述如表 4-8 所示。寄存器 ODR 用于在 GPIO

的引脚输出高或低电平。

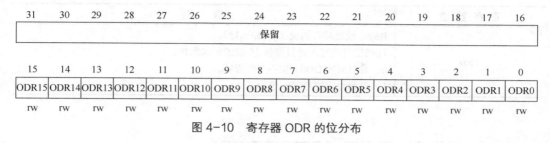

图 4-10　寄存器 ODR 的位分布

表 4-8　寄存器 ODR 的位描述

寄存器位	描述
31:16	保留，始终读为 0
15:0	ODRy[15:0]：端口输出数据位（y = 0,…,15）

4.2.5　端口位设置/清除寄存器（GPIOX_BSRR）

　　端口位设置/清除寄存器（BSRR）为 32 位寄存器，复位值为 0x00000000，各位可写，其位分布如图 4-11 所示，其位描述如表 4-9 所示。寄存器 BSRR 可用来置位或复位 I/O 口，它和寄存器 ODR 具有类似的作用，它们都可以用来设置 GPIO 的输出位是"1"还是"0"。如果同时设置了 BSy 和 BRy 的对应位，则 BSy 位起作用。

31	30	29	28	27	26	25	24	23	22	21	20	19	18	17	16
BR15	BR14	BR13	BR12	BR11	BR10	BR9	BR8	BR7	BR6	BR5	BR4	BR3	BR2	BR1	BR0
w	w	w	w	w	w	w	w	w	w	w	w	w	w	w	w
15	14	13	12	11	10	9	8	7	6	5	4	3	2	1	0
BS15	BS14	BS13	BS12	BS11	BS10	BS9	BS8	BS7	BS6	BS5	BS4	BS3	BS2	BS1	BS0
w	w	w	w	w	w	w	w	w	w	w	w	w	w	w	w

图 4-11　寄存器 BSRR 的位分布

表 4-9　寄存器 BSRR 的位描述

寄存器位	描述
31:16	BRy：清除端口的位（y = 0,…,15）。 这些位只能写入并只能以 16 位的形式操作。 0：对应的 ODRy 位不产生影响。 1：清除对应的 ODRy 位为 0。 注：如果同时设置了 BSy 和 BRy 的对应位，则 BSy 位起作用

续表

寄 存 器 位	描　　述
15:0	BSy: 设置端口的位（y =0,…,15）。 这些位只能写入并只能以 16 位的形式操作。 0: 对对应的 ODRy 位不产生影响。 1: 设置对应的 ODRy 位为 1

4.2.6　端口位清除寄存器（GPIOX_BRR）

端口位清除寄存器（BRR）为 32 位寄存器，复位值为 0x00000000，位 31～16 保留，其余位可写，其位分布如图 4-12 所示，其位描述如表 4-10 所示。寄存器 BRR 用来置位或复位 I/O口，即设置 GPIO 输出低电平。对于低 16 位（0～15），在相应位 ODRy 置 1；而对应的 I/O口输出低电平，清 0 对 I/O 口没有任何影响。

31	30	29	28	27	26	25	24	23	22	21	20	19	18	17	16
							保留								

15	14	13	12	11	10	9	8	7	6	5	4	3	2	1	0
BR15	BR14	BR13	BR12	BR11	BR10	BR9	BR8	BR7	BR6	BR5	BR4	BR3	BR2	BR1	BR0
w	w	w	w	w	w	w	w	w	w	w	w	w	w	w	w

图 4-12　寄存器 BRR 的位分布

表 4-10　寄存器 BRR 的位描述

寄 存 器 位	描　　述
31:16	保留
15:0	BRy: 清除端口的位（y =,…,15）。 这些位只能写入并只能以 16 位的形式操作。 0: 对对应的 ODRy 位不产生影响。 1: 对应的 ODRy 位清 0

4.3　利用库函数使用 GPIO 的方法

调用库函数来配置寄存器，可以脱离底层寄存器操作，使开发效率提高，同时使代码易于阅读和维护。GPIO 相关的函数和定义分布在固件库文件 stm32f10x_gpio.c 和头文件

stm32f10x_gpio.h 中。使用 GPIO 输出高、低电平，控制外围设备，主要通过以下步骤来完成。

4.3.1　初始化端口

使用 GPIO 之前首先要进行初始化工作，在固件库开发中，操作配置寄存器初始化 GPIO 是通过 GPIO 初始化函数 void GPIO_Init（GPIO_TypeDef * GPIOx, GPIO_InitTypeDef * GPIO_InitStruct）完成的。该函数有两个参数：第一个参数用来指定需要初始化的 GPIO 组，取值为 GPIOA、GPIOB、GPIOC 等；第二个参数为初始化参数结构体指针，结构体类型为 GPIO_InitTypeDef。

首先，来了解 GPIO_InitTypeDef 结构体的定义：

```
typedef Struct
{
  uint16_t GPIO_Pin;
  GPIOSpeed_TypeDef GPIO_Speed;
  GPIOMode_TypeDef GPIO_Mode;
}GPIO_InitTypeDef;
```

GPIO_InitTypeDef 的第一个成员 GPIO_Pin 用来设置要初始化哪个或者哪些 I/O 口。设置引脚号时，我们把表示 16 个引脚的操作数都定义成宏，定义如下：

```
#define GPIO_Pin_0              ((uint16_t)0x0001)
#define GPIO_Pin_1              ((uint16_t)0x0002)
#define GPIO_Pin_2              ((uint16_t)0x0004)
#define GPIO_Pin_3              ((uint16_t)0x0008)
#define GPIO_Pin_4              ((uint16_t)0x0010)
#define GPIO_Pin_5              ((uint16_t)0x0020)
#define GPIO_Pin_6              ((uint16_t)0x0040)
#define GPIO_Pin_7              ((uint16_t)0x0080)
#define GPIO_Pin_8              ((uint16_t)0x0100)
#define GPIO_Pin_9              ((uint16_t)0x0200)
#define GPIO_Pin_10             ((uint16_t)0x0400)
#define GPIO_Pin_11             ((uint16_t)0x0800)
#define GPIO_Pin_12             ((uint16_t)0x1000)
#define GPIO_Pin_13             ((uint16_t)0x2000)
#define GPIO_Pin_14             ((uint16_t)0x4000)
#define GPIO_Pin_15             ((uint16_t)0x8000)
#define GPIO_Pin_All            ((uint16_t)0xFFFF)
```

第三个成员 GPIO_Mode 用来设置对应 I/O 端口的模式，这个值实际就是配置 GPIOx 的寄存器 CRL 和 CRH 的值，在 MDK 中通过枚举类型 GPIOMode_TypeDef 定义，只需要选择对应的值即可，其定义如下：

```
typedef enum
{ GPIO_Mode_AIN = 0x00,
  GPIO_Mode_IN_FLOATING = 0x04,
  GPIO_Mode_IPD = 0x28,
  GPIO_Mode_IPU = 0x48,
  GPIO_Mode_Out_OD = 0x14,
  GPIO_Mode_Out_PP = 0x10,
  GPIO_Mode_AF_OD = 0x1C,
  GPIO_Mode_AF_PP = 0x18
}GPIOMode_TypeDef;
```

第二个成员 GPIO_Speed 用来设置 I/O 口速度，有 3 个可选值，同样是配置寄存器 CRL 和 CRH 的值，在 MDK 中同样是通过枚举类型 GPIOSpeed_TypeDef 定义的：

```
typedef enum
{
  GPIO_Speed_10MHz = 1,
  GPIO_Speed_2MHz,
  GPIO_Speed_50MHz
}GPIOSpeed_TypeDef;
```

此处的输出速度即 I/O 口支持的高低电平状态最高切换频率，支持的频率越高，功耗越大。如果功耗要求不严格，把速度设置成最大即可。

这个结构体中包含了初始化 GPIO 所需要的信息，包括引脚号、工作模式、输出速度。设计这个结构体的思路是：在初始化 GPIO 前，先定义一个结构体变量，再根据需要配置 GPIO 的模式，对这个结构体的各个成员进行赋值，然后把这个结构体变量作为 GPIO_Init 函数的输入参数。该函数能根据这个变量值中的内容去配置寄存器，从而实现 GPIO 的初始化。GPIO_Init()函数说明如表 4-11 所示。

表 4-11　GPIO_Init()函数说明

函数名	GPIO_Init()
函数原型	void GPIO_Init(GPIO_TypeDef* GPIOx,GPIO_InitTypeDef* GPIO_InitStruct)
功能描述	根据 GPIO_InitStruct 中指定的参数初始化外设 GPIOx 寄存器
输入参数 1	GPIOx：x 可以是 A、B、C、D 或者 E，来选择外设 GPIO
输入参数 2	GPIO_InitStruct：指向结构 GPIO_InitTypeDef 的指针，包含了外设 GPIO 的配置信息
输出参数	无
返回值	无
先决条件	无
被调用函数	无

4.3.2 初始化时钟

由于 STM32 的外设很多，为了降低功耗，每个外设都对应着一个时钟。在芯片刚上电的时候，这些时钟都是被关闭的，如果想要外设工作，必须把与之相应的时钟打开。

STM32 的所有外设的时钟由一个专门的外设来管理，叫 RCC（Reset and Clock Control）。STM32 外设时钟默认处于关闭状态，因此初始化 GPIO 后，还需要使能外设时钟，所有的 GPIO 都挂载到 APB2 总线上，具体的时钟由 APB2 外设时钟使能寄存器（RCC_APB2ENR）来控制，调用库函数 RCC_APB2 PeriphClockCmd() 可以打开外设时钟。寄存器 RCC_APB2ENR 的位分布及其描述分别如图 4-13 和表 4-12 所示。

31	30	29	28	27	26	25	24	23	22	21	20	19	18	17	16
							保留								

15	14	13	12	11	10	9	8	7	6	5	4	3	2	1	0
ADC3 EN	USART1 EN	TIM8 EN	SPI1 EN	TIM1 EN	ADC2 EN	ADC1 EN	IOPG EN	IOPF EN	IOPE EN	IOPD EN	IOPC EN	IOPB EN	IOPA EN	保留	AFIO EN
rw	rw	rw	rw	rw	rw	rw	rw	rw	rw	rw	rw	rw	rw	rw	rw

图 4-13 寄存器 RCC_APB2ENR 的位分布

表 4-12 寄存器 RCC_APB2ENR 的位描述

寄 存 器 位	描 述
位 31:16	保留，始终读为 0
15	ADC3EN：ADC3 接口时钟使能（ADC3 interface clock enable）。 由软件置 1 或清 0。 0：ADC3 接口时钟关闭。 1：ADC3 接口时钟开启
14	USART1EN：USART1 时钟使能（USART1 clock enable）。 由软件置 1 或清 0。 0：USART1 时钟关闭。 1：USART1 时钟开启
13	TIM8EN：TIM8 定时器时钟使能（TIM8 timer clock enable）。 由软件置 1 或清 0。 0：TIM8 定时器时钟关闭。 1：TIM8 定时器时钟开启
12	SPI1EN：SPI1 时钟使能（SPI 1 clock enable）。 由软件置 1 或清 0。 0：SPI1 时钟关闭。 1：SPI1 时钟开启

寄 存 器 位	描 述
11	TIM1EN：TIM1 定时器时钟使能（TIM1 timer clock enable）。 由软件置 1 或清 0。 0：TIM1 定时器时钟关闭。 1：TIM1 定时器时钟开启
10	ADC2EN：ADC2 接口时钟使能（ADC2 interface clock enable）。 由软件置 1 或清 0。 0：ADC2 接口时钟关闭。 1：ADC2 接口时钟开启
9	ADC1EN：ADC1 接口时钟使能（ADC1 interface clock enable）。 由软件置 1 或清 0。 0：ADC1 接口时钟关闭。 1：ADC1 接口时钟开启
8	IOPGEN：I/O 端口 G 时钟使能（I/O port G clock enable）。 由软件置 1 或清 0。 0：I/O 端口 G 时钟关闭。 1：I/O 端口 G 时钟开启
7	IOPFEN：I/O 端口 F 时钟使能（I/O port F clock enable）。 由软件置 1 或清 0。 0：I/O 端口 F 时钟关闭。 1：I/O 端口 F 时钟开启
6	IOPEEN：I/O 端口 E 时钟使能（I/O port E clock enable）。 由软件置 1 或清 0。 0：I/O 端口 E 时钟关闭。 1：I/O 端口 E 时钟开启
5	IOPDEN：I/O 端口 D 时钟使能（I/O port D clock enable）。 由软件置 1 或清 0。 0：I/O 端口 D 时钟关闭。 1：I/O 端口 D 时钟开启
4	IOPCEN：I/O 端口 C 时钟使能（I/O port C clock enable）。 由软件置 1 或清 0。 0：I/O 端口 C 时钟关闭。 1：I/O 端口 C 时钟开启
3	IOPBEN：I/O 端口 B 时钟使能（I/O port B clock enable）。 由软件置 1 或清 0。 0：I/O 端口 B 时钟关闭。 1：I/O 端口 B 时钟开启

续表

寄 存 器 位	描　　述
2	IOPAEN：I/O 端口 A 时钟使能（I/O port A clock enable）。 由软件置 1 或清 0。 0：I/O 端口 A 时钟关闭。 1：I/O 端口 A 时钟开启
1	保留，始终读为 0
0	AFIOEN：辅助功能 I/O 时钟使能（Alternate function I/O clock enable）。 由软件置 1 或清 0。 0：辅助功能 I/O 时钟关闭。 1：辅助功能 I/O 时钟开启

其中，RCC_APB2PeriphClockCmd()函数说明如表 4-13 所示。

表 4-13　RCC_APB2PeriphClockCmd()函数说明

函数名	RCC_APB2PeriphClockCmd()
函数原型	void RCC_APB2PeriphClockCmd(u32 RCC_APB2Periph,FunctionalState NewState)
功能描述	使能或者失能 APB2 外设时钟
输入参数	RCC_APB2Periph：门控 APB2 外设时钟。 - RCC_APB2Periph_AFIO：功能复用 I/O 时钟。 - RCC_APB2Periph_GPIOA：GPIOA 时钟。 - RCC_APB2Periph_GPIOB：GPIOB 时钟。 - RCC_APB2Periph_GPIOC：GPIOC 时钟。 - RCC_APB2Periph_GPIOD：GPIOD 时钟。 - RCC_APB2Periph_GPIOE：GPIOE 时钟。 - RCC_APB2Periph_ADC1：ADC1 时钟。 - RCC_APB2Periph_ADC2：ADC2 时钟。 - RCC_APB2Periph_TIM1：TIM1 时钟。 - RCC_APB2Periph_SPI1：SPI1 时钟。 - RCC_APB2Periph_USART1：USART1 时钟。 - RCC_APB2Periph_ALL：全部 APB2 外设时钟。 NewState：指定外设时钟的新状态。 - ENABLE / DISABLE
输出参数	无
返回值	无
先决条件	无
被调用函数	无

比如打开 GPOA 时钟，方法如下。

```
RCC_APB2PeriphClockCmd(RCC_APB2Periph_GPIOA,ENABLE)
```

与之对应，APB1 的时钟控制寄存器 RCC_APB1ENR 的位分布、位描述分别如图 4-14 和表 4-14 所示，RCC_APB1PeriphClockCmd()函数说明如表 4-15 所示。

31	30	29	28	27	26	25	24	23	22	21	20	19	18	17	16
保留		DAC EN	PWR EN	BWP EN	CAN2 EN	CAN1 EN	保留		I2C2 EN	I2C1 EN	UART5 EN	UART4 EN	UART3 EN	UART2 EN	保留
		rw	rw	rw	rw	rw			rw	rw	rw	rw	rw	rw	

15	14	13	12	11	10	9	8	7	6	5	4	3	2	1	0
SPI3 EN	SPI2 EN	保留		WW DG EN	保留					TIM7 EN	TIM6 EN	TIM5 EN	TIM4 EN	TIM3 EN	TIM2 EN
rw	rw			rw						rw	rw	rw	rw	rw	rw

图 4-14　寄存器 RCC_APB1ENR 的位分布

表 4-14　寄存器 RCC_APB1ENR 的位描述

寄 存 器 位	描　　述
31:30	保留，始终读为 0
29	DACEN：DAC 接口时钟使能（DAC interface clock enable）。 由软件置 1 或清 0。 0：DAC 接口时钟关闭。 1：DAC 接口时钟开启
28	PWREN：电源接口时钟使能（Power interface clock enable）。 由软件置 1 或清 0。 0：电源接口时钟关闭。 1：电源接口时钟开启
27	BKPEN：备份接口时钟使能（Backup interface clock enable）。 由软件置 1 或清 0。 0：备份接口时钟关闭。 1：备份接口时钟开启
26	CAN2EN：CAN2 时钟使能（CAN2 clock enable）。 由软件置 1 或清 0。 0：CAN2 时钟关闭。 1：CAN2 时钟开启
25	CAN1EN：CAN1 时钟使能（CAN1 clock enable）。 由软件置 1 或清 0。 0：CAN1 时钟关闭。 1：CAN1 时钟开启
24:23	保留，始终读为 0

续表

寄 存 器 位	描　　述
22	I2C2EN：I2C2 时钟使能（I2C2 clock enable）。 由软件置 1 或清 0。 0：I2C2 时钟关闭。 1：I2C2 时钟开启
21	I2C1EN：I2C1 时钟使能（I2C1 clock enable）。 由软件置 1 或清 0。 0：I2C1 时钟关闭。 1：I2C1 时钟开启
20	UART5EN：UART5 时钟使能（UART5 clock enable）。 由软件置 1 或清 0。 0：UART5 时钟关闭。 1：UART5 时钟开启
19	UART4EN：UART4 时钟使能（UART4 clock enable）。 由软件置 1 或清 0。 0：UART4 时钟关闭。 1：UART4 时钟开启
18	USART3EN：USART3 时钟使能（USART3 clock enable）。 由软件置 1 或清 0。 0：USART3 时钟关闭。 1：USART3 时钟开启
17	USART2EN：USART2 时钟使能（USART2 clock enable）。 由软件置 1 或清 0。 0：USART2 时钟关闭。 1：USART2 时钟开启
16	保留，始终读为 0
15	SPI3EN：SPI3 时钟使能（SPI3 clock enable）。 由软件置 1 或清 0。 0：SPI 3 时钟关闭。 1：SPI 3 时钟开启
14	SPI2EN：SPI2 时钟使能（SPI2 clock enable）。 由软件置 1 或清 0。 0：SPI2 时钟关闭。 1：SPI2 时钟开启
13:12	保留，始终读为 0

续表

寄 存 器 位	描 述
11	WWDGEN：窗口看门狗时钟使能（Window watchdog clock enable）。 由软件置 1 或清 0。 0：窗口看门狗时钟关闭。 1：窗口看门狗时钟开启
10:6	保留，始终读为 0
5	TIM7EN：定时器 7 时钟使能（Timer 7 clock enable）。 由软件置 1 或清 0。 0：定时器 7 时钟关闭。 1：定时器 7 时钟开启
4	TIM6EN：定时器 6 时钟使能（Timer 6 clock enable）。 由软件置 1 或清 0。 0：定时器 6 时钟关闭。 1：定时器 6 时钟开启
3	TIM5EN：定时器 5 时钟使能（Timer 5 clock enable）。 由软件置 1 或清 0。 0：定时器 5 时钟关闭。 1：定时器 5 时钟开启
2	TIM4EN：定时器 4 时钟使能（Timer 4 clock enable）。 由软件置 1 或清 0。 0：定时器 4 时钟关闭。 1：定时器 4 时钟开启
1	TIM3EN：定时器 3 时钟使能（Timer 3 clock enable）。 由软件置 1 或清 0。 0：定时器 3 时钟关闭。 1：定时器 3 时钟开启
0	TIM2EN：定时器 2 时钟使能（Timer 2 clock enable）。 由软件置 1 或清 0。 0：定时器 2 时钟关闭。 1：定时器 2 时钟开启

表 4-15 RCC_APB1PeriphClockCmd()函数说明

函数名	RCC_APB1PeriphClockCmd()
函数原型	void RCC_APB1PeriphClockCmd(u32 RCC_APB1Periph,FunctionalState NewState)
功能描述	使能或者失能 APB2 外设时钟

续表

输入参数	RCC_APB1Periph：门控 APB2 外设时钟。 - RCC_APB1Periph_TIM2：TIM2 时钟。 - RCC_APB1Periph_TIM3：TIM3 时钟。 - RCC_APB1Periph_TIM4：TIM4 时钟。 - RCC_APB1Periph_WWDG：WWDG 时钟。 - RCC_APB1Periph_SPI2：SPI2 时钟。 - RCC_APB1Periph_USART2：USART2 时钟。 - RCC_APB1Periph_USART3：USART3 时钟。 - RCC_APB1Periph_I2C1：I2C1 时钟。 - RCC_APB1Periph_I2C2：I2C2 时钟。 - RCC_APB1Periph_USB：USB 时钟。 - RCC_APB1Periph_CAN：CAN 时钟。 - RCC_APB1Periph_BKP：BKP 时钟。 - RCC_APB1Periph_PWR：PWR 时钟。 - RCC_APB1Periph_ALL：全部 APB1 外设时钟。 NewState：指定外设时钟的新状态。 - ENABLE/DISABLE
输出参数	无
返回值	无
先决条件	无
被调用函数	无

4.3.3　GPIO 引脚控制

想要 GPIO 引脚输出高低电平，控制外围设备，实现方法有多种。

❑ 端口输出数据寄存器 ODR 法。端口输出数据寄存器 ODR 用于控制 GPIOx 的输出，即设置某个 I/O 输出低电平（ODRy=0）或高电平（ODRy=1），仅在输出模式下有效，而在输入模式下不起作用。其中，ODRy[15:0]为端口输出数据（y = 0～15）。这些位可读、可写并只能以字（16 位）的形式操作。

❑ 端口位设置/清除寄存器 BSRR 法。端口位设置/清除寄存器 BSRR 可以对端口数据输出寄存器 GPIOX_ODR 的每位进行置 1 和复位操作。端口位清除寄存器 BRR 可以对端口数据输出寄存器 GPIOX_ODR 的每位进行复位操作。

❑ 库函数法。在固件库中设置寄存器 ODR 来控制 I/O 口的输出状态是通过以下两个函数来实现的：

```
void GPIO_SetBits(GPIO_TypeDef* GPIOx, uint16_t GPIO_Pin);
void GPIO_ResetBits(GPIO_TypeDef* GPIOx, uint16_t GPIO_Pin);
```

GPIO_SetBits()函数说明如表 4-16 所示。

表 4-16　GPIO_SetBits()函数说明

函数名	GPIO_SetBits()
函数原型	void GPIO_SetBits(GPIO_TypeDef* GPIOx, uint16_t GPIO_Pin)
功能描述	设置指定的数据端口位
输入参数 1	GPIOx：x 可以是 A、B、C、D 或者 E，来选择 GPIO 外设
输入参数 2	GPIO_Pin：待设置的端口位。 该参数可以取 GPIO_Pin_x（x 可以是 0~15）的任意组合
输出参数	无
返回值	无
先决条件	无
被调用函数	无

GPIO_ResetBits()函数说明如表 4-17 所示。

表 4-17　GPIO_ResetBits()函数说明

函数名	GPIO_ResetBits()
函数原型	void GPIO_ResetBits(GPIO_TypeDef* GPIOx,uint16_t GPIO_Pin)
功能描述	清除指定的数据端口位
输入参数 1	GPIOx：x 可以是 A、B、C、D 或者 E，来选择 GPIO 外设
输入参数 2	GPIO_Pin：待清除的端口位。 该参数可以取 GPIO_Pin_x（x 可以是 0~15）的任意组合
输出参数	无
返回值	无
先决条件	无
被调用函数	无

4.4　项目实战：开关量驱动外设

4.4.1　GPIO 硬件接口电路设计要点

将通用 GPIO 定义为输出工作方式，通过设置该口的寄存器 ODR、BSRR 和 BRR，可以控制对应 I/O 外围引脚的输出逻辑电平信号，即输出"0"或"1"。这样就可以通过程序来控制 I/O 口输出各种类型的逻辑电平信号，控制外围器件，如发光二极管、蜂鸣器、继电器、数码管等，执行各种动作。

当应用 GPIO 输出时，在系统的软硬件设计上应注意的问题如下。

- ❑ 输出电平信号的转换和匹配。例如，一般 STM32 的工作电源的电压为 3.3V，它的 I/O 输出电平为 3.3V。当连接的外围器件采用电压为 5V、9V、12V、15V 等与 3.3V 不等的电源时，应考虑使用可转换输出电平信号的电路。
- ❑ 输出电流的驱动能力。当 STM32 的 I/O 口输出为"1"时，可提供 10mA 左右的驱动电流；当输出为"0"时，可吸收 20mA 左右的灌电流；当连接的外围器件和电路需要大电流或有大电流灌入的时候，应考虑使用功率驱动电路。
- ❑ 输出电平信号转换延时。STM32 是一款高速的微控制器，当系统时钟频率为 50MHz 时，执行一条指令的时间为 0.02μs，这意味着将一个 I/O 引脚置 1，再清 0 仅需要 0.02μs，即输出一个脉宽为 0.02μs 的高电平脉冲信号。在一些应用中，往往需要脉宽较长的高电平脉冲信号驱动，如动态 LED 数码显示器的扫描驱动等，因此在软件设计中要考虑转换时间延时。

4.4.2 范例 5：GPIO 驱动发光二极管

1. 简介

发光二极管（Light Emitting Diode，LED），在日常生活的电器中无处不在，它能够发光，有红色、绿色、黄色和蓝色等颜色，外形上面有直径 3mm、5mm 和 5mm 几种。与普通二极管一样，发光二极管也是由半导体材料制成的，具有单向导电的性质，即只有接对极性才能发光。发光二极管的图形符号比一般二极管多了两个箭头，表示能够发光。通常发光二极管用作指示电路工作状态，它比小灯泡的功耗低得多、寿命长得多。发光二极管的实物如图 4-15 所示，其图形符号如图 4-16 所示，英文符号为 VL。

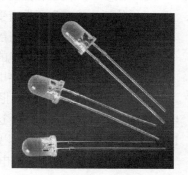

图 4-15 发光二极管的实物

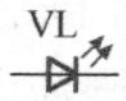

2. 检测

发光二极管有正负极之分，辨别发光二极管正负极的方法，有实验法和目测法。

（1）实验法

一般，用万用表的 R×1 挡到 R×1k 挡均不能测试发光二

VL

图 4-16 发光二极管的图形符号

极管，而由于 R×10k 挡使用 9V 或者 15V 的电源，能把有的发光二极管点亮。如果万用表有检测短路挡，也可将发光二极管接至两表笔之间测试，若发光二极管发光，则万用表红表笔所接为正极，黑表笔所接为负极。

（2）目测法

用眼睛来观察发光二极管（如草帽型二极管），可以发现其内部的两个电极一大一小。一般来说，电极较小的是发光二极管的正极，电极较大的是它的负极。若是新买来的发光二极管，引脚较长的是正极。如果是贴片发光二极管，芯片背后有绿色的指示标志，标志中箭头的指向为负极，较好识别。

3. 工作电路

在单片机开发板中，LED 控制基本上是必备电路，也是大家学习的第一个电路，因为它能够直观地表现 GPIO 的电平状态。然而，不同开发板用于控制 LED 的亮灭电平往往是不同的，LED 控制电路如图 4-17 所示。可以采用低电平信号点亮 LED，如图 4-17（a）所示；也可以用高电平信号点亮 LED，如图 4-17（b）所示。

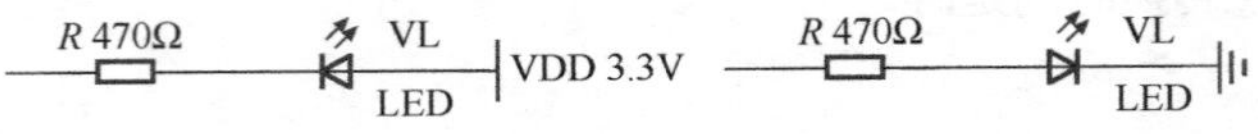

图 4-17　LED 控制电路

那么这两种应用有什么区别呢？当然这两种方式都是可以工作的。但是它们存在很大的差异。

❑ 很多单片机在复位的瞬间，GPIO 默认输出为高电平信号，如果采用高电平信号点亮的话，就产生了没有受控的状态。当然，LED 瞬间没有受控是没关系的，但是如果是别的元器件呢？可能会造成安全隐患的。

❑ 一般情况下，单片机的输入能力比输出能力强得多。也就是说，如果采用"灌电流"方式控制要比采用高电平控制效果好得多。

基于这些原因我们将采用图 4-17（a）所示的方式，即灌电流方式驱动 LED。在这种应用中，首先需要将相应的引脚（这里是 PX.8）设置为输出端口。当端口 PX.8 的输出为"0"时，LED 点亮；当端口 PX.8 的输出为"1"时，LED 熄灭。

LED 与微处理器之间的电阻器被称为限流电阻，可用来防止电流过大而损坏 LED 和 GPIO。计算限流电阻的阻值必须结合 LED 的特性和微处理器的端口特性。不同颜色的 LED 工作压降是不同的，一般情况下 LED 的压降为 1.7V 左右，而 STM32 微处理器 I/O 口推荐电流为 4mA。限流电阻计算如下：

$$R = (U(电源) - U(LED 压降))/(I/O 口推荐电流) = (3.3 - 1.7)/0.004 = 400\,\Omega$$

为了保护 I/O 端口，在设计时，选取的阻值均会大一些。所以，在这里选取 $470\Omega\sim1k\Omega$ 都是可以的。

4. LED 控制实例

发光二极管与 STM32 的连接方式如图 4-18 所示，正极接 VDD_3.3V，工作电压为 3.3V，$VL_1\sim VL_8$ 连接 STM32 的 PX 组引脚 0～引脚 7，当 PX.0～PX.7 引脚为低电平时，发光二极管发光。

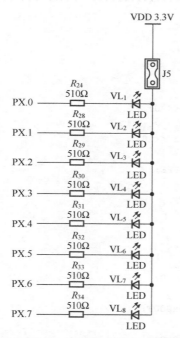

图 4-18　发光二极管与 STM32 的连接方式

下面给出一个程序，实现连接至 **PC.0** 的发光二极管的亮或灭，程序如下。

```
#include "stm32f10x.h" // Device header
void GPIO_Configuration(void);
/******************************************************************
* FunctionName   : Delay(u32 count)
* Description    : 延时
* EntryParameter : count：延时参数
* ReturnValue    : None
******************************************************************/
void Delay(u32 count)
```

```
{
    u32 i=0;
    for(;i<count;i++);
}
/*****************************************************************
* FunctionName   : main()
* Description    : 主函数
* EntryParameter : None
* ReturnValue    : None
*****************************************************************/
int main(void)
{
    GPIO_Configuration();
    while(1)
    {
        //方法1
        GPIOC->ODR |= 1 << 0;
        Delay(200000);
        GPIOC->ODR &= ~(1 << 0);
        Delay(200000);
        GPIOC->ODR = 0xFFFE;
        Delay(200000);
        GPIOC->ODR =0xFFFF;
        Delay(200000);
        //方法2
        GPIOC->BSRR = 1 << 0;
        Delay(200000);
        GPIOC->BRR = 1 << 0;
        Delay(200000);
        GPIOC->BSRR |= 0x000F;
        Delay(200000);
        GPIOC->BRR |= 0x0001;
        Delay(200000);
        //方法3
        GPIO_SetBits(GPIOC, GPIO_Pin_0);
        Delay(200000);
        GPIO_ResetBits(GPIOC, GPIO_Pin_0);
        Delay(200000);
        //方法4
        GPIOC->BSRR = 0x00000001;
        Delay(200000);
        GPIOC->BSRR = 0x00010000;
        Delay(200000);
    }
```

```
    }

    /******************************************************************
    * FunctionName    : GPIO_Configuration()
    * Description     : 初始化用到的端口
    * EntryParameter  : None
    * ReturnValue     : None
    ******************************************************************/
    void GPIO_Configuration(void)
    {
      GPIO_InitTypeDef GPIO_InitStructure;
      RCC_APB2PeriphClockCmd( RCC_APB2Periph_GPIOC , ENABLE);
      GPIO_InitStructure.GPIO_Pin = GPIO_Pin_0;
      GPIO_InitStructure.GPIO_Speed = GPIO_Speed_10MHz;
      GPIO_InitStructure.GPIO_Mode = GPIO_Mode_Out_OD;
      GPIO_Init(GPIOC, &GPIO_InitStructure);
    }
```

4.4.3　范例 6：GPIO 驱动蜂鸣器

1. 简介

蜂鸣器是一种电子讯响器，因为其发出的声音像蜜蜂一样，所以被称为蜂鸣器。它被广泛应用于计算机、打印机、报警器、电子玩具、汽车电子设备等电子产品中，可用作发声器件。蜂鸣器的外观如图 4-19 所示。

2. 分类

蜂鸣器通常分为压电式蜂鸣器和电磁式蜂鸣器，也可以分为有源蜂鸣器和无源蜂鸣器。

（1）第一种分类

① 压电式蜂鸣器

图 4-19　蜂鸣器的外观

压电式蜂鸣器主要由多谐振荡器、压电蜂鸣片、阻抗匹配器、共鸣箱及外壳组成。多谐振荡器由晶体管或集成电路构成。当接通电源后（ 1.5～15V 直流工作电压 ），多谐振荡器起振，输出频率为 1.5～2.5kHz 的音频信号，阻抗匹配器驱动压电蜂鸣片发声。

② 电磁式蜂鸣器

电磁式蜂鸣器由振荡器、电磁线圈、磁铁、振动膜片及外壳组成。接通电源后，振荡器产生的信号（电流）通过电磁线圈，使电磁线圈产生磁场。振动膜片在电磁线圈和磁铁的相互作用下，周期性地振动发声。

从外观上看，这两种蜂鸣器都大约呈黑色的圆柱体形，有两个引脚。判断蜂鸣器属于压电式还是电磁式可以用磁铁去吸引，能被吸引的为电磁式蜂鸣器，否则为压电式蜂鸣器。因为压电式蜂鸣器没有磁铁，膜片多数是铜片，不会互相吸引；或者从音孔向内看，可看到内部黄色铜片的即为压电式蜂鸣器。

（2）第二种分类

① 有源蜂鸣器

这里的"源"不是指电源，而是指振荡源。压电式蜂鸣器属于有源蜂鸣器。由于有源蜂鸣器内部带振荡源，因此只要一通电就会发声。

② 无源蜂鸣器

无源蜂鸣器内部无振荡源，其内部具有可以通过电磁场控制振动的电磁片。电磁式蜂鸣器就属于无源蜂鸣器。驱动无源蜂鸣器必须加以周期变化的方波式电压。

无源蜂鸣器的优点是价格低廉，声音频率可控，可以做出"do、re、mi、fa、sol、la、si"的声音。因为有源蜂鸣器内部具有振荡电路，所以它的价格会高些，其优点是程序控制方便，通电即可发声。

3．工作电路

图 4-20 所示为无源蜂鸣器的两种常见控制电路，其区别与 LED 控制电路的一样，所以建议读者尽量采用图 4-20（a）所示的方式。

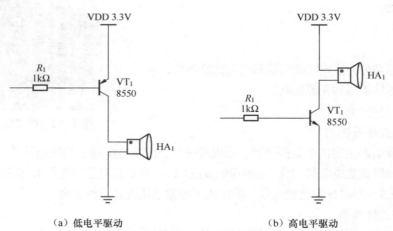

（a）低电平驱动　　　　　　　　　　　（b）高电平驱动

图 4-20　无源蜂鸣器的两种常见控制电路

蜂鸣器使用 PNP 型三极管 VT_1 进行驱动控制。当 I/O 控制电平输出为 0 时，VT_1 导通，蜂鸣器发声；当 I/O 控制电平输出为 1 时，VT_1 截止，蜂鸣器停止发声。

VT_1 采用开关三极管 8550，其主要特点就是放大倍数大，最大集电极电流 $I_{CM} = 1500\mathrm{mA}$，特征频率 $f_T = 100\mathrm{MHz}$。R_1 用于限制 VT_1 的基极电流，当 I/O 输出为 0 时，流过 R_1 的电流为：

$$I_r = (3.3 - V_{eb})/R_1 = (3.3 - 0.7)/1000 = 2.6\mathrm{mA}$$

4. 蜂鸣器控制实例

蜂鸣器接口电路如图 4-21 所示。HA 为蜂鸣器，8550 为 PNP 型三极管，其 3 个引脚分别是集电极、基极和发射极。集电极接蜂鸣器，基极通过一个限流电阻接到 STM32 的 I/O 端口，发射极接电源，STM32 的 I/O 端口通过控制三极管基极来控制蜂鸣器的导通。当基极为低电平时，三极管导通，电流流过蜂鸣器，蜂鸣器工作；当基极为高电平时，三极管截止，无电流流过蜂鸣器，蜂鸣器不工作。由于蜂鸣器的工作电流一般比较大，而 STM32 的端口驱动能力较弱，利用三极管的电流放大作用，微弱信号通过三极管电流放大电路，集电极得到较大电流，连接的蜂鸣器能够充分发声。

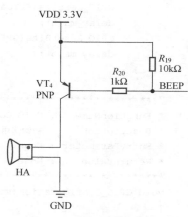

图 4-21 蜂鸣器接口电路

实现程序如下。

```c
#include "stm32f10x.h"
void GPIO_Configuration(void);
/***************************************************************
* FunctionName : delay
* Description  : 延时
* EntryParameter :
* ReturnValue  : None
***************************************************************/
void delay_ms(u16 Number)
{
    u32 i;
    while(Number--)
    {
        i =12000;while(i--);
    }
}
/***************************************************************
* FunctionName : main()
```

```
* Description    : 主函数
* EntryParameter : None
* ReturnValue    : None
**********************************************************************/
int main(void)
{
    GPIO_Configuration();
    while(1)
    {
        GPIO_SetBits(GPIOA, GPIO_Pin_15);
        delay_ms(5);
        GPIO_ResetBits(GPIOA, GPIO_Pin_15);
        delay_ms(5);
    }
}
/**********************************************************************
* FunctionName    : GPIO_Configuration()
* Description     : 初始化用到的端口
* EntryParameter  : None
* ReturnValue     : None
**********************************************************************/
void GPIO_Configuration(void)
{
  GPIO_InitTypeDef GPIO_InitStructure;
  RCC_APB2PeriphClockCmd(RCC_APB2Periph_GPIOA|RCC_APB2Periph_AFIO, ENABLE);
  GPIO_InitStructure.GPIO_Pin = GPIO_Pin_15;
  GPIO_InitStructure.GPIO_Speed = GPIO_Speed_10MHz;
  GPIO_InitStructure.GPIO_Mode = GPIO_Mode_Out_PP;
  GPIO_Init(GPIOA, &GPIO_InitStructure);
  GPIO_PinRemapConfig(GPIO_Remap_SWJ_JTAGDisable, ENABLE);
}
```

4.4.4　范例 7：GPIO 驱动数码管

1. 数码管构造

　　单片机系统中，经常使用八段数码管来显示数字或符号。由于它具有显示清晰、亮度高、使用电压低、寿命长的特点，因此应用非常广泛。数码管实物如图 4-22 所示。

　　八段数码管由 8 个发光二极管组成，其中 7 个长条形的发光管排列成"日"字形，右下角一个"点"形的发光二级管可显示小数点，八段数码管能显示所有数字及部分英文字母。八段数码管内部结构如图 4-23 所示。

图 4-22 数码管实物

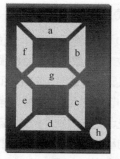

图 4-23 八段数码管内部结构

八段数码管有两种不同的形式：一种是 8 个发光二极管的阳极都连在一起的，称为共阳极八段数码管；另一种是 8 个发光二极管的阴极都连在一起的，称为共阴极八段数码管。八段数码管的分类如图 4-24 所示。

2．工作原理

以共阳极八段数码管为例，当控制某段发光二极管的信号为低电平时，对应的发光二极管点亮；当需要显示某字符时，就将该字符对应的所有二极管点亮。共阴极八段数码管则相反，控制信号为高电平时被点亮。电平信号按照 h,g,e,…,a 的顺序组合形成的数据称为该字符对应的段码。常用字符的段码如表 4-18 所示。

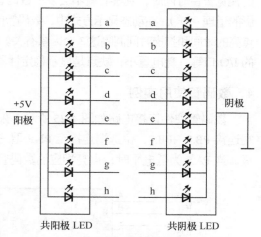

图 4-24 八段数码管的分类

表 4-18 常用字符的段码

显示字符	共阴极段码	共阳极段码	显示字符	共阴极段码	共阳极段码
0	3FH	C0H	A	77H	88H
1	06H	F9H	B	7CH	83H
2	5BH	A4H	C	39H	C6H
3	4FH	B0H	D	5EH	A1H
4	66H	99H	E	79H	86H
5	6DH	92H	F	71H	84H
6	7DH	82H	P	73H	82H
7	07H	F8H	U	3EH	C1H
8	7FH	80H	y	6EH	91H
9	6FH	90H	"灭"	00H	FFH

3. 显示方式

一个 LED 数码管只能显示一位数字或字母，比如数字"3"，一般在系统中要使用多位 LED 数码管。多位 LED 数码管显示电路按驱动方式可分为静态显示方式和动态显示方式两种。

采用静态显示方式时，除了在改变显示数据的时间外，所有的数码管都处于通电发光状态，每个数码管通电占空比为 100%。静态显示的优点是显示稳定，亮度高，程序设计相对简单，单片机负担小；缺点是占用硬件资源比较多，比如占用较多的 I/O 口或者相应锁存器等，耗电量大。

而所谓的动态显示方式（也叫动态扫描方式），就是一位一位地轮流点亮各个数码管。对于每一位数码管来说，每隔一定时间被点亮一次。所以当扫描的时间间隔足够小时，即小于人眼的视觉暂留时间时，观察者就不会发现数码管闪烁，看到的是所有的数码管一齐发光（同看电影的道理一样）。在动态显示方式中，数码管的亮度与 LED 被点亮导通时的电流大小、每一位被点亮的时间和扫描时间间隔这 3 个因素有关。动态显示的优点是占用硬件资源少，比如使用较少的 I/O 口等，耗电量小；缺点是显示稳定性不容易控制，程序设计相对复杂，单片机负担重。

4. 数码管使用实例

数码管硬件连接电路如图 4-25 所示。采用了 4 位一体的共阳极八段数码管，其 8 位段选端连接 PB.0～PB.7，位选端连接至 PNP 型三极管的集电极，PA.2～PA.5 连接 4 位三极管的基极。当 PA.x 为低电平时，点亮相应的数码管。

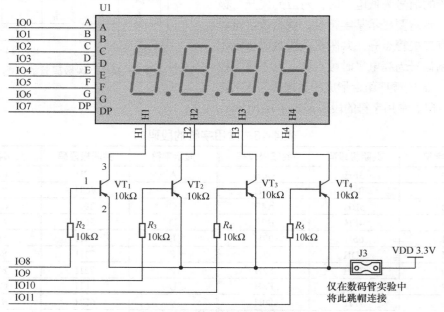

图 4-25 数码管硬件连接电路

从硬件电路可以看出，在任何一个时刻，PA.2～PA.5 中只有一个 IO 口输出低电平，即只有一位数码管被点亮。单片机须轮流控制 PA.2～PA.5 的一位，使其输出 "0"，同时 PB 口要输出该位相应的段码值。即使显示内容没有变化，单片机也要不停地循环扫描。

为了保证各个数码管的显示不产生闪烁，要保证在 1s 内循环扫描 4 个数码管的次数大于 25 次，这是利用人眼的视觉暂留效应。一般扫描次数高于 25 次，例如 40 次，即每隔 1000ms/40=25ms，将 4 个数码管循环扫描一次。还要考虑的是，在 25ms 的时间间隔中，要逐一点亮 4 个数码管，每个数码管被点亮的持续时间要相同，这样亮度才均匀。最后要考虑每个数码管被点亮的持续时间，如果某个时间长，则亮度高；时间短则亮度低。一般情况下，每个数码管点亮时间为 1～2ms 即可。

基于图 4-25，在数码管上面，利用动态显示方法显示数字 9875，代码如下。读者也可以根据以下代码，尝试显示其他数字和字符。

```
#include "stm32f10x.h" // Device header
uint8_t table[10]={0xc0,0xf9,0xa4,0xb0,0x99,0x92,0x82,0xf8,0x80,0x90};
/****************************************************************
* FunctionName   : delay
* Description    : 延时
* EntryParameter :
* ReturnValue    : None
****************************************************************/
void delay()
{
    uint16_t i=6000;
    while(i--);
}
/****************************************************************
* FunctionName   : GPIO_Configuration()
* Description    : 初始化用到的端口
* EntryParameter : None
* ReturnValue    : None
****************************************************************/
void GPIO_Configuration(void)
{
  GPIO_InitTypeDef GPIO_InitStructure;
  RCC_APB2PeriphClockCmd(RCC_APB2Periph_GPIOB, ENABLE);
  GPIO_InitStructure.GPIO_Pin = GPIO_Pin_0 | GPIO_Pin_1 | GPIO_Pin_2 |GPIO_Pin_3 |
GPIO_Pin_4 | GPIO_Pin_5 | GPIO_Pin_6 | GPIO_Pin_7;
  GPIO_InitStructure.GPIO_Speed = GPIO_Speed_10MHz;
  GPIO_InitStructure.GPIO_Mode = GPIO_Mode_Out_PP;
  GPIO_Init(GPIOB, &GPIO_InitStructure);
```

```
    RCC_APB2PeriphClockCmd( RCC_APB2Periph_GPIOA , ENABLE);

    GPIO_InitStructure.GPIO_Pin=GPIO_Pin_2|GPIO_Pin_3|GPIO_Pin_4| GPIO_Pin_5;
    GPIO_InitStructure.GPIO_Speed = GPIO_Speed_10MHz;
    GPIO_InitStructure.GPIO_Mode = GPIO_Mode_Out_PP;
    GPIO_Init(GPIOA, &GPIO_InitStructure);
    RCC_APB2PeriphClockCmd(RCC_APB2Periph_GPIOB | RCC_APB2Periph_AFIO,ENABLE);
        //先打开复用才能修改复用功能
    GPIO_PinRemapConfig(GPIO_Remap_SWJ_JTAGDiSable,ENABLE);//关闭 jtag，使能 Swd
}


/******************************************************************
* FunctionName   : Display()
* Description    : 显示函数
* EntryParameter : value：待显示数据
* ReturnValue    : None
******************************************************************/
void Display(uint32_t value)
{
    GPIOA->ODR &= ~(1<<2);
    GPIOB->ODR = table[value/1000];
    delay();
    GPIOA->ODR |= (1<<2);
    GPIOB->ODR = 0x00;

    GPIOA->ODR &= ~(1<<3);
    GPIOB->ODR = table[value%1000/100];
    delay();
    GPIOA->ODR |= (1<<3);
    GPIOB->ODR = 0x00;

    GPIOA->ODR &= ~(1<<4);
    GPIOB->ODR = table[value%1000%100/10];
    delay();
    GPIOA->ODR |= (1<<4);
    GPIOB->ODR = 0x00;

    GPIOA->ODR &= ~(1<<5);
    GPIOB->ODR = table[value%1000%1000%10];
    delay();
    GPIOA->ODR |= (1<<5);
    GPIOB->ODR = 0x00;
}
```

```
/*******************************************************************
* FunctionName  : main()
* Description   : 主函数
* EntryParameter : None
* ReturnValue   : None
*******************************************************************/
int main(void)
{
    GPIO_Configuration();
    while(1)
    {
        Display(9875);
    }
}
```

4.5 习题与巩固

1. 填空题

（1）STM32F103C8T6 芯片包含_____和_____全部引脚和_____的部分引脚。

（2）Cortex-M3 处理器是一个_____位处理器。

（3）STM32F103C8T6 这款芯片具有_____个引脚。

（4）使能外设时钟的寄存器分别是_____和_____。

（5）常见的数码管有两种，分别是_____极八段数码管和_____极八段数码管。

2. 选择题

（1）我们使用的单片机 STM32F103C8T6 是哪个公司出品的？（　　　）

    A. 高通　　　　　　B. 苹果　　　　　　C. 意法半导体　　　　D. 恩智浦

（2）STM32 复用端口初始化的步骤是（　　　）。

    A. GPIO 使能、复用的外设时钟使能、端口模式配置

    B. 复用的外设时钟使能、GPIO 使能、端口模式配置

    C. 端口模式配置、复用的外设时钟使能、GPIO 使能

    D. 端口模式配置、GPIO 使能、复用的外设时钟使能

（3）STM32 的程序下载方法有多种，不能实时跟踪调试的工具或方法是（　　　）。

    A. JLink　　　　　B. ULink　　　　　C. ST-LINK　　　　　D. 串口

（4）STM32 支持 JTAG 和 SWD 两种模式下载调试，SWD 模式占用 I/O 口较少，需要（　　　）

根 I/O 线占用。

  A．1 根   B．2 根   C．3 根   D．4 根

3．简答题

（1）简述 STM32 系列处理器引脚的内部构造。

（2）常用 I/O 寄存器有哪些？

（3）简述如何对 GPIO 进行方向设置。

（4）简述辨别发光二极管正负极的方法。

（5）简述发光二极管高电平点亮和低电平点亮的区别。

（6）简述数码管的工作原理。

（7）用 STM32 构造一个简单的系统，该系统可以分别控制 8 个发光二极管闪烁，设计并画出系统的电路原理图，并说明其元器件的作用。

（8）给出一个 8 位数码管显示器静态显示方式的硬件和软件设计方案，以及一个动态显示方式的硬件和软件设计方案，并说明这两个方案的优缺点。

第5章
系统节拍定时器

本章导读

1. 主要内容

系统节拍定时器（Sys Tick Timer）是 ARM Cortex-M3 内核的组成部分，所有 STM32 系列微控制器的系统节拍定时器都相同。

本章主要介绍 STM32 系列处理器系统节拍定时器概念、相关寄存器和使用方法；通过具体范例讲解来加深读者对学习内容的理解。

2. 总体目标

（1）了解 STM32 系列处理器的系统节拍定时器；

（2）掌握 STM32 系列处理器系统节拍定时器的相关寄存器的配置；

（3）理解 STM32 系列处理器系统节拍定时器的基本功能；

（4）掌握 STM32 系列处理器系统节拍定时器的应用函数的编写；

（5）掌握液晶显示器的使用方法。

3. 重点与难点

重点：掌握 STM32 系列处理器系统节拍定时器的相关寄存器的配置；掌握 STM32 系列处理器系统节拍定时器的应用函数的编写。

难点：掌握 STM32 系列处理器系统节拍定时器的相关寄存器的配置。

4. 解决方案

在课堂会着重对范例进行剖析，并安排一个相应的实验，帮助及加深学生对内容的理解。

5.1 系统节拍定时器概述

系统节拍定时器严格来说不属于 STM32 的外设，它是 Cortex-M3 微处理器内核的组成部分。系统节拍定时器经常为操作系统或其他系统管理软件提供固定时间的中断节拍。

系统定时器具有如下特性。

- ❑ 系统节拍定时器是一个 24 位的定时器。
- ❑ 系统节拍定时器具有固定的中断向量。
- ❑ 系统节拍定时器的时钟既可以是 HCLK，也可以是 HCLK/8，可以通过寄存器 CTRL 来进行设置。HCLK 是 AHB 总线时钟，由系统时钟 SYSCLK 分频得到，一般情况下不分频，而系统时钟 SYSCLK 提供 STM32 中内部资源工作的时钟，频率为 72MHz。
- ❑ 系统节拍定时器无输出引脚。

系统节拍定时器结构如图 5-1 所示。

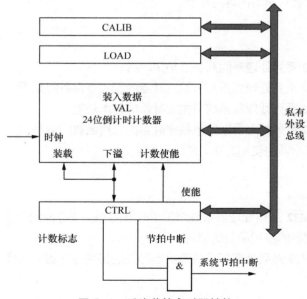

图 5-1　系统节拍定时器结构

系统节拍定时器工作原理如下：当系统节拍定时器工作时，该定时器首先会按照时钟周期从寄存器 LOAD 存储的值开始递减计数。当数递减为 0 后，寄存器 CTRL 的 COUNTFLAG

状态位会置 1，同时会重装载寄存器 LOAD 预置的值。当 STM32 处于调试停机状态时，系统节拍定时器停止计数。

将寄存器 LOAD 设置为 0，则会禁止系统节拍定时器的下一个计数循环。读取寄存器 CTRL，则会对该寄存器的 COUNTFLAG 状态位清 0。

系统节拍定时器的当前计数值可以通过读取寄存器 VAL 获得。读取时返回当前倒计数的值；向该寄存器写入任意值都可以将其清 0。该寄存器还会导致寄存器 CRTL 的 COUNTFLAG 位清 0。

5.2 系统节拍定时器的相关寄存器功能详解

系统节拍定时器的相关寄存器有 3 个，下面依次介绍其功能。

5.2.1 控制和状态寄存器 CTRL

寄存器 CTRL 包含系统节拍定时器的控制信息，并提供状态标志。该寄存器的位描述如表 5-1 所示。

表 5-1　寄存器 CTRL 的位描述

位段	名称	类型	描述
16	COUNTFLAG	可读	当倒数到 0 时，该位为 1；当读取该位时（读取该寄存器），该位自动清 0
2	CLKSOURCE	可读写	1：内核时钟（FCLK） 0：外部时钟源（STCLK）
1	TICKINT	可读写	1：当 SysTick 倒数到 0 时，产生 SysTick 异常请求 0；当 SysTick 倒数到 0 时，无动作
0	ENABLE	可读写	SysTick 定时器的使能位，置 1 后定时器开始工作

其中 CLKSOURCE=0 时，系统节拍定时器的时钟源为内核时钟，此时钟频率为系统处理器时钟频率（SystemCoreClock）/8；当 CLKSOURCE=1 时，系统节拍定时器的时钟源为处理器时钟 SystemCoreClock。

SystemCoreClock 的值在 system_stm32f10x.c 文件中定义，其代码如下。
```
uint32_t SystemCoreClock = SYSCLK_FREQ_72MHz;
```
可以看出，SystemCoreClock 的取值由 SYSCLK_FREQ_72MHz 决定，而 SYSCLK_FREQ_72MHz 的值由下式决定。
```
#define SYSCLK_FREQ_72MHz  72000000
```

5.2.2　重装载值寄存器 LOAD

寄存器 LOAD 为可读可写寄存器，用于指定系统节拍定时器递减计数的初值。该寄存器的位描述如表 5-2 所示。该寄存器[23:0]位的值在系统节拍定时器递减计数到 0 时重装载定时器，使定时器重新开始计时。由于该寄存器是 24 位的，因此该寄存器最大值为 0xFFFFFF。

表 5-2　寄存器 LOAD 的位描述

位	符号	描述
23:0	RELOAD	该位在系统节拍计数器递减计数到 0 时装入计数器
31:24	—	保留

5.2.3　当前值寄存器 VAL

寄存器 VAL 用于返回系统节拍定时器的当前计数值。该寄存器的位描述如表 5-3 所示。

表 5-3　寄存器 VAL 的位描述

位	符号	描述
23:0	CURRENT	读取时返回当前递减计数的值，向该寄存器写入任意值都可以将其清 0。该寄存器还会导致寄存器 CRTL 的 COUNTFLAG 位清 0
31:24	—	保留

5.3　利用库函数设置 GPIO 的方法

5.3.1　系统节拍定时器结构体

关于系统节拍定时器结构体在 core_cm3.h 中定义，代码如下所示。

```
typedef struct
{
    vu32 CTRL;    //SysTick 控制和状态寄存器
    vu32 LOAD;    //SysTick 重装载值寄存器
    vu32 VAL;     //SysTick 当前值寄存器
    vuc32 CALIB;  //SysTick 校准值寄存器
} SysTick_Type;
```

5.3.2 系统节拍定时器库函数

库函数 void SysTick_CLKSourceConfig（uint32_t SysTick_CLKSource）用来选择时钟源，参数分别是 SysTick_CLKSource_HCLK_Div8，即系统处理器时钟 8 分频；或者为 SysTick_CLKSource_HCLK，即系统处理器时钟，一般在系统定时器初始化时调用此函数。SysTick_CLKSourceConfig()函数说明如表 5-4 所示。

表 5-4 SysTick_CLKSourceConfig()函数说明

函数名	SysTick_CLKSourceConfig()
函数原型	void SysTick_CLKSourceConfig(u32 SysTick_CLKSource)
功能描述	设置 SysTick 时钟源
输入参数	SysTick_CLKSource：SysTick 时钟源
输出参数	无
返回值	无
先决条件	无
被调用函数	无

5.3.3 范例 8：利用系统节拍定时器精确延时

毫秒级延时和微秒级延时，在单片机读取数字芯片且控制时序时经常用到，下面利用系统节拍定时器来产生毫秒级或者微秒级的延时。

首先初始化系统定时器时钟，本例中，选择系统处理器时钟的 8 分频，代码如下。

```
void Systick_init(void)
{
    SysTick_CLKSourceConfig(SysTick_CLKSource_HCLK_Div8);
    delay_fac_us = SystemCoreClock / 8000000;
    delay_fac_ms = SystemCoreClock / 8000;
}
```

实现微秒级延时代码如下。

```
void delay_us(uint32_t i)
{
    uint32_t temp;
    SysTick->LOAD=delay_fac_us*i;    //设置重装载数值，频率为 72MHz 时
    SysTick->CTRL=0X01;              //使能，减到零时无动作，采用外部时钟源
    SysTick->VAL=0;                  //清 0 计数器
```

```
    do
    {
        temp=SysTick->CTRL;
    }
    while((temp&0x01)&&(!(temp&(1<<16))));        //等待时间到达
    SysTick->CTRL=0;          //关闭计数器
    SysTick->VAL=0;           //清 0 计数器
}
```

实现毫秒级延时代码如下。

```
void delay_ms(uint32_t i)
{
    uint32_t temp;
    SysTick->LOAD=delay_fac_ms*i;          //设置重装载数值，频率为 72MHz 时
    SysTick->CTRL=0X01;                    //使能，减到零时无动作，采用外部时钟源
    SysTick->VAL=0;                        //清 0 计数器
    do
    {
        temp=SysTick->CTRL;
    }
    while((temp&0x01)&&(!(temp&(1<<16))));        //等待时间到达
    SysTick->CTRL=0;          //关闭计数器
    SysTick->VAL=0;           //清 0 计数器
}
```

5.4　项目实战：人机界面之液晶显示

  液晶显示器通常可被称为 LCD 显示器。液晶显示器按功能可分为 3 类：笔段式液晶显示器、字符点阵式液晶显示器和图形点阵式液晶显示器。前两种可显示数字、字符和符号等，而图形点阵式液晶显示器还可以显示汉字和任意图形。本节以字符点阵式液晶显示器为例来进行讲解。

  如图 5-2 所示，字符点阵式液晶显示器是专门用于显示数字、字母及少量自定义符号的显示器。由于其具有功耗低、体积小、重量轻和超薄等优点，自问世以来就得到了广泛应用。字符点阵式液晶显示器模块在国际上已经被规范化，内置控制器比较常见的有 HD44780。本节以内置控制器为 HD44780 的 LCD1602 为例介绍其使用方法。

图 5-2　字符点阵式液晶显示器实物

5.4.1　液晶显示器简介

字符点阵式液晶显示器模块与其他显示器相比，具有以下突出的优点：

- ❑ 可与 8 位或 4 位微控制器直接连接；
- ❑ 显示用数据 DDRAM 共有 80 字节；
- ❑ 字符发生器 CGROM 有 160 个 5×7 点阵；
- ❑ 字符发生器 CGRAM 可由使用者自行定义 8 个 5×7 点阵；
- ❑ 电压有 3.3V 和 5V 可选，明暗对比度可调整；
- ❑ 提供各种控制命令，如清屏、字符闪烁、光标闪烁、显示移位等多种功能。

5.4.2　液晶模块引脚分布

常见的 LCD1602 型液晶显示器共有 16 个引脚，各引脚分布如图 5-3 所示。

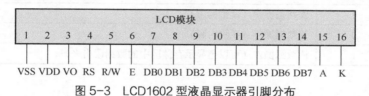

图 5-3　LCD1602 型液晶显示器引脚分布

其引脚功能如表 5-5 所示。

表 5-5　LCD1602 型液晶显示器引脚功能

序号	名称	功能
1	VSS	地
2	VDD	电源
3	VO	对比度调节
4	RS	数据和指令选择控制位，RS=0，命令/状态；RS=1，数据
5	R/W	读写控制位，R/W=0，写操作；R/W=1，读操作
6	E	数据读写操作控制位，E 线向 LCD 模块发送一个脉冲信号，LCD 模块与单片机之间将进行一次数据交换
7	DB0	数据线，可以用 8 位连接，也可以只用高 4 位连接，一般采用的是 8 位连接
8	DB1	
9	DB2	
10	DB3	

续表

序号	名称	功能
11	DB4	数据线，可以用 8 位连接，也可以只用高 4 位连接，一般采用的是 8 位连接
12	DB5	
13	DB6	
14	DB7	
15	A	背光控制正电源
16	K	背光控制地

单片机与 LCD 模块之间有 4 种基本操作：写命令、读状态、写数据、读数据，可通过 LCD1602 液晶显示器的 RS、R/W 引脚的 4 种组合实现，LCD1602 液晶显示器指令控制如表 5-6 所示。可以完成 STM32 单片机与液晶显示器的指令和数据传输。

表 5-6   LCD1602 液晶显示器指令控制

RS	R/W	操作
0	0	写命令操作（初始化、光标定位等）
0	1	读状态操作（读忙标志）
1	0	写数据操作（显示内容）
1	1	读数据操作（可以把显示存储区中的数据读出来）

5.4.3   液晶模块的控制指令

内含 HD44780 控制器的液晶显示模块有 2 个寄存器：一个是命令寄存器，另一个是数据寄存器。所有对 LCD1602 进行的操作必须先写命令，再写数据。HD44780 控制器的指令系统如表 5-7 所示。

表 5-7   HD44780 控制器的指令系统

控制信号		指令代码								功能
RS	RW	D7	D6	D5	D4	D3	D2	D1	D0	
0	0	0	0	0	0	0	0	0	1	清屏
0	0	0	0	0	0	0	0	1	*	软复位（归 HOME 位）
0	0	0	0	0	0	0	1	I/D	S	内部方式设置
0	0	0	0	0	0	1	D	C	B	显示开关控制
0	0	0	0	0	1	S/C	R/L	*	*	位移控制
0	0	0	0	1	DL	N	F	*	*	系统方式设置

续表

控制信号		指令代码								功能
RS	RW	D7	D6	D5	D4	D3	D2	D1	D0	
0	0	0	1	ACG						CGRAM 地址设置
0	0	1	ADD							显示地址设置
0	1	BF	ACC							忙状态检查
1	0	写数据								MCU→LCD
1	1	读数据								LCD→MCU

注：*表示可为 0，可为 1。

HD44780 指令系统一共有 11 条指令，各指令功能介绍如下。

❑ 清屏。本指令使 DDRAM 的内容全部被清除，光标回到左上角的原点，地址计数器 AC=0。

❑ 软复位。本指令使光标和光标所在的字符回到原点，但 DDRAM 单元的内容不变。

❑ 内部方式设置。本指令的 I/D 位是控制当数据写入 DDRAM（CGRAM）或从 DDRAM（CGRAM）中读取数据时，AC 自动加 1 或自动减 1。I/D=1 时，自动加 1；I/D=0 时，自动减 1。而 S 位则控制显示内容左移或右移，当 S=1 且数据写入 DDRAM 时，显示将全部左移（I/D=1）或右移（I/D=0），此时光标看上去未动，仅显示内容移动；但读取时显示内容不移动。当 S=0 时，显示内容不移动，光标左移或右移。

❑ 显示开关控制。本指令的 D 位是显示控制位。当 D=1 时，开显示；当 D=0 时，关显示，此时 DDRAM 的内容保持不变。C 位为光标控制位。当 C=1 时，开光标显示；当 C=0 时，关光标显示。B 位是闪烁控制位。当 B=1 时，光标和光标所指的字符共同以 1.25Hz 的频率闪烁；当 B=0 时，光标不闪烁。

❑ 位移控制。本指令使光标和显示画面在没有对 DDRAM 进行读写操作时被左移或右移。在两行显示方式下，光标或闪烁的位置从第一行移到第二行。移动真值如表 5-8 所示。

表 5-8 移动真值

S/C	R/L	说 明
0	0	光标左移，AC 自动减 1
0	1	光标右移，AC 自动加 1
1	0	光标和显示一起左移
1	1	光标和显示一起右移

- 系统方式设置。本指令设置数据接口位数等，即是采用 4 位总线还是采用 8 位总线，显示行数是 1 行还是 2 行，显示点阵是 5×7 还是 5×10。当 DL=1 时，选择 8 位总线，数据位为 DB7~DB0；当 DL=0 时，选择 4 位总线，这时只用到了 DB7~DB4，DB3~DB0 不用，在此方式下数据操作需要 2 次完成。当 N=1 时，为 2 行显示；当 N=0 时，为 1 行显示。当 F=0 时，为 5×7 点阵；当 F=1 时，为 5×10 点阵。
- CGRAM 地址设置。本指令设置 CGRAM 地址指针，地址码 C5~C0 被送入 AC。在此后，就可以将用户自定义的显示字符数据写入 CGRAM 或从 CGRAM 中读取。
- 显示地址设置。本指令设置 DDRAM 地址指针的值，此后就可以将显示的数据写入 DDRAM。在 HD44780 控制器内嵌大量的常用字符，这些字符都集成在 CGROM 中。当要显示这些点阵时，只需把该字符所对应的字符代码送入指定的 DDRAM 即可。
- 忙状态检查。液晶显示器的忙碌标志 BF 用以标识液晶显示器目前的工作情况。当 BF=1 时，表示正在做内部数据的处理，不接收 MCU 送来的指令或数据；当 BF=0 时，表示已经准备接收命令或数据。当程序读取此数据的内容时，BF 表示忙碌标志，而 AC 的值表示 CGRAM 或 DDRAM 中的地址，至于是指向哪一地址则根据最后写入的地址设定的指令而定。如果不希望通过此标志来判断液晶显示器的状态，那么在读写液晶显示器之后，通过一段时间的延长等待液晶显示器读写完成。
- 写数据到 CGRAM 或 DDRAM 中。先设定 CGRAM 或 DDRAM 地址，再将数据写入 D7~D0 中，使液晶显示器显示出字形，也可将使用者自定义的图形存入 CGRAM。
- 从 CGRAM 或 DDRAM 中读取数据。先设定 DGRAM 或 DDRAM 地址，再读取其中的数据。

5.4.4 液晶显示器的工作时序

要想正确控制液晶显示器，就必须满足它的时序要求。控制器 HD44780 的读写周期约为 1μs。

1. 读取时序

LCD1602 液晶显示器的读取时序如图 5-4 所示。

2. 写入时序

LCD1602 液晶显示器的写入时序如图 5-5 所示。

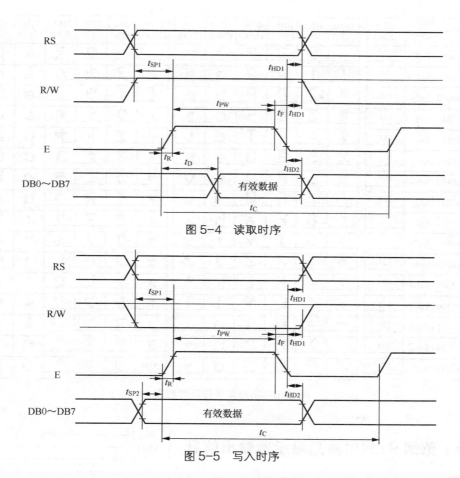

图 5-4 读取时序

图 5-5 写入时序

其中，地址建立时间 t_{SP1} 应满足条件：$t_{SP1} > 140ns$。使能时间周期 t_C 应满足条件：$t_C > 800ns$。因此在每次进行读写操作时，应首先检查上次操作是否完成，否则将由于读写速度过快而使一些命令丢失，或在每次读写操作后延时等待读写完成。

5.4.5 液晶显示器的字符集

CGROM 存储了 160 个 5×7 的点阵，CGROM 的字符要经过内部电路转换才会传到显示器上，仅能读取不可写入。字符的排列方式与标准的 ASCII 相同。如要在液晶显示器中显示"A"，就是将"A"的 ASCII 值 41H 写入 DDRAM，同时转换电路会自动将 CGROM 中"A"的字符点阵数据找出来并显示在液晶显示器上。字符与字符码对照表如图 5-6 所示。

Lower 4bit \\ Upper 4bit	0000 (S0x)	0010 (S2x)	0011 (S3x)	0100 (S4x)	0101 (S5x)	0110 (S6x)	0111 (S7x)	1010 (SAx)	1011 (SBx)	1100 (SCx)	1101 (SDx)	1110 (SEx)	1111 (SFx)
xxxx0000 (Sx0)	CG RAM (0)		0	@	P	`	p		―	タ	ミ	α	p
xxxx0001 (Sx1)	(1)	!	1	A	Q	a	q	。	ア	チ	ム	ä	q
xxxx0010 (Sx2)	(2)	"	2	B	R	b	r	「	イ	ツ	メ	β	θ
xxxx0011 (Sx3)	(3)	#	3	C	S	c	s	」	ウ	テ	モ	ε	∞
xxxx0100 (Sx4)	(4)	$	4	D	T	d	t	、	エ	ト	ヤ	μ	Ω
xxxx0101 (Sx5)	(5)	%	5	E	U	e	u	・	オ	ナ	ユ	σ	ü
xxxx0110 (Sx6)	(6)	&	6	F	V	f	v	ヲ	カ	ニ	ヨ	ρ	Σ
xxxx0111 (Sx7)	(7)	'	7	G	W	g	w	ア	キ	ヌ	ラ	g	π
xxxx1000 (Sx8)	CG RAM (0)	(	8	H	X	h	x	イ	ク	ネ	リ	√	x̄
xxxx1001 (Sx9)	(1)	)	9	I	Y	i	y	ウ	ケ	ノ	ル	⁻¹	y
xxxx1010 (SxA)	(2)	*	:	J	Z	j	z	エ	コ	ハ	レ	j	千
xxxx1011 (SxB)	(3)	+	;	K	[	k	{	オ	サ	ヒ	ロ	×	万
xxxx1100 (SxC)	(4)	,	<	L	¥	l	|	ヤ	シ	フ	ワ	Φ	円
xxxx1101 (SxD)	(5)	-	=	M	]	m	}	ユ	ス	ヘ	ン	ŧ	÷
xxxx1110 (SxE)	(6)	.	>	N	^	n	→	ヨ	セ	ホ	゛	ñ	
xxxx1111 (SxF)	(7)	/	?	O	_	o	←	ツ	ソ	マ	゜	ö	█

图 5-6　字符与字符码对照表

5.4.6　范例 9：利用液晶显示器输出信息

利用 STM32 单片机驱动 LCD1602 液晶显示器，可以输出设计的单片机系统的信息，提供用户交互的接口，LCD1602 液晶显示器电路原理如图 5-7 所示，其中 LCD1602 的 DB0～DB7 向外引出 IO0～IO7 引脚，IO0～IO7 连接 STM32 单片机的 PB0～PB7 引脚；LCD1602 的 EN、R/W 和 RS 向外引出 IO8、IO9 和 IO10 引脚，分别连接 STM32 单片机的 PB12～PB14 引脚。

要实现对 LCD1602 液晶显示器点阵字符型液晶模块的高效控制，必须按照模块化设计，建立一系列相关子程序。

程序代码如下。

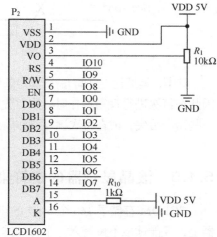

图 5-7　LCD1602 液晶显示器电路原理

```
#include "stm32f10x.h" // Device header
#include "string.h"
#define LCD1602_CLK     RCC_APB2Periph_GPIOB
#define LCD1602_GPIO_PORT      GPIOB
#define DB0                     GPIO_Pin_0
#define DB1                     GPIO_Pin_1
#define DB2                     GPIO_Pin_2
#define DB3                     GPIO_Pin_3
#define DB4                     GPIO_Pin_4
#define DB5                     GPIO_Pin_5
#define DB6                     GPIO_Pin_6
#define DB7                     GPIO_Pin_7
#define LCD1602_E     GPIO_Pin_12        //定义使能引脚
#define LCD1602_RW    GPIO_Pin_13        //定义读写引脚
#define LCD1602_RS    GPIO_Pin_14        //定义数据、命名引脚
#define LCD_RS_LOW      GPIO_ResetBits(LCD1602_GPIO_PORT,LCD1602_RS) //命令状态引脚
#define LCD_RS_HIGH     GPIO_SetBits(LCD1602_GPIO_PORT,LCD1602_RS)
#define LCD_RW_LOW      GPIO_ResetBits(LCD1602_GPIO_PORT,LCD1602_RW)
#define LCD_RW_HIGH     GPIO_SetBits(LCD1602_GPIO_PORT,LCD1602_RW)
#define LCD_E_LOW       GPIO_ResetBits(LCD1602_GPIO_PORT,LCD1602_E)
#define LCD_E_HIGH      GPIO_SetBits(LCD1602_GPIO_PORT,LCD1602_E)
static uint8_t  delay_fac_us = 0;   /* μs 延时倍乘数 */
static uint16_t delay_fac_ms = 0;   /* ms 延时倍乘数 */
/*********************************************************************
* Function Name : Systick_init
* Description   : 初始化延迟函数
* Input         : None
* Output        : None
* Return        : None
* Attention     : SysTick 的时钟固定为 HCLK 时钟的 1/8
*********************************************************************/
void Systick_init(void)
{
    SysTick_CLKSourceConfig(SysTick_CLKSource_HCLK_Div8);  /*选择外部时钟  HCLK/8 */
    delay_fac_us = SystemCoreClock / 8000000;
    delay_fac_ms = SystemCoreClock / 8000;
}
/*********************************************************************
* Function Name : delay_us
* Description   : 初始化延迟函数
* Input         : Nus: 延时μs
* Output        : None
* Return        : None
* Attention     : 参数最大值为 0xFFFFFF / (HCLK / 8000000)
*********************************************************************/
```

```
void delay_us(uint32_t i)
{
    uint32_t temp;
    SysTick->LOAD=delay_fac_us*i;   //设置重装载数值，频率为 72MHz 时
    SysTick->CTRL=0X01;             //使能，减到零时无动作，采用外部时钟源
    SysTick->VAL=0;                 //清 0 计数器
    do
    {
        temp=SysTick->CTRL;         //读取当前倒计数值
    }
    while((temp&0x01)&&(!(temp&(1<<16)))); //等待时间到达
    SysTick->CTRL=0;        //关闭计数器
    SysTick->VAL=0;         //清空计数器
}
/*****************************************************************************
* Function Name  : delay_ms
* Description    : 初始化延迟函数
* Input          : - i: 延时μs
* Output         : None
* Return         : None
* Attention      : 参数最大值为 0xFFFFFF / (HCLK / 8000000)
******************************************************************************/
void delay_ms(uint32_t i)
{
    uint32_t temp;
    SysTick->LOAD=delay_fac_ms*i;   //设置重装载数值，频率为 72MHz 时
    SysTick->CTRL=0X01;             //使能，减到零时无动作，采用外部时钟源
    SysTick->VAL=0;                 //清 0 计数器
    do
    {
        temp=SysTick->CTRL;         //读取当前倒计数值
    }
    while((temp&0x01)&&(!(temp&(1<<16)))); //等待时间到达
    SysTick->CTRL=0;    //关闭计数器
    SysTick->VAL=0;     //清空计数器
}
/*****************************************************************************
* FunctionName   : LCD_WriteCommand()
* Description    : 写命令函数
* EntryParameter : cmd：命令
* ReturnValue    : None
******************************************************************************/
void LCD_WriteCommand(uint8_t cmd)
```

```
{
    GPIOB->ODR =0x00FF;
    delay_us(1);
    LCD_RS_LOW;
    LCD_RW_LOW;
    LCD_E_LOW;
    delay_us(1);
    LCD1602_GPIO_PORT->ODR &= (cmd|0xFF00);
    LCD_E_HIGH;
    delay_us(1);
    LCD_E_LOW;
    delay_us(10);
}
/*************************************************************************
* FunctionName   : LCD_WriteData()
* Description    : 写显示数据函数
* EntryParameter : dat：数据
* ReturnValue    : None
*************************************************************************/
void LCD_WriteData(uint8_t dat)
{
    GPIOB->ODR =0x00FF;
    delay_us(1);
    LCD_RS_HIGH;
    LCD_RW_LOW;
    LCD_E_LOW;
    LCD1602_GPIO_PORT->ODR &=(dat|0xFF00);
    delay_us(1);
    LCD_E_HIGH;
    delay_us(1);
    LCD_E_LOW;
    delay_us(10);
}
/*************************************************************************
* FunctionName   : LCD1602_SetCursor()
* Description    : 设置显示起始位置
* EntryParameter : x 为横坐标，y 为纵坐标
* ReturnValue    : None
*************************************************************************/
void LCD1602_SetCursor(uint8_t x, uint8_t y)
{
    uint8_t addr;
```

```
        if (y == 0)   //由输入的屏幕坐标计算显示 RAM 的地址
            addr = 0x00 + x;   //第一行字符地址从 0x00 起始
        else
            addr = 0x40 + x;   //第二行字符地址从 0x40 起始
        LCD_WriteCommand(addr|0x80);   //设置 RAM 地址
}
/******************************************************************************
* FunctionName   : LCD1602_ShowStr()
* Description    : 显示字符串
* EntryParameter : x 为横坐标，y 为纵坐标
* ReturnValue    : None
******************************************************************************/
void LCD1602_ShowStr(uint8_t x, uint8_t y, uint8_t *str, uint8_t len)
{
    LCD1602_SetCursor(x, y); //设置起始地址
    while (len--)                   //连续写入 len 个字符数据
    {
        LCD_WriteData(*str++);
    }
}
/******************************************************************************
* FunctionName   : LCDIOInit()
* Description    : 初始化 LCD 用到的端口
* EntryParameter : None
* ReturnValue    : None
******************************************************************************/
void LCD_IOInit(void)
{
    RCC_APB2PeriphClockCmd(LCD1602_CLK, ENABLE);

    GPIO_InitTypeDef LCD1602_GPIOStruct;
    LCD1602_GPIOStruct.GPIO_Mode = GPIO_Mode_Out_PP;
    LCD1602_GPIOStruct.GPIO_Speed = GPIO_Speed_10MHz;

    LCD1602_GPIOStruct.GPIO_Pin =   LCD1602_E | LCD1602_RS | LCD1602_RW;
    GPIO_Init(LCD1602_GPIO_PORT,&LCD1602_GPIOStruct);

    LCD1602_GPIOStruct.GPIO_Mode = GPIO_Mode_Out_PP;
    LCD1602_GPIOStruct.GPIO_Pin =   DB0 | DB1 | DB2 | DB3 | DB4 | DB5| DB6 |  DB7 ;
    GPIO_Init(LCD1602_GPIO_PORT,&LCD1602_GPIOStruct);
    RCC_APB2PeriphClockCmd(RCC_APB2Periph_GPIOB|RCC_APB2Periph_AFIO,ENABLE);
    GPIO_PinRemapConfig(GPIO_Remap_SWJ_JTAGDisable, ENABLE);
}
```

```
/**********************************************************************
* FunctionName   : InitLCD()
* Description    : 初始化 LCD 端口并设置其显示方式
* EntryParameter : None
* ReturnValue    : None
**********************************************************************/
void InitLCD()
{
    LCD_IOInit();  //初始化 LCD 用到的 GPIO
    LCD_WriteCommand(0x38);    //设置为 8 位总线、2 行显示、5×7 点阵
    LCD_WriteCommand(0x01);    //清屏
    LCD_WriteCommand(0x06);    //数据输入为增量方式，显示内容不移动
    LCD_WriteCommand(0x0c);    //开显示，关光标显示，光标不闪烁
}
/**********************************************************************
* FunctionName   : main()
* Description    : 主函数
* EntryParameter : None
* ReturnValue    : None
**********************************************************************/
int main()
{
    Systick_init();
    InitLCD();
    while(1)
    {
        LCD1602_ShowStr(2,0,"STM32F103R6",11);
    }
}
```

程序首先对液晶模块需要使用的 GPIO 进行引脚配置，再配置 LCD 的工作模式。其中，从之前介绍的指令可知，0x38 表示把 HD44780 设置为 8 位总线、2 行显示、5×7 点阵。0x0C 表示开显示、关光标显示、光标不闪烁。接下来清屏（使用 0x01），清除 DDRAM 中的随机值，让光标回到左上角的原点，同时清 0AC。之后设置液晶模块的输入方式（使用 0x06），目的是使模块数据输入为增量方式，显示内容不移动（光标移动）。通过以上操作完成初始化工作。

液晶模块的 HD44780 控制器运行速度较慢，每次进行读写操作时，应首先检查上次操作是否完成，或在每次读写操作后延时后等待读写完成。

驱动程序使用函数 LCD_WriteData() 向液晶模块发送数据。它的唯一参数为将要发送的数据。

驱动程序使用函数 LCD_WriteCommand() 向液晶模块发送命令。它的唯一参数为将要发送的命令。该函数与写数据函数的操作流程几乎完全一致，不同的只是 RS 引脚的电平，写数

据时为高电平，写命令时为低电平。

字符串显示函数 LCD_DisplayStr() 用于从指定坐标开始连续显示字符串内容。如果起始坐标是第 1 行，而且没有显示完字符串的所有内容，函数会自动换行，从第 2 行起始地址开始继续显示字符串，直到显示内容完成或显示空间结束。

5.5　习题与巩固

1. 填空题

（1）系统节拍定时器（Sys Tick Timer）是 ARM Cortex-M3 内核的组成部分，所有 STM32 系列微控制器的系统节拍定时器都相同。系统节拍定时器是一个_____位的定时器。

（2）外部晶振频率为 8MHz，通过 PLL 进行 9 倍频，系统时钟频率是 72MHz 时，不分频，系统节拍定时器的时钟频率是_____MHz。

（3）系统节拍定时器工作原理如下：当系统节拍定时器工作时，该定时器首先会按照时钟周期从寄存器 LOAD 存储的值开始_____计数；当计数为 0 后寄存器 CTRL 的 COUNTFLAG 状态位会置 1，同时会重装载 LOAD 预置的值。

（4）将寄存器 LOAD 置为 0，会_____系统节拍定时器的下一个计数循环。

2. 选择题

（1）系统时基定时器专用于操作系统，也可被当成一个标准的递减计数器。这个定时器存在于内核中，它不具有下述特性（　　）。

  A. 24 位的递减计数器   B. 重加载功能

  C. 当计数器为 0 时能产生一个可屏蔽中断 D. 不可编程时钟源

（2）关于 LCD1602 的描述不正确的是（　　）。

  A. 液晶显示器通常可被称为 LCD 显示器

  B. 笔段式液晶显示器、字符点阵式液晶显示，可显示数字、字符和符号等

  C. 图形点阵式液晶显示器可以显示汉字和任意图形

  D. LCD1602 属于图形点阵式液晶显示器

（3）字符型 LCD 模块与其他显示器相比，不包含的优点是（　　）。

  A. 可与 8 位或 4 位微控制器直接连接

  B. 字符发生器 CGROM 有 160 个 5×7 点阵

  C. 提供各种控制命令，如清屏、字符闪烁、光标闪烁、显示移位等多种功能

D. 可以显示任意图形

（4）常见的 LCD1602 型液晶显示器共有 16 个引脚，下面描述错误的是（ ）。

A. RS 引脚，数据和指令选择控制位

B. R/W 引脚，读写控制位，R/W=0，写操作；R/W=1，读操作

C. E 引脚，数据读写操作控制位，E 线向 LCD 模块发送一个脉冲信号，进行一次数据交换

D. DB0~DB7，数据线，只可以用 8 位连接

3. 简答题

（1）简述 STM32 系列处理器系统节拍定时器的基本特性。

（2）简述 STM32 系列处理器系统节拍定时器的工作原理。

（3）简述 STM32 系列处理器系统节拍定时器寄存器的配置。

（4）简述与其他种类显示器相比，LCD 模块的优点。

（5）简述液晶显示器的工作时序。

本章导读

1．主要内容

当单片机与外设交换信息时，由于单片机的运行速度远大于外设，所以存在快速单片机与慢速外设之间的矛盾。为了解决这个问题人们提出了中断的概念。实现中断后，可以提升单片机系统的三方面能力：同步操作；实时处理；故障处理。

本章主要介绍 STM32 系列处理器的中断源、中断过程、中断寄存器；STM32 系列处理器的嵌套向量中断控制器（NVIC）；STM32 系列处理器的中断服务函数的编写；通过对具体范例讲解加深读者对学习内容的理解。

2．总体目标

（1）了解 STM32 系列处理器的中断源；

（2）理解 STM32 系列处理器的中断过程；

（3）掌握 STM32 系列处理器中断寄存器的配置；

（4）理解 STM32 系列处理器中断的 NVIC；

（5）掌握 STM32 系列处理器的中断服务函数的编写。

3．重点与难点

重点：了解 STM32 系列处理器的中断源；理解 STM32 系列处理器的中断过程；掌握 STM32 系列处理器中断寄存器的配置；理解 STM32 系列处理器中断的 NVIC；掌握 STM32 系列处理器的中断服务函数的编写。

难点：理解 STM32 系列处理器的中断过程。

4．解决方案

在课堂会着重对范例进行剖析，并安排一个相应的实验，帮助及加深读者对内容的理解。

中断是现代计算机必备的重要功能。在单片机系统中，中断扮演了非常重要的角色。全面、深入地了解中断的概念，并且能灵活掌握中断技术的应用，是真正掌握单片机应用的关键。

6.1　中断相关的概念

6.1.1　什么是中断

请设想这样一个场景：你正在家中看书，突然门铃响了，你放下书本去开门，并且和敲门的人（比如快递员）交谈，处理相应的事情，处理完毕后，回来继续看书。这个场景就是一个典型的"中断"例子。这个场景和单片机有什么关系呢？

在单片机的程序处理过程中有很多类似的场景，当单片机正在"专心致志"地做一件事情（如看书）的时候，总会有一件或者多件紧迫的事情发生，需要我们关注，并需要我们停下手头的工作马上处理（如取快递），只有处理完了，才能回头继续完成刚才的工作（看书）。这种情况就是单片机中断系统工作的过程。

中断是指单片机自动响应一个中断请求信号，暂时停止执行当前程序，转而执行为外部设备服务的程序（中断服务程序），并在执行完服务程序后自动返回原来被中断的程序继续执行的过程。

单片机的中断系统的优点如下。

❑　实现实时处理。利用中断技术，单片机可以及时响应和处理来自内部功能模块或外部设备的中断请求，并为其服务，以满足实时处理和控制的要求。

❑　实现分时操作，提高单片机的效率。在单片机系统中，可以通过分时操作的方式启动多个功能部件和外设，使其同时工作。当外设和功能部件向单片机发出中断申请时，单片机才转去为它服务，这样利用中断功能，单片机可以同时执行多个服务程序，提高效率。

❑　进行故障处理。若系统在运行过程中出现难以预料的情况或故障，可以通过中断系统及时向单片机请求中断，做紧急故障处理。

❑　待机状态唤醒。在单片机系统的应用中，为了降低电源的功耗，当系统不处理任何事件，处于待机状态时，可以让单片机工作在休眠的低功耗情况下。通常恢复正常工作也是利用中断信号来唤醒。

6.1.2　中断处理过程

在中断系统中，通常将单片机处于正常工作情况下的运行程序称为主程序；把产生申请中断信号的单元和事件称为中断源；由中断源向单片机所发出的申请中断信号称为中断请求信号；单片机接收中断申请，停止现行程序的运行而转向为中断服务称为中断响应；为中断服务的程序称为中断服务程序或中断处理程序。现行程序被打断的地方称为断点，执行完中断服务程序后返回断点继续执行主程序称为中断返回。这整个过程被称为中断处理过程，如图 6-1 所示。

在整个中断处理过程中，由于单片机执行完中断服务程序后仍然要返回主程序，因此，在执行中断服务程序之前，要将主程序中断处的地址，即断点地址（将执行下一条指令地址）保存起来，称为保护断点。又由于单片机在执行中断服务程序时，可能会使用和改变主程序使用过的寄存器、标志位，甚至内存单元，因此在执行中断服务程序前，还要把有关的数据保护起来，称

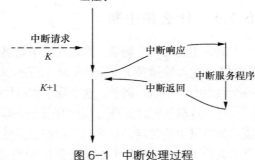

图 6-1　中断处理过程

为中断现场保护。在单片机执行完中断服务程序后，要恢复原来的数据，并返回主程序的断点处继续执行，称为恢复现场或恢复断点。

在单片机中，断点的保护和恢复操作，是在系统响应中断和执行中断返回指令时由单片机的内部硬件自动实现的。简单地说，就是在响应中断时，单片机的硬件系统会自动将断点地址送入系统的堆栈保存；而当执行完中断返回指令时，硬件系统会自动将压入堆栈的断点地址弹出。

中断要做什么工作，需要程序员在设计中断服务程序时编程实现，而要做的工作，仅按照 STM32 单片机的 C 语言编程要求命名中断服务函数，在相应的中断服务函数名称下实现即可。

6.1.3　什么是中断源

中断源是指能够向单片机发出中断请求信号的部件和设备。在一个系统中，往往存在多个中断源。对于单片机来讲，中断源一般可分为内部中断源和外部中断源。

在单片机的内部集成许多功能模块，如定时器、串行通信口、模数转换器等，它们在正常工作时往往无须 CPU 参与，当处于某种状态或达到某一规定的值需要程序控制时，它们会通过发出中断请求信号通知 CPU。这一类的中断位于单片机的内部，称为内部中断源。其典

型例子有定时器匹配中断、模数转换器完成中断等。例如定时器在正常计数过程中无须 CPU 的干预，一旦计数与预装载寄存器值匹配，就会产生一个中断信号，通知 CPU 进行必要的处理。内部中断源在中断条件成立时，一般通过片内硬件自动产生中断请求信号，无须用于介入，使用方便。内部中断是 CPU 管理片内资源的一种高效的途径。

系统的外部设备也可作为中断源，这要求它们能够产生一个中断信号（通常是高低电平或者电平跳变的上升沿/下降沿），送到单片机的外部中断请求引脚供 CPU 检测。这些中断源位于单片机外部，称为外部中断源。通常用作外部中断源的有输入/输出设备、控制对象及故障源等。例如，打印机打印完一个字符时可以通过中断请求 CPU 为它送下一个字符；控制对象可以通过中断请求 CPU 及时采集参量或对参数超标做出反应；掉电检测电路发现掉电时可以通过中断通知 CPU，以便在短时间内对数据进行保护。

6.1.4　什么是中断信号

中断信号指内部或外部中断源产生的中断申请信号。这个中断信号往往是电信号的某种变化形式，通常有以下几种类型：

- ❑　脉冲的上升沿或者下降沿（边沿触发型）；
- ❑　高电平或低电平（电平触发型）。

对于 STM32 的单片机来讲，中断信号主要是边沿触发型。

对于单片机来讲，不同的中断源，产生什么类型的中断信号能够触发中断，取决于芯片内部的硬件结构，而且通常可以通过软件来设定。

单片机的硬件系统会自动对这些中断信号进行检测；一旦检测到规定的信号，会把相应的中断标志位置 1（一般在相应的寄存器中），通知 CPU 处理。

6.1.5　中断屏蔽的概念

单片机拥有众多中断源，但在某一具体设计中，通常并不需要使用所有的中断源，或者在系统软件运行的某些关键阶段不允许中断现行程序，这就需要一套软件可控制的中断屏蔽/允许系统。单片机的寄存器通常会提供一些特殊的标志位，用于控制使能或禁止（屏蔽）单片机对中断响应处理，这些标志称为中断屏蔽标志位或中断允许标志位。用户程序可以改变这些标志位的设置，在需要的时候允许单片机响应中断，在不需要的时候将中断请求信号屏蔽（注意不是取消）。此时尽管产生了中断请求信号，单片机也不会响应中断请求。

在单片机中，每一个中断源都有一个相应的中断标志位，该中断标志位将占据该中断源响应中断控制寄存器中的一位。当单片机检测到某一中断源产生符合条件的中断信号时，其硬件会自动地将该中断源对应的中断标志位置 1，这就意味着有中断信号产生了，可以向单片机申请中断。

但是中断标志位置 1，并不代表单片机一定响应该中断，为了合理控制中断响应，在单片机内部设有中断允许标志位和屏蔽标志位，使用时要注意。

6.1.6 中断优先级及中断嵌套

中断优先级的概念是针对多个中断源同时申请中断时，单片机如何响应中断，以及响应哪个中断而提出的。

通常情况下，一个单片机会有若干个中断源，而单片机可以接收若干个中断源发出的中断请求。但在同一时刻，单片机只能响应这些中断请求中的其中一个。为了避免单片机同时响应多个中断请求带来的混乱，在单片机中为每一个中断源赋予一个特定的中断优先级。一旦有多个中断请求，单片机先响应中断优先级高的中断请求，然后逐次响应优先级次一级的中断请求。中断优先级也反映了各个中断源的重要程度，同时是分析中断嵌套的基础。

STM32 单片机对于优先级的定义如下。

（1）抢占优先级和响应优先级

STM32 的中断源具有两种优先级：一种为抢占优先级（主优先级）；另一种为响应优先级（副优先级），属性编号越小，表明它的优先级别越高。

抢占是指打断其他中断的属性，即低抢占优先级的中断服务函数 A 可以被高抢占优先级的中断服务函数 B 打断。执行完中断服务函数 B 后，再返回继续执行中断服务函数 A，由此出现中断嵌套。响应属性则应用在抢占属性相同的情况下，即当两个中断源的抢占优先级相同，可采用以下几种情况处理。

❑ 如果两个中断同时到达，则中断控制器会先处理响应优先级高的中断。

❑ 当一个中断到来时，如果正在处理另一个中断，则这个后到的中断就要等到前一个中断处理完之后才能被处理（高响应优先级的中断不可以打断低响应优先级的中断）。

❑ 如果它们的抢占优先级和响应优先级都相等，则根据它们在中断向量区中的排位顺序决定先处理哪一个。

举个例子，现在有 3 个中断源，如表 6-1 所示。若内核正在执行 C 的中断服务函数，则它能被抢占优先级更高的 A 打断。由于 B 和 C 的抢占优先级相同，所以 C 不能被 B 打断。但如果 B 和 C 中断是同时到达的，内核就会首先执行响应优先级别更高的 B。

表 6-1 中断响应实例

中断源	抢占优先级	响应优先级
A	0	0
B	1	0
C	1	1

（2）优先级组

STM32 使用了 4 个中断优先级的寄存器位，只可以配置 16 种优先级，即抢占优先级和响应优先级的数量由一个 4 位的数字来决定，把这个 4 位的数字的位数分配成抢占优先级部分和响应优先级部分。有以下 5 种分配方式。

❑ 第 0 种：所有 4 位用于配置响应优先级，即 NVIC 配置的 2^4=16 种中断向量都只有响应属性，没有抢占属性。

❑ 第 1 种：最高 1 位用来配置抢占优先级，低 3 位用来配置响应优先级，表示有 2 种级别的抢占优先级（0 级、1 级），有 2^3=8 种响应优先级，即在 16 种中断向量之中，有 8 种中断的抢占优先级都为 0 级，而它们的响应优先级分别为 0~7，其余 8 种中断的抢占优先级则都为 1 级，响应优先级分别为 0~7。

❑ 第 2 种：高 2 位用来配置抢占优先级，其余 2 位用来配置响应优先级，即 2^2=4 种抢占优先级，2^2=4 种响应优先级。

❑ 第 3 种：高 3 位用来配置抢占优先级，最低 1 位用来配置响应优先级，即有 8 种抢占优先级，2 种响应优先级。

❑ 第 4 种：所有 4 位用来指定抢占优先级，即 16 种中断具有不相同的抢占优先级。

上述分组在 STM32 的固件库 misc.h 中的宏定义如下。

```
#define NVIC_PriorityGroup_0        ((uint32_t)0x700)
#define NVIC_PriorityGroup_1        ((uint32_t)0x600)
#define NVIC_PriorityGroup_2        ((uint32_t)0x500)
#define NVIC_PriorityGroup_3        ((uint32_t)0x400)
#define NVIC_PriorityGroup_4        ((uint32_t)0x300)
```

与 NVIC 中断相关的库函数都在库文件 misc.c 和 misc.h 中。设置优先级分组可调用库函数 NVIC_PriorityGroupConfig()实现，函数定义如下：

```
void NVIC_PriorityGroupConfig(uint32_t NVIC_PriorityGroup)
{
    assert_param(IS_NVIC_PRIORITY_GROUP(NVIC_PriorityGroup));
    SCB->AIRCR = AIRCR_VECTKEY_MASK | NVIC_PriorityGroup;
}
```

需要说明的是，中断优先级的概念是针对"中断通道"的。STM32 的中断通道在 6.2.2 小节中描述。当中断通道的优先级确定后，该中断通道对应的所有中断源都享有相同的中断优先级。至于该中断通道对应的多个中断源的执行顺序，则取决于用户的中断服务程序。

6.1.7 Cortex-M3 内核的嵌套向量中断控制器

为了管理配置中断，Cortex-M3 在内核上搭载了一个嵌套向量中断控制器（Nested Vectored Interrupt Controller，NVIC）。NVIC 与内核是紧耦合的，NVIC 内核位置如图 6-2 所示。不可屏蔽中断（Non Maskable Interrupt，NMI）和外部中断都由 NVIC 处理，值得注意的是，系统定时器 SysTick 不是由 NVIC 控制的。各个芯片厂商在设计芯片的时候会对 Cortex-M3 内核的 NVIC 进行裁剪，把不需要的部分去掉，所以说 STM32 的 NVIC 是 Cortex-M3 的 NVIC 的一个子集。NVIC 的基本功能包括支持向量中断、可屏蔽中断、支持嵌套中断以及支持动态优先级调整。动态优先级调整指的是软件可以在运行期间更改中断的优先级。

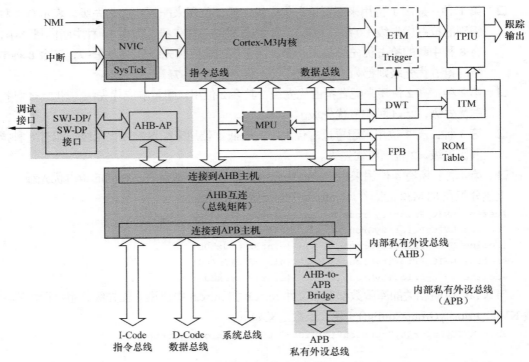

图 6-2　NVIC 内核位置

NVIC 结构如图 6-3 所示，从中可以看出，STM32 的中断和异常是分别处理的，其硬件电路也是分开的，下面对其进行详细描述。

挂起指的是暂停正在进行的中断，转而执行同级或更高级别的中断。通过对寄存器 ISPR

置 1 来挂起正在进行的中断，通过对寄存器 ICPR 置 1 来解挂正在进行的中断。

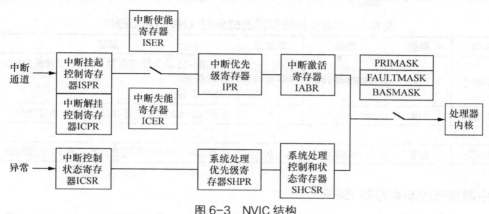

图 6-3　NVIC 结构

中断使能寄存器 ISER 的作用为对相应中断进行屏蔽。中断允许即将寄存器 ISER 的相应位置 1，中断屏蔽即将寄存器 ICPR 的相应位置 1。在中断激活标志位寄存器 IABR 中，若寄存器 IABR 某位为 1，则表示该位所对应的中断正在被执行。这是一个只读寄存器，通过它可以知道当前正在执行的中断；在中断执行完成后，该位由硬件自动清 0。

用户可以通过配置 NVIC 的寄存器来实现对中断系统的控制，下面对相关寄存器进行简单介绍。

1. 中断使能寄存器 ISER

寄存器 ISER 为可读、可写寄存器。该寄存器用于允许中断，以及查询哪些中断被允许，其位分配如表 6-2 所示。

表 6-2　中断使能寄存器的位分配（NVIC→ISER）

名称	类型	地址	复位值	描述
ISER[0]	R/W	0xE000E100	0	中断 0～31 的使能寄存器，共 32 个使能位[n]，中断#n 使能 （异常号 16+n）
ISER[1]	R/W	0xE000E104	0	中断 32～63 的使能寄存器，共 32 个使能位
......				
ISER[7]	R/W	0xE000E11C	0	中断 224～239 的使能寄存器，共 16 个使能位

2. 中断失能寄存器 ICER

寄存器 ICER 为可读、可写寄存器。该寄存器用于清除某个中断，以及查询哪些中断被允许，其位分配如表 6-3 所示。

表 6-3   中断失能寄存器的位分配（NVIC→ICER）

名称	类型	地址	复位值	描述
ICER[0]	R/W	0xE000E180	0	中断 0~31 的失能寄存器，共 32 个使能位[n]，中断#n 使能 （异常号 16+ n）
ICER[1]	R/W	0xE000E184	0	中断 32~63 的失能寄存器，共 32 个使能位
......				
ICER[7]	R/W	0xE000E19C	0	中断 224~239 的失能寄存器，共 16 个使能位

3．中断挂起控制寄存器 ISPR

寄存器 ISPR 为可读、可写寄存器，该寄存器用于将中断置为挂起状态，以及查询哪些中断处于挂起状态，其位分配如表 6-4 所示。

表 6-4   中断挂起控制寄存器的位分配（NVIC→ISPR）

名称	类型	地址	复位值	描述
ISPR[0]	R/W	0xE000E200	0	中断 0~31 的悬挂寄存器，共 32 个悬挂位
ISPR[1]	R/W	0xE000E204	0	中断 32~63 的悬挂寄存器，共 32 个悬挂位
......				
ISPR[7]	R/W	0xE00OE21C	0	中断 224~239 的悬挂寄存器，共 16 个悬挂位

4．中断解挂控制寄存器 ICPR

寄存器 ICPR 为可读、可写寄存器，该寄存器用于清除中断的挂起状态，以及查询哪些中断处于挂起状态，其位分配如表 6-5 所示。

表 6-5   中断解挂控制寄存器的位分配（NVIC→ICPR）

名称	类型	地址	复位值	描述
ICPR[0]	R/W	0xE000E280	0	中断 0~31 的解悬寄存器，共 32 个解除位
ICPR[1]	R/W	0xE000E284	0	中断 32~63 的解悬寄存器，共 32 个解除位
......				
ICPR[7]	R/W	0xE000E29C	0	中断 224~239 的解悬寄存器，共 16 个解除位

5．中断激活寄存器 IABR

寄存器 IABR 为可读寄存器，以及查询哪些中断处于激活状态，其位分配如表 6-6 所示。

表 6-6 中断激活寄存器的位分配（NVIC→IABR）

名称	类型	地址	复位值	描述
IABR[0]	R	0xE00OE300	0	中断 0～31 的激活位寄存器，共 32 个状态位
IABR[1]	R	0xE00OE304	0	中断 32～63 的激活位寄存器，共 32 个状态位
......				
IABR[7]	R	0xE000E31C	0	中断 224～239 的激活位寄存器，共 16 个状态位

6. 中断优先级寄存器 IPR

中断优先级寄存器为每个中断提供一个 8 位的优先级位域，中断优先级寄存器的位分配如表 6-7 所示。

表 6-7 中断优先级寄存器的位分配（NVIC→IPR）

名称	类型	地址	复位值	描述
IP[0]	R/W	0xE00OE400	0x00	中断#0 的优先级
IP[1]	R/W	0xE000E401	0x00	中断#1 的优先级
......				
IP[239]	R/W	0xE00O E4EF	0x00	中断#239 的优先级

6.1.8 STM32 的中断控制固件库

在固件库中，NVIC 的结构体定义给上述每个寄存器都预留了很多位，为的是日后扩展功能，STM32F103 只用了部分。NVIC 结构体定义来自固件库头文件 core_cm3.h，内容如下。

```
typedef struct
{
  __IO uint32_t ISER[8];        /*!< Offset: 0x000  Interrupt Set Enable Register  */
      uint32_t RESERVED0[24];
  __IO uint32_t ICER[8];        /*!< Offset: 0x080  Interrupt Clear Enable Register  */
      uint32_t RSERVED1[24];
  __IO uint32_t ISPR[8];        /*!< Offset: 0x100  Interrupt Set Pending Register  */
      uint32_t RESERVED2[24];
  __IO uint32_t ICPR[8];        /*!< Offset: 0x180  Interrupt Clear Pending Register  */
      uint32_t RESERVED3[24];
  __IO uint32_t IABR[8];        /*!< Offset: 0x200  Interrupt Active bit Register  */
      uint32_t RESERVED4[56];
  __IO uint8_t  IP[240];        /*!< Offset: 0x300  Interrupt Priority Register
(8Bit wide) */
```

```
        uint32_t RESERVED5[644];
    __O  uint32_t STIR;          /*!< Offset: 0xE00  Software Trigger Interrupt
Register  */
   } NVIC_Type;
```

在配置中断的时候我们一般只用 ISER、ICER 和 IPR 这 3 个寄存器，ISER 用来使能中断，ICER 用来失能中断，IPR 用来设置中断优先级。

用户可以自主编程来实现对上述的寄存器的控制。为了简化对 NVIC 的编程，CMSIS 已经提供了一些对 NVIC 控制寄存器进行操作的函数，应用中如果对上述寄存器进行控制，调用相应函数即可。CMSIS 中的 NVIC 函数如表 6-8 所示，表中 IRQn 是指 IRQ 号，IRQ 号详细内容参见 6.2.2 小节。

表 6-8　CMSIS 中的 NVIC 函数

CMSIS 函数	描述
void NVIC_EnableIRQ(IRQn_Type IRQn)	使能 NVIC 中断控制寄存器中相应位
void NVIC_DisableIRQ(IRQn_Type IRQn)	禁止一个具体设备外部中断
void NVIC_SetPendingIRQ(IRQn_Type IRQn)	将某个中断或异常悬起
void NVIC_ClearPendingIRQ(IRQn_Type IRQn)	清除外部中断悬起位
uint32_t NVIC_GetPendingIRQ(IRQn_Type IRQn)	获取中断悬起状态
void NVIC_SetPriority(IRQn_Type IRQn, uint32_t priority)	设置中断优先级
uint32_t NVIC_GetPriority(IRQn_Type IRQn)	获取中断优先级
void NVIC_SystemReset(void)	初始化一个系统复位，请求复位 MCU

上述函数的实现过程在 core_cm3.h 中可以看到，代码内部实现了对 NVIC 的上述相关寄存器的配置。

6.2　STM32 的中断系统

6.2.1　什么是异常

异常通常定义为在正常的程序执行流程中发生暂时的停止并转向相应的处理程序，包括 ARM 内核产生复位、取指或存储器访问失败、遇到未定义指令、执行软件中断指令、或者出现外部中断等。大多数异常都对应一个软件的异常处理程序，也就是在异常发生时执行的程序。在处理异常前，当前处理器的状态必须保留，这样异常处理完成后，当前程序可以继续执行。处理器允许多个异常同时发生，它们将会按固定的优先级被处理。术语"中断"与"异常"经常混用。若不加说明,则强调的都是它们对主程序所体现出来的"中断"性质,即指"由于接收到来自外围硬件(相对于 CPU 和内存)的异步信号或来自软件的同步信号,而进行的相应的硬件/软件处理"。但中断与异常的区别在于,中断对 Cortex-M3 内核来说是"意外突发事件",即该请求信号来自 Cortex-M3 内核的外面,来自各种片上外设或外扩的外设;而异常是因 Cortex-M3 内核的活动产生的,即在执行指令或访问存储器时产生 Cortex-M3 内核有 15 个异常,类型编号为 1~15 的异常,如表 6-9 所示(注意:没有编号为 0 的异常)。有 240 个中断源。因为芯片设计者可以修改 Cortex-M3 内核的硬件描述源代码,所以做成芯片后,支持的中断源数目常常不到 240 个,并且优先级的位数也由芯片厂商最终决定。

在 Cortex-M3 内核中,优先级的数值越小,则优先级越高。Cortex-M3 内核支持中断嵌套,使得高优先级异常会抢占(Preempt)低优先级异常。有 3 个系统异常,即复位、NMI 和硬件失效,它们有固定的优先级,并且它们的优先级号是负数,从而高于其他所有异常。其他所有异常的优先级都是可编程的,但不能被编程为负数。关于 Cortex-M3 内核异常的内容详见表 6-9。

表 6-9 Cortex-M3 内核异常

编号	优先级	优先级类型	名称	说明	地址
0	—	—	—	保留	0x00000000
1	−3(最高)	固定	Reset	复位	0x00000004
2	−2	固定	NMI	不可屏蔽中断,RCC 时钟安全系统连接到 NMI 向量	0x00000008
3	−1	固定	硬件失效	所有类型的失效	0x0000000C
4	0	可设置	存储管理	存储器管理	0x00000010
5	1	可设置	总线错误	预取指失败,存储器访问失败	0x00000014
6	2	可设置	错误应用	未定义的指令或非法状态	0x00000018
7	—	—	—	保留	0x0000001C
8	—	—	—	保留	0x00000020
9	—	—	—	保留	0x00000024
10	—	—	—	保留	0x00000028
11	3	可设置	SVCall	通过 SWI 指令的系统服务调用	0x0000002C
12	4	可设置	调试监控	调试监控器	0x00000030
13	—	—	—	保留	0x00000034
14	5	可设置	PendSV	可挂起的系统服务	0x00000038
15	6	可设置	SysTick	系统滴答定时器	0x0000003C

在表 6-9 中,有 3 个异常是专为操作系统而设计的。

❑ SysTick 定时器：以前，大多数操作系统需要一个硬件定时器来产生操作系统需要的分时复用定时，以此作为整个系统的时基。有了 SysTick 定时器，操作系统就不占用芯片的定时器外设，而且所有的 Cortex-M3 内核芯片都带有同样的 SysTick 定时器，软件的移植得以简化。

❑ 系统服务调用 SVCall：多用在操作系统上的软件开发中，可用于产生系统函数的调用请求。它使用户程序无须在特权级下执行，并使用户程序与硬件无关。SVCall 相当于以前 ARM 中的"软件中断"的指令（SWI）。

❑ 可挂起的系统服务 PendSV：操作系统一般都不允许在中断处理过程中进行上/下文切换，当 Sys Tick 异常不是最低优先级时，它可能会在中断服务期间触发上/下文切换，这是无法完成的。引入 PendSV 后，可以等到其他重要的任务完成后执行上/下文切换。

有了以上 3 个异常，Cortex-M3 内核与实时嵌入式操作系统成了"绝佳"搭配。

6.2.2 STM32 的中断通道

中断通道（IRQ_Channel）是处理中断的信号通路，每个中断通道对应唯一的中断向量和唯一的中断服务程序，但该中断通道可具有多个可以引起中断的中断源，这些中断源都能通过对应的中断通道向内核申请中断。Cortex-M3 内核的嵌套向量中断控制器 NVIC 和处理器紧密耦合，支持 15 个异常（没有编号为 0 的异常）和 240 个外部中断通道。而 STM32 的中断系统并没有使用 Cortex-M3 内核的 NVIC 全部功能，除 15 个异常外，STM32F103 系列单片机具有 60 个中断通道，可以理解为外部中断，中断优先级有 16 级。在 STM32 系列微控制器中，如不说明，"中断"是指"中断通道"。STM32F10x 产品（小容量、中容量和大容量）的外部中断向量如表 6-10 所示。

表 6-10 外部中断向量

位置	优先级	名称	说明	地址
0	7	WWDG	窗口看门狗定时器中断	0x00000040
1	8	PVD	连接到 EXTI 的可编程电压检测器（PVD）中断	0x00000044
2	9	TAMPER	侵入检测中断	0x00000048
3	10	RTC	实时时钟全局中断	0x0000004C
4	11	FLASH	闪存全局中断	0x00000050
5	12	RCC	复位和时钟控制中断	0x00000054
6	13	EXTI0	EXTI 线 0 中断	0x00000058
7	14	EXTI1	EXTI 线 1 中断	0x0000005C

续表

位置	优先级	名称	说明	地址
8	15	EXTI2	EXTI 线 2 中断	0x00000060
9	16	EXTI3	EXTI 线 3 中断	0x00000064
10	17	EXTI4	EXTI 线 4 中断	0x00000068
11	18	DMA_Channell	DMA 通道 1 全局中断	0x0000006C
12	19	DMA_Channel2	DMA 通道 2 全局中断	0x00000070
13	20	DMA_Channel3	DMA 通道 3 全局中断	0x00000074
14	21	DMA_Channel4	DMA 通道 4 全局中断	0x00000078
15	22	DMA_Channel5	DMA 通道 5 全局中断	0x00000070
16	23	DMA_Channel6	DMA 通道 6 全局中断	0x00000080
17	24	DMA_Channel7	DMA 通道 7 全局中断	0x00000084
18	25	ADC	ADC 全局中断	0x00000088
19	26	USB_HP_CAN_TX	USB 高优先级或 CAN 发送中断	0x0000008C
20	27	USB_HP_CAN_RXO	USB 低优先级或 CAN 接收 0 中断	0x00000090
21	28	CAN_RX1	CAN 接收 1 中断	0x00000094
22	29	CAN_SCE	CAN 的 SCE 中断	0x00000098
23	30	EXTI9_5	EXTI 线[9:5]中断	0x0000009C
24	31	TIM1_BRK	TIM1 刹车中断	0x000000A0
25	32	TIM1_UP	TIM1 更新中断	0x000000A4
26	33	TIM1_TRG_COM	TIM1 触发和通信中断	0x000000A8
27	34	TIM1_CC	TIM1 截获比较中断	0x000000AC
28	35	TIM2	TIM2 全局中断	0x000000BO
29	36	TIM3	TIM3 全局中断	0x000000B4
30	37	TIM4	TIM4 全局中断	0x000000B8
31	38	I^2C1_EV	I^2C_1 事件中断	0x000000BC
32	39	I^2C1_ER	I^2C_1 错误中断	0x000000C0
33	40	I^2C2_EV	I^2C_2 事件中断	0x000000C4
34	41	I^2C2_ER	I^2C_2 错误中断	0x000000C8
35	42	SPI1	SPI1 全局中断	0x000000CC
36	43	SPI2	SPI2 全局中断	0x000000D0
37	44	USART1	USART1 全局中断	0x000000D4
38	45	USART2	USART2 全局中断	0x000000D8
39	46	USART3	USART3 全局中断	0x000000DC

续表

位置	优先级	名称	说明	地址
40	47	EXTI15_10	EXTI 线[15:10]中断	0x000000E0
41	48	RTCAlarm	连接到 EXTI 的 RTC 闹钟中断	0x000000E4
42	49	USB_Wakeup	连接到 EXN 的从 USB 待机唤醒中断	0x000000E8
43	50	TIM8_BRK	TIM8 刹车中断	0x000000EC
44	51	TIM8_UP	TIM8 更新中断	0x000000F0
45	52	TIM8_TRG_COM	TIM8 触发和通信中断	0x000000F4
46	53	TIM8_CC	TIM8 截获比较中断	0x000000F8
47	54	ADC3	ADC3 全局中断	0x000000FC
48	55	FSMC	FSMC 全局中断	0x00000100
49	56	SDIO	SDIO 全局中断	0x00000104
50	57	TIM5	TIM5 全局中断	0x00000108
51	58	SPI3	SPI3 全局中断	0x0000010C
52	59	UART4	UART4 全局中断	0x00000110
53	60	UART5	UART5 全局中断	0x00000114
54	61	TIM6	TIM6 全局中断	0x00000118
55	62	TIM7	TIM7 全局中断	0x0000011C
56	63	DMA2_Channel1	DMA2 通道 1 全局中断	0x00000120
57	64	DMA2_Channel2	DMA2 通道 2 全局中断	0x00000124
58	65	DMA2_Channel3	DMA2 通道 3 全局中断	0x00000128
59	66	DMA2_Channel4_5	DMA2 通道 4 全局中断	0x0000012C

在固件库 stm3210f10x.h 文件中，中断号宏定义将中断号和宏名联系起来。因此，使用时引用具体宏名即可。具体代码如下。

```
typedef enum IRQn
{
/****** Cortex-M3 Processor Exceptions Numbers ********************************/
  NonMaskableInt_IRQn      = -14, /*!< 2 Non Maskable Interrupt            */
  MemoryManagement_IRQn    = -12, /*!< 4 Cortex-M3 Memory Management Interrupt  */
  BusFault_IRQn            = -11, /*!< 5 Cortex-M3 Bus Fault Interrupt      */
  UsageFault_IRQn          = -10, /*!< 6 Cortex-M3 Usage Fault Interrupt     */
  SVCall_IRQn              = -5, /*!< 11 Cortex-M3 SV Call Interrupt       */
  DebugMonitor_IRQn        = -4, /*!< 12 Cortex-M3 Debug Monitor Interrupt   */
  PendSV_IRQn              = -2, /*!< 14 Cortex-M3 Pend SV Interrupt       */
  SysTick_IRQn             = -1, /*!< 15 Cortex-M3 System Tick Interrupt    */
/****** STM32 specific Interrupt Numbers *************************************/
```

```
    WWDG_IRQn                   = 0,  /*!< Window WatchDog Interrupt               */
    PVD_IRQn                    = 1,  /*!< PVD through EXTI Line detection Interrupt */
    TAMPER_IRQn                 = 2,  /*!< Tamper Interrupt                        */
    RTC_IRQn                    = 3,  /*!< RTC global Interrupt                    */
    FLASH_IRQn                  = 4,  /*!< FLASH global Interrupt                  */
    RCC_IRQn                    = 5,  /*!< RCC global Interrupt                    */
    EXTI0_IRQn                  = 6,  /*!< EXTI Line0 Interrupt                    */
    EXTI1_IRQn                  = 7,  /*!< EXTI Line1 Interrupt                    */
    EXTI2_IRQn                  = 8,  /*!< EXTI Line2 Interrupt                    */
    EXTI3_IRQn                  = 9,  /*!< EXTI Line3 Interrupt                    */
    EXTI4_IRQn                  = 10, /*!< EXTI Line4 Interrupt                    */
    DMA1_Channel1_IRQn          = 11, /*!< DMA1 Channel 1 global Interrupt         */
    DMA1_Channel2_IRQn          = 12, /*!< DMA1 Channel 2 global Interrupt         */
    DMA1_Channel3_IRQn          = 13, /*!< DMA1 Channel 3 global Interrupt         */
    DMA1_Channel4_IRQn          = 14, /*!< DMA1 Channel 4 global Interrupt         */
    DMA1_Channel5_IRQn          = 15, /*!< DMA1 Channel 5 global Interrupt         */
    DMA1_Channel6_IRQn          = 16, /*!< DMA1 Channel 6 global Interrupt         */
    DMA1_Channel7_IRQn          = 17, /*!< DMA1 Channel 7 global Interrupt         */
    ADC1_2_IRQn                 = 18, /*!< ADC1 and ADC2 global Interrupt          */
    CAN1_TX_IRQn                = 19, /*!< USB Device High Priority or CAN1 TX Interrupts */
    CAN1_RX0_IRQn               = 20, /*!< USB Device Low Priority or CAN1 RX0 Interrupts */
    CAN1_RX1_IRQn               = 21, /*!< CAN1 RX1 Interrupt                      */
    CAN1_SCE_IRQn               = 22, /*!< CAN1 SCE Interrupt                      */
    EXTI9_5_IRQn                = 23, /*!< External Line[9:5] Interrupts           */
    TIM1_BRK_IRQn               = 24, /*!< TIM1 Break Interrupt                    */
    TIM1_UP_IRQn                = 25, /*!< TIM1 Update Interrupt                   */
    TIM1_TRG_COM_IRQn           = 26, /*!< TIM1 Trigger and Commutation Interrupt  */
    TIM1_CC_IRQn                = 27, /*!< TIM1 Capture Compare Interrupt          */
    TIM2_IRQn                   = 28, /*!< TIM2 global Interrupt                   */
    TIM3_IRQn                   = 29, /*!< TIM3 global Interrupt                   */
    TIM4_IRQn                   = 30, /*!< TIM4 global Interrupt                   */
    I2C1_EV_IRQn                = 31, /*!< I2C1 Event Interrupt                    */
    I2C1_ER_IRQn                = 32, /*!< I2C1 Error Interrupt                    */
    I2C2_EV_IRQn                = 33, /*!< I2C2 Event Interrupt                    */
    I2C2_ER_IRQn                = 34, /*!< I2C2 Error Interrupt                    */
    SPI1_IRQn                   = 35, /*!< SPI1 global Interrupt                   */
    SPI2_IRQn                   = 36, /*!< SPI2 global Interrupt                   */
    USART1_IRQn                 = 37, /*!< USART1 global Interrupt                 */
    USART2_IRQn                 = 38, /*!< USART2 global Interrupt                 */
    USART3_IRQn                 = 39, /*!< USART3 global Interrupt                 */
    EXTI15_10_IRQn              = 40, /*!< External Line[15:10] Interrupts         */
    RTCAlarm_IRQn               = 41, /*!< RTC Alarm through EXTI Line Interrupt   */
    OTG_FS_WKUP_IRQn            = 42, /*!< USB OTG FS WakeUp from suspend through
EXTI Line Interrupt                                                              */
```

```
    TIM5_IRQn                       = 50, /*!< TIM5 global Interrupt              */
    SPI3_IRQn                       = 51, /*!< SPI3 global Interrupt              */
    UART4_IRQn                      = 52, /*!< UART4 global Interrupt             */
    UART5_IRQn                      = 53, /*!< UART5 global Interrupt             */
    TIM6_IRQn                       = 54, /*!< TIM6 global Interrupt              */
    TIM7_IRQn                       = 55, /*!< TIM7 global Interrupt              */
    DMA2_Channel1_IRQn              = 56, /*!< DMA2 Channel 1 global Interrupt    */
    DMA2_Channel2_IRQn              = 57, /*!< DMA2 Channel 2 global Interrupt    */
    DMA2_Channel3_IRQn              = 58, /*!< DMA2 Channel 3 global Interrupt    */
    DMA2_Channel4_IRQn              = 59, /*!< DMA2 Channel 4 global Interrupt    */
    DMA2_Channel5_IRQn              = 60, /*!< DMA2 Channel 5 global Interrupt    */
    ETH_IRQn                        = 61, /*!< Ethernet global Interrupt          */
    ETH_WKUP_IRQn                   = 62, /*!< Ethernet Wakeup through EXTI line Interrupt */
    CAN2_TX_IRQn                    = 63, /*!< CAN2 TX Interrupt                  */
    CAN2_RX0_IRQn                   = 64, /*!< CAN2 RX0 Interrupt                 */
    CAN2_RX1_IRQn                   = 65, /*!< CAN2 RX1 Interrupt                 */
    CAN2_SCE_IRQn                   = 66, /*!< CAN2 SCE Interrupt                 */
    OTG_FS_IRQn                     = 67 /*!< USB OTG FS global Interrupt        */
} IRQn_Type;
```

6.2.3　固件库中中断向量区的定义

中断源发出的请求信号被 CPU 检测到之后,如果单片机的中断控制系统允许响应中断,则 CPU 自动跳转,执行一个固定的程序空间地址中的指令。这个固定的地址称为中断入口地址,也叫作中断向量。中断入口地址往往是由单片机内部硬件决定的。

通常,一个单片机会有若干个中断源,每个中断源都有自己的中断向量。一般这些中断向量的子程序存储空间中占用一个连续的地址空间段,称为中断向量区。由于中断向量通常仅占几字节或一条指令的长度,所以在中断向量区一般不放置中断服务程序。中断服务程序一般放置在程序存储器的其他地方。中断向量处放置的是跳转到中断服务程序的指令。这样,CPU 响应中断后,首先自动执行转向执行中断向量中的转移指令,再跳转执行中断服务程序。

STM32 单片机的启动初始化代码 startup_stm3210xx.s 文件中的中断向量表与表 6-10 是对应的,其内容如下。

```
__Vectors       DCD     __initial_sp            ; Top of Stack
                DCD     Reset_Handler           ; Reset Handler
                DCD     NMI_Handler             ; NMI Handler
                DCD     HardFault_Handler       ; Hard Fault Handler
                DCD     MemManage_Handler       ; MPU Fault Handler
                DCD     BusFault_Handler        ; Bus Fault Handler
```

```
DCD        UsageFault_Handler          ; Usage Fault Handler
DCD        0                           ; Reserved
DCD        0                           ; Reserved
DCD        0                           ; Reserved
DCD        0                           ; Reserved
DCD        SVC_Handler                 ; SVCall Handler
DCD        DebugMon_Handler            ; Debug Monitor Handler
DCD        0                           ; Reserved
DCD        PendSV_Handler              ; PendSV Handler
DCD        SysTick_Handler             ; SysTick Handler
; External Interrupts
DCD        WWDG_IRQHandler             ; Window Watchdog
DCD        PVD_IRQHandler              ; PVD through EXTI Line detect
DCD        TAMPER_IRQHandler           ; Tamper
DCD        RTC_IRQHandler              ; RTC
DCD        FLASH_IRQHandler            ; Flash
DCD        RCC_IRQHandler              ; RCC
DCD        EXTI0_IRQHandler            ; EXTI Line 0
DCD        EXTI1_IRQHandler            ; EXTI Line 1
DCD        EXTI2_IRQHandler            ; EXTI Line 2
DCD        EXTI3_IRQHandler            ; EXTI Line 3
DCD        EXTI4_IRQHandler            ; EXTI Line 4
DCD        DMA1_Channel1_IRQHandler    ; DMA1 Channel 1
DCD        DMA1_Channel2_IRQHandler    ; DMA1 Channel 2
DCD        DMA1_Channel3_IRQHandler    ; DMA1 Channel 3
DCD        DMA1_Channel4_IRQHandler    ; DMA1 Channel 4
DCD        DMA1_Channel5_IRQHandler    ; DMA1 Channel 5
DCD        DMA1_Channel6_IRQHandler    ; DMA1 Channel 6
DCD        DMA1_Channel7_IRQHandler    ; DMA1 Channel 7
DCD        ADC1_2_IRQHandler           ; ADC1_2
DCD        USB_HP_CAN1_TX_IRQHandler   ; USB High Priority or CAN1 TX
DCD        USB_LP_CAN1_RX0_IRQHandler  ; USB Low  Priority or CAN1 RX0
DCD        CAN1_RX1_IRQHandler         ; CAN1 RX1
DCD        CAN1_SCE_IRQHandler         ; CAN1 SCE
DCD        EXTI9_5_IRQHandler          ; EXTI Line 9:5
DCD        TIM1_BRK_IRQHandler         ; TIM1 Break
DCD        TIM1_UP_IRQHandler          ; TIM1 Update
DCD        TIM1_TRG_COM_IRQHandler     ; TIM1 Trigger and Commutation
DCD        TIM1_CC_IRQHandler          ; TIM1 Capture Compare
DCD        TIM2_IRQHandler             ; TIM2
DCD        TIM3_IRQHandler             ; TIM3
DCD        TIM4_IRQHandler             ; TIM4
DCD        I2C1_EV_IRQHandler          ; I2C1 Event
DCD        I2C1_ER_IRQHandler          ; I2C1 Error
```

```
DCD      I2C2_EV_IRQHandler        ; I2C2 Event
DCD      I2C2_ER_IRQHandler        ; I2C2 Error
DCD      SPI1_IRQHandler           ; SPI1
DCD      SPI2_IRQHandler           ; SPI2
DCD      USART1_IRQHandler         ; USART1
DCD      USART2_IRQHandler         ; USART2
DCD      USART3_IRQHandler         ; USART3
DCD      EXTI15_10_IRQHandler      ; EXTI Line 15:10
DCD      RTCAlarm_IRQHandler       ; RTC Alarm through EXTI Line
DCD      USBWakeUp_IRQHandler      ; USB Wakeup from suspend
__Vectors_End
```

__Vectors 是建立中断向量表的指令；DCD 指令的作用是开辟一部分空间，其意义等价于 C 语言中的地址符 "&"。开始建立的中断向量表则类似于使用 C 语言，其每个成员都是一个函数指针，分别指向各个中断服务函数。这里的每个 xx_IRQHandler() 指定了中断服务函数的函数名，用户根据此函数名，可以在主函数文件，如 main.c 中编写相应的中断服务函数。每个 xx_IRQHandler() 与 startup_stm3210xx.s 中的中断向量表中的名字一致。这样，只要是有中断被触发而且被响应，硬件就会自动跳到固定地址的硬件中断向量表中，无须人为操作（编程）就能通过硬件自身的总线来读取中断向量，然后找到 xx_IRQHandler() 程序入口地址，执行用户设定的中断服务程序内容。以上操作是由 STM32 的硬件机制决定的，是由硬件自动调用的。中断服务函数不像其他函数一样可以通过软件调用，同时，由于程序中不会出现调用语句，因此中断服务函数只需要定义语句，不需要进行说明。而且用户不用考虑中断现场保护和恢复的处理，因为编译器在编译中断服务程序时，会自动地在编译生成的代码中键入相应的中断现场保护和恢复的命令。

从上述代码中可以看出，STM32 的外部引脚引起的中断是由于多组同一序号的引脚共用一个中断函数，比如 GPIOX 的 PinX.5～PinX.9 这 5 个引脚产生的中断都会进入中断处理函数 EXTI9_5_IRQHandler()，GPIOX 的 PinX.10～PinX.15 这 6 个引脚产生的中断都会进入中断处理函数 EXTI15_10_IRQHandler()。如果用户想区分是哪一个引脚产生的中断，还需要进一步判断，关于其具体内容在 EXTI 中进行详细介绍。

从以上介绍可以看出，中断的控制与使用相对比较复杂，但是正确、熟练地掌握中断应用，是单片机设计的重点和基本技能之一，单片机许多功能特点需要巧妙配合中断。因此要正确使用中断，必须全面了解所使用单片机的中断特性、中断服务函数的编写方法及中断的使用技巧。

6.2.4　利用库函数控制 NVIC 方法

在配置每个中断的时候一般有 3 个编程要点。

（1）使能某个外设中断，具体由每个外设的相关中断使能位控制。比如串口有发送完成中断，接收完成中断，这两个中断都由串口控制寄存器的相关中断使能位控制。

（2）初始化 NVIC_InitTypeDef 结构体，配置中断优先级分组，设置抢占优先级和子优先级，使能中断请求。NVIC_InitTypeDef 结构体在固件库头文件 misc.h 中的定义如下。

```
typedef struct
{
  uint8_t NVIC_IRQChannel; //中断通道号，完成的中断通道号，可以参考 stm32f10x.h
  uint8_t NVIC_IRQChannelPreemptionPriority; //定义中断的抢占优先级，值为 0～15
  uint8_t NVIC_IRQChannelSubPriority; //中断的响应优先级
  FunctionalState NVIC_IRQChannelCmd; //中断使能位，值为 ENABLE 或 DISABLE
} NVIC_InitTypeDef;
```

关于 NVIC 初始化结构体的成员我们将一一解释。

❑ NVIC_IROChannel：中断源。不同的中断，其中断源不一样，且不可写错。因为即使写错了程序也不会报错，只会导致不响应中断。具体的成员配置可参考 stm32f10x.h 头文件里面的 IRQn_Type 结构体定义，这个结构体包含了所有的中断源。

❑ NVIC_IRQChannelPreemptionPriority：抢占优先级。具体根据优先级分组来确定，参考优先级分组表。

❑ NVIC_IRQChannelSubPriority：子优先级。具体根据优先级分组来确定，参考优先级分组表。

❑ NVIC_IRQChannelCmd：中断使能（ENABLE）或者失能（DISABLE）。操作的是 NVIC_ISER 和 NVIC_ICER 这两个寄存器。

（3）编写中断服务函数。在启动文件 startup_stm32f10xxx.s 中，我们预先为每个中断都写一个中断服务函数名称，也就是中断向量区定义的名称。只是这些中断函数都为空，为的只是初始化中断向量表。实际的中断服务函数都需要我们重新编写。中断服务函数的函数名必须与中断向量区里面预先设置的一样，如果写错，系统就在中断向量表中找不到中断服务函数的入口，直接跳转到启动文件里面预先写好的空函数并且在里面无限循环，实现不了中断。

6.3 STM32 单片机的 EXTI

6.3.1 什么是外部中断/事件控制器 EXTI

EXTI 是指外部中断/事件控制器（External Interrupt/Event Controller），管理了控制器的 20 个中断/事件线。每个中断/事件线都对应一个边沿检测器，可以实现输入信号的上升沿检测和下降沿的检测。EXTI 可以实现对每个中断/事件线进行单独配置，可以单独配置为中断或者事件，以及触发事件的属性。

6.3.2 EXTI 功能结构

EXTI 功能结构如图 6-4 所示。在图 6-4 可以看到很多在信号线上打一个斜杠并标注 "20" 的字样，这表示在控制器内部类似的信号线路有 20 个。

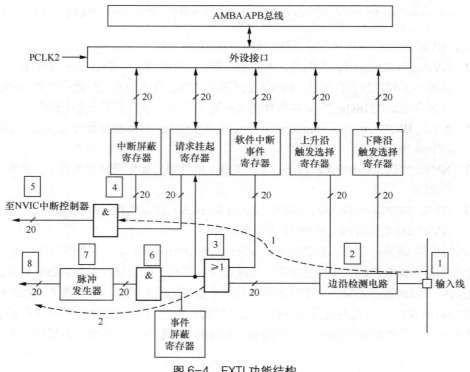

图 6-4　EXTI 功能结构

EXTI 有两大部分功能，一个是产生中断，另一个是产生事件，这两个功能从硬件上就有所不同。

首先我们来看图 6-4 中虚线 1 指示的流程。它是一个产生中断的线路，最终信号流入 NVIC 中断控制器。

编号 1 是输入线，输入线一般是存在电平变化的信号通路，EXTI 控制器有 20 个中断/事件输入线，这些输入线可以通过寄存器设置为任意 GPIO 输入，也可以是一些外设的事件，比如睡眠唤醒等。

编号为 2 的电路是一个边沿检测电路，它会根据上升沿触发选择寄存器（EXTI_RTSR）和下降沿触发选择寄存器（EXTI_FTSR）对应位来控制信号触发。边沿检测电路以输入线作为信号输入端，如果检测到有边沿跳变就输出有效信号 1 给编号为 3 的电路，否则输出无效信号 0。而 EXTI_RTSR 和 EXTI_FTSR 两个寄存器可以控制需要检测哪些类型的电平跳变过程，可以只有上升沿触发、只有下降沿触发或者上升沿和下降沿都触发。

编号为 3 的电路是一个或门电路，它的一个输入来自编号为 2 的电路，另一个输入来自软件中断事件寄存器（EXTI_SWIER）。EXTI_SWIER 允许我们通过程序控制启动中断/事件线。或门的作用是有 1 就为 1，所以这两个输入有一个有效信号 1 就可以输出 1 给编号为 4 和编号为 6 的电路。

编号为 4 的电路是一个与门电路，它一个输入来自编号为 3 的电路，另一个输入来自中断屏蔽寄存器（EXTI_IMR）。与门电路要求输入都为 1 才输出 1，当 EXTI_IMR 被设置为 0 时，不管编号为 3 的电路的输出是 1 还是 0，编号为 4 的电路最终输出的信号都为 0；如果 EXTI_IMR 被设置为 1，编号为 4 的电路输出的信号才由编号为 3 的电路的输出信号决定。这样我们可以通过控制 EXTI_IMR 来实现是否产生中断的目的。编号为 4 的电路输出的信号会被保存到挂起寄存器（EXTI_PR）内，如果确定编号为 4 的电路输出为 1，就会把 EXTI_PR 对应位置 1，以此表明发生了选择的出发请求。

编号为 5 的电路是将寄存器 EXTI_PR 的内容输出到 NVIC 内，从而实现系统中断事件控制。

图中虚线 2 指示的电路流程是一个产生事件的线路，最终输出一个脉冲信号。产生事件的线路是在编号为 3 的电路之后与产生中断的线路有所不同，之前电路都是共用的。

编号为 6 的电路是一个与门电路，它的一个输入来自编号为 3 的电路，另外一个输入来自事件屏蔽寄存器（EXTI_EMR）。当 EXTI_EMR 被设置为 0 时，那无论编号为 3 的电路的输出信号是 1 还是 0，编号为 6 的电路的输出信号都为 0；当 EXTI_EMR 被设置为 1 时，编号为 6 的电路的输出信号才由编号为 3 的电路的输出信号决定，这样我们可以通过控制 EXTI_EMR 来实现是否产生事件的目的。

编号为 7 的电路是一个脉冲信号发生器电路，当它的输入端，即编号为 6 的电路的输出端，是一个有效信号 1 时，会产生一个脉冲信号；如果输入端是无效信号 0 就不会输出脉冲信号。

编号为 8 的电路是一个脉冲信号电路，就是产生事件的线路的最终产物，这个脉冲信号可以供其他外设电路使用，比如定时器 TIM、模拟数字转换器 ADC 等。这样的脉冲信号一般用来触发 TIM 或者 ADC 开始工作。

中断线路的目的是把输入信号输入 NVIC，进一步运行中断服务函数。事件线路的目的就是传输一个脉冲信号给其他外设使用。

6.3.3 中断/事件线的种类

EXTI 有 20 个中断/事件线，每组 GPIO 的每个 GPIO 都可以被设置为输入线，占用 EXTI0～EXTI15，剩下 4 根线用于特定的外设事件，如表 6-11 所示。

表 6-11 EXTI 中断/事件线

中断/事件线	输 入 源
EXTI0	PX0（X 可为 A,B,C,D,E,F,G,H,I）
EXTI1	PX1（X 可为 A,B,C,D,E,F,G,H,I）
EXTI2	PX2（X 可为 A,B,C,D,E,F,G,H,I）
EXTI3	PX3（X 可为 A,B,C,D,E,F,G,H,I）
EXTI4	PX4（X 可为 A,B,C,D,E,F,G,H,I）
EXTI5	PX5（X 可为 A,B,C,D,E,F,G,H,I）
EXTI6	PX6（X 可为 A,B,C,D,E,F,G,H,I）
EXTI7	PX7（X 可为 A,B,C,D,E,F,G,H,I）
EXTI8	PX8（X 可为 A,B,C,D,E,F,G,H,I）
EXTI9	PX9（X 可为 A,B,C,D,E,F,G,H,I）
EXTI10	PX10（X 可为 A,B,C,D,E,F,G,H,I）
EXTI11	PX11（X 可为 A,B,C,D,E,F,G,H,I）
EXTI12	PX12（X 可为 A,B,C,D,E,F,G,H,I）
EXTI13	PX13（X 可为 A,B,C,D,E,F,G,H,I）
EXTI14	PX14（X 可为 A,B,C,D,E,F,G,H,I）
EXTI15	PX15（X 可为 A,B,C,D,E,F,G,H,I）
EXTI16	PVD 输出
EXTI17	RTC 闹钟事件
EXTI18	USB 唤醒事件
EXTI19	以太网唤醒事件（只适用于互联型产品）

EXTI0 至 EXTI15 用于 GPIO，通过编程控制可以实现任意一个 GPIO 作为 EXTI 的输入源。由表 6-11 可知，EXTI0 可以通过外部中断配置寄存器 1（AFIO_EXTICR1）的低 4 位选择配置为 PA0、PB0、PC0、PD0、PE0、PF0、PG0、PH0 或 PI0。EXTI 输入源选择如图 6-5 所示。其他 EXTI 线使用配置与 EXTI0 类似。

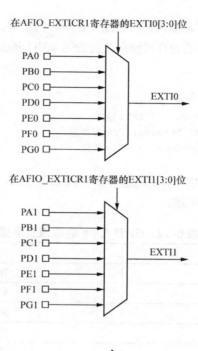

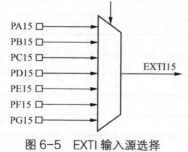

图 6-5 EXTI 输入源选择

6.3.4 STM32 固件库中 EXTI 的初始化结构体

同 GPIO 一样，标准库函数对每个外设都建立了一个初始化结构体，如 EXTI_InitTypeDef。结构体成员用于设置外设工作参数，并由外设初始化配置函数，如 EXTI_Init()。这些设定参数将会设置外设相应的寄存器，达到配置外设工作环境的目的。

初始化结构体和初始化库函数的配合使用是标准库的精髓，理解初始化结构体每个成员的含义，可以更加了解其背后的寄存器操作。初始化 EXTI 的结构体定义在 **stm32fl0x_exti.h** 文件中，定义如下。

```
typedef struct {
uint32_t EXTI_Line; // 中断/事件线
EXTIMode_TypeDef EXTI_Mode; // EXTI 模式
EXTITrigger_TypeDef EXTI_Trigger; //触发类型
FunctionalState EXTI_LineCmd; // EXTI 使能
} EXTI_InitTypeDef;
```

- ❑ EXTI_Line：EXTI 中断/事件线选择，可选 EXTI_Line0～EXTI_Line18，表 6-12 为 EXTI_Line 的取值及描述。

表 6-12　EXTI_Line 的取值及描述

取　值	描　述
EXTI_Line0	外部中断线 0
EXTI_Line1	外部中断线 1
EXTI_Line2	外部中断线 2
EXTI_Line3	外部中断线 3
EXTI_Line4	外部中断线 4
EXTI_Line5	外部中断线 5
EXTI_Line6	外部中断线 6
EXTI_Line7	外部中断线 7
EXTI_Line8	外部中断线 8
EXTI_Line9	外部中断线 9
EXTI_Line10	外部中断线 10
EXTI_Line11	外部中断线 11
EXTI_Line12	外部中断线 12
EXTI_Line13	外部中断线 13
EXTI_Line14	外部中断线 14
EXTI_Line15	外部中断线 15
EXTI_Line16	外部中断线 16
EXTI_Line17	外部中断线 17
EXTI_Line18	外部中断线 18

- ❑ EXTI_Mode：EXTI 模式选择，可选为产生中断（EXTI_Mode_Interrupt）或者产生事件（EXTI_Mode_Event）。

❑ EXTI_Trigger：EXTI 边沿触发事件，可选上升沿触发（EXTI_Trigger_Rising）、下降沿触发（EXTI_Trigger_Falling）或者上升沿和下降沿都触发（EXTI_Trigger_Rising_Falling）。

❑ EXTI_LineCmd：控制是否使能 EXTI 线，可选使能（ENABLE）或禁用（DISABLE）EXTI 线。

6.3.5 STM32 固件库中 EXTI 的相关函数

（1）选择外部中断线路函数，相应的函数说明如表 6-13 所示。

表 6-13 GPIO_EXTILineConfig() 函数说明

函数名	GPIO_EXTILineConfig()
函数原型	void GPIO_EXTILineConfig(u8 GPIO_PortSource, u8 GPIO_PinSource)
功能描述	选择 GPIO 引脚用作外部中断线路
输入参数 1	GPIO_PortSource：选择用作外部中断线源的 GPIO
输入参数 2	GPIO_PinSource：待设置的外部中断线路，该参数可以取 GPIO_PinSourcex（x 可以是 0～15）
输出参数	无
返回值	无
先决条件	无
被调用函数	无

例如选择 PB8 外部中断线路 8 如下。

```
GPIO_EXTILineConfig(GPIO_PortSource_GPIOB, GPIO_PinSource8);
```

（2）根据 EXTI_Init 中指定的参数初始化外设 EXTI 寄存器函数，相应的函数说明如表 6-14 所示。

表 6-14 EXTI_Init() 函数说明

函数名	EXTI_Init()
函数原型	void EXTI_Init(EXTI_InitTypeDef* EXTI_InitStruct)
功能描述	根据 EXTI_Init 中指定的参数初始化外设 EXTI 寄存器
输入参数	EXTI_InitStruct：指向结构 EXTI_InitTypeDef 的指针，包含了外设 EXTI 的配置信息
输出参数	无
返回值	无
先决条件	无
被调用函数	无

（3）检查指定的 EXTI 线路触发请求发生与否函数，相应的函数说明如表 6-15 所示。

表 6-15　EXTI_GetITStatus()函数说明

函数名	EXTI_GetITStatus()
函数原型	ITStatus EXTI_GetITStatus(u32 EXTI_Line)
功能描述	检查指定的 EXTI 线路触发请求发生与否
输入参数	EXTI_Line：待检查 EXTI 线路的挂起位
输出参数	无
返回值	EXTI_Line 的新状态（SET 或者 RESET）
先决条件	无
被调用函数	无

例如获取中断线 8 的状态如下。

```
ITStatus EXTIStatus;
EXTIStatus = EXTI_GetITStatus(EXTI_Line8);
```

（4）清除 EXTI 线路挂起位函数，相应的函数说明如表 6-16 所示。

表 6-16　EXTI_ClearITPendingBit()函数说明

函数名	EXTI_ClearITPendingBit()
函数原型	void EXTI_ClearITPendingBit(u32 EXTI_Line)
功能描述	清除 EXTI 线路挂起位
输入参数	EXTI_Line：待清除 EXTI 线路的挂起位
输出参数	无
返回值	无
先决条件	无
被调用函数	无

例如清除中断线 2 的挂起状态如下。

```
EXTI_ClearITpendingBit(EXTI_Line2);
```

利用上述的结构体和库函数，可以对 STM32 的外部引脚的中断进行编程，实现对其程序执行流程的控制，如处理紧急事件或者外接按键、产生中断、设置参数等。

6.4　项目实战：人机交互之按键

键盘是常用的人机输入设备，与台式计算机不同，单片机系统中的键盘，其所需的按键个数及功能通常是根据具体应用来确定的。在不同的应用中，键盘中的按键个数及功能可能不一样。因此在设计单片机的键盘接口时，通常根据应用的具体要求来设计键盘的硬件接口电路，同时需要完成识别按键动作、生成按键键码和按键具体功能的软件程序设计。

6.4.1 按键分类

开发板上常用按键有带锁的与不带锁的两种。不带锁按键如图 6-6 所示，常用来制作有个性的小键盘。

带锁按键如图 6-7 所示，在 PCB 中常用作电源开关等。

图 6-6　不带锁按键　　　　　　　　　　图 6-7　带锁按键

6.4.2 按键的接法

1. 独立式按键

独立式按键的接法是将每一个按键分别连接到一个输入引脚上，如图 6-8 所示。根据按键连接电路可知，确认按键状态就是判别按键是否闭合，反映在输入口就是与按键相连接的引脚呈现高电平或低电平。当按键未被按下时，单片机引脚采集到的是高电平；当按键被按下后，采集到的是低电平。在程序中通过检测引脚电平的高低，便可确认按键是否按下。

由于独立式按键中的每个按键各占用 1 位 I/O 口，其状态是独立的，相互之间没有影响，只要单独测试口线电平的高低就能判断键的状态。独立式按键的接法简单，配置灵活，软件结构也相对简单。此种接口方式适用于系统需要按键数目较少的场合。在按键数目较多的情况下，例如系统需要 12 或 16 个按键的键盘时，用独立式接口方式就会占用太多的 I/O 口。因此对于按键数量多的硬件，其连接方式往往采用矩阵式键盘接口方式。

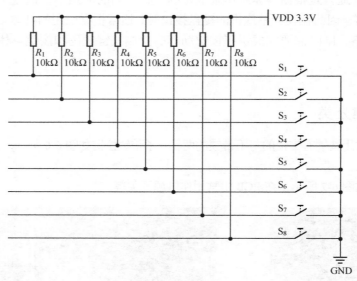

图 6-8　独立式按键

2. 矩阵键盘

　　当键盘中按键数量较多时，为了减少占用单片机 I/O 口，通常将按键排列成矩阵形式，也称为行列键盘，其连接方式如图 6-9 所示。矩阵键盘由行线和列线组成，按键位于行、列的交叉点上。当按键被按下时，其交点的行线和列线接通，相应的行线和列线上的电平发生变化，单片机通过检测行线或列线上的电平就可以确定哪个按键被按下。

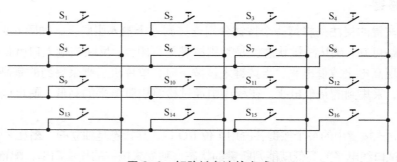

图 6-9　矩阵键盘连接方式

　　一个 4×4 的行列结构，可以构成 16 个键的键盘。很明显，在按键数量较多的场合，矩阵键盘与独立式按键相比，可以节省很多 I/O 口线。

6.4.3 矩阵键盘扫描原理

矩阵键盘不仅在连接上比独立式按键复杂，而且按键识别方法也比独立式按键复杂。在矩阵键盘的软件接口程序中，常使用的按键识别方法有逐行扫描法等。这两种方法的基本思路是采用循环查询的方法。由于反复查询按键的状态会大量占用单片机的时间，较好的方法是使用状态机，此部分内容将在后文详细介绍。

下面介绍常用的行扫描法获取矩阵键值的原理。

- ☐ 使行线为输入线，列线为输出线。拉低所有的列线，判断行线变化。如果有按键被按下，则对应的行线拉低，否则所有的行线都为高电平。还是为了判断是否有按键被按下，并不能得到最后的键值。

- ☐ 开始扫描按键位置。采用逐行扫描，分别拉低第 1 列、第 2 列、第 3 列、第 4 列，读取行值找到按键位置（具体方式为判断按键所在的列：在使行线为低电平的那一列，行列交叉点即按键被按下的位置）。

- ☐ 矩阵键盘的识别仅仅是确认和定位行和列的交叉点上的按键，接下来还要考虑对键盘编号，即对各个按键进行编号。在软件中，常通过计算或查表的方法对按键进行具体的定义和编号。

6.4.4 按键的消抖处理

对于实际按键的确认，并不仅仅是读取单片机引脚电平那么简单，还要考虑按键的抖动。通常，按键的开关为机械弹性触点开关，它可利用机械触点接触和分离实现电路的通、断。由于机械触点的弹性作用，以及人们按键时的力度、方向的不同，按键开关从按下到接触稳定要经过数十毫秒的弹跳抖动，即在按下的几十毫秒里会连续产生多个脉冲信号；而释放按键时，电路也不会突然断开，同样会产生抖动；按键抖动示意如图 6-10 所示。这两次抖动的时间分别为 10～20ms，而按键的稳定闭合期通常大于 0.3～0.5s。因此，为了确保单片机对一次按键动作只确认一次，在确认按键是否闭合时，必须进行消抖处理；否则，由于单片机软件执行的速度很快，非常可能将抖动产生的多个脉冲信号误认为多次的按键，这样的结果将

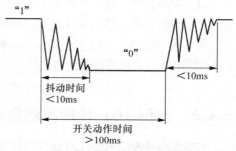

图 6-10 按键抖动示意

在 6.4.6 小节会看到，在 6.4.6 小节的实例中，采用的就是简单的中断输入按键接口，没有消

抖的功能，所以出现了按键输入控制不稳定现象。

消除按键的抖动既可采用硬件方法，也可采用软件方法。使用硬件消抖的方法，需要在按键连接的硬件设计上增加硬件消抖电路，例如采用 R-S 触发器或 RC 积分电路等。采用硬件消抖的方法增加了系统的成本，采用软件消抖的方法则是比较经济的，但增加了软件设计的复杂性。

软件延时消抖方法：检测到有按键按下，则读到的按键对应的行线为低，软件延迟 10ms 后，行线如仍为低，则确认该行有按键按下。按键松开时，行线变高，软件延时 10ms 后，行线仍为高，说明按键已松开。采取这种措施，避免了两个抖动期的影响。

6.4.5　按键程序处理方法

在单片机系统中，键盘扫描只是单片机的工作内容之一。除了检测键盘和处理键盘操作之外，单片机还要进行其他事件的处理。因此，单片机如何响应键盘的输入需要在实际系统程序设计时认真考虑。

键盘扫描处理的设计原则是：既要保证单片机能及时地判别按键的动作，处理按键输入的操作，又不能过多地占用单片机的工作时间，让它有充裕的时间去处理其他操作。

通常，完成键盘扫描和处理的程序是系统程序中的一个专用子程序，单片机调用该键盘扫描子程序对键盘进行扫描和处理的方式有以下 3 种。

- ❑ 程序控制扫描方式。在主控程序中的适当位置调用键盘扫描程序，对键盘进行读取和处理。
- ❑ 定时扫描方式。在该方式中使用单片机的一个定时器，使其产生一个 10ms 的定时中断，单片机响应定时中断，执行键盘扫描程序。当在连续的两次中断中都读到相同的按键被按下时（间隔 10ms 作为消抖处理），单片机才去执行相应的键处理程序。
- ❑ 中断方式。使用中断方式时，键盘的硬件电路要使按键被按下时能够产生一个外部中断信号，然后单片机响应外部中断，进行键盘处理。

第 1 种方式将在 10.1 节讲述，第 2 种方法将在 10.2 节结合状态机讲述，本节主要讲述第 3 种利用中断方式处理按键的方法。

6.4.6　范例 10：按键控制彩灯

按键触发中断，控制 LED 灯状态反转。按键中断控制电路如图 6-11 所示。

STM32 的外部中断配置过程如下。

（1）使能 I/O 口的时钟，初始化 I/O 口。

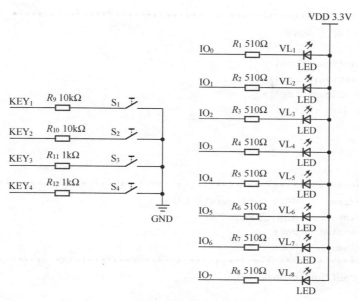

图 6-11   按键中断控制电路

（2）EXTI 初始化配置，分为以下 3 步。

① 使能 AFIO 时钟。

② 设置 I/O 口与中断线的映射关系：配置 GPIO 与中断线的映射关系，可以使用 GPIO_EXTILineConfig()函数来实现。

③ 初始化线上中断：设置中断线标号、中断模式、触发条件等参数，可通过 EXTI_Init() 函数实现。最后清除中断标志位，可通过 EXTI_ClearITPendingBit(EXIT_Linex)函数实现。

（3）NVIC 初始化配置：设置中断优先级分组、中断源的优先级，并使能中断。

（4）编写中断服务函数。最后清除标志位，可通过 EXTI_ClearITPendingBit(EXIT_Linex) 函数实现。

参考程序如下。

```
#include "stm32f10x.h"// Device header
/* Private function prototypes -----------------------------------------------*/
void GPIO_Configuration(void);
void NVIC_Configuration(void);
void EXTI_Configuration(void);
/***************************************************************************
* FunctionName  : main()
* Description   : 初始化用到的端口
* EntryParameter : None
* ReturnValue   : None
```

```
*****************************************************************/
int main(void)
{
    GPIO_Configuration();
    NVIC_Configuration();
    EXTI_Configuration();
     while (1)
     {
        ;
     }
}
/**********************************************************************
* FunctionName    : GPIO_Configuration()
* Description     : 初始化用到的 GPIO
* EntryParameter  : None
* ReturnValue     : None
*****************************************************************/
void GPIO_Configuration(void)
{
  GPIO_InitTypeDef GPIO_InitStructure;
  RCC_APB2PeriphClockCmd( RCC_APB2Periph_GPIOA | RCC_APB2Periph_GPIOC , ENABLE);
  GPIO_InitStructure.GPIO_Pin = GPIO_Pin_0;
  GPIO_InitStructure.GPIO_Speed = GPIO_Speed_50MHz;
  GPIO_InitStructure.GPIO_Mode = GPIO_Mode_IPU;
  GPIO_Init(GPIOA, &GPIO_InitStructure);
  GPIO_InitStructure.GPIO_Pin = GPIO_Pin_13;
  GPIO_InitStructure.GPIO_Speed = GPIO_Speed_50MHz;
  GPIO_InitStructure.GPIO_Mode = GPIO_Mode_Out_PP;
  GPIO_Init(GPIOC, &GPIO_InitStructure);
}

/**********************************************************************
* FunctionName    : EXTI_Configuration()
* Description     : EXTI 初始化
* EntryParameter  : None
* ReturnValue     : None
*****************************************************************/
void EXTI_Configuration(void)
{
  EXTI_InitTypeDef EXTI_InitStructure;
  RCC_APB2PeriphClockCmd(RCC_APB2Periph_AFIO, ENABLE);
  GPIO_EXTILineConfig(GPIO_PortSourceGPIOA, GPIO_PinSource0);
  EXTI_ClearITPendingBit(EXTI_Line0);
  EXTI_InitStructure.EXTI_Mode = EXTI_Mode_Interrupt;
```

```
    EXTI_InitStructure.EXTI_Trigger = EXTI_Trigger_Falling;
    EXTI_InitStructure.EXTI_Line = EXTI_Line0 ;
    EXTI_InitStructure.EXTI_LineCmd = ENABLE;
    EXTI_Init(&EXTI_InitStructure);
}
/************************************************************************
* FunctionName    : NVIC_Configuration()
* Description     : NVIC 初始化,设置优先级分组,优先级并使能中断
* EntryParameter  : None
* ReturnValue     : None
************************************************************************/
void NVIC_Configuration(void)//16个
{
  NVIC_InitTypeDef NVIC_InitStructure;
  NVIC_PriorityGroupConfig(NVIC_PriorityGroup_0);
  NVIC_InitStructure.NVIC_IRQChannel = EXTI0_IRQn;
  NVIC_InitStructure.NVIC_IRQChannelPreemptionPriority = 0;
  NVIC_InitStructure.NVIC_IRQChannelSubPriority = 0;
  NVIC_InitStructure.NVIC_IRQChannelCmd = ENABLE;
  NVIC_Init(&NVIC_InitStructure);
}
/************************************************************************
* FunctionName    : EXTI0_IRQHandler()
* Description      : 中断服务函数
* EntryParameter  : None
* ReturnValue     : None
************************************************************************/
void EXTI0_IRQHandler(void)
{
    if ( EXTI_GetITStatus(EXTI_Line0) != RESET )
    {
        GPIOC->ODR ^= GPIO_Pin_13;
        EXTI_ClearITPendingBit(EXTI_Line0);
    }
}
```

6.5 习题与巩固

1. 填空题

（1）在中断系统中，通常将单片机的处于正常情况下的运行程序称为_____，把产生

中断请求信号的单元和事件称为_____；由中断源向单片机所发出的中断请求信号称为_____。

（2）单片机接收中断请求，停止现行程序的运行而转向为中断服务称为_____。现行程序被打断的地方称为_____，执行完中断服务程序后返回断点继续执行主程序称为中断返回。中断源是指能够向单片机发出中断请求信号的部件和设备。在一个系统中，往往存在多个中断源。对于单片机来讲，中断源一般可分为_____和_____中断源。

（3）外部中断 EXTI 有_____个。

（4）GPIO 引脚都可以作为中断输入端，映射到内部_____个中断通道。

（5）针对 STM32C8T6 芯片（48 引脚封装），EXIT0 对应的 GPIO 引脚是_____、_____、_____。

（6）外部中断请求的触发方式有_____、_____、_____。

（7）STM32 中断优先级包括_____优先级和_____优先级。只有_____优先级高，才可以实现中断嵌套。

（8）STM32 有_____组优先级控制方式，一个系统中只能选用其中一组。

（9）当抢占优先级和响应优先级都相同时，按照_____决定响应顺序。

（10）外部中断 PA.0 作为中断源的中断服务程序（子函数）名为_____。中断服务函数可以放在 main.c 中。

2. 选择题

（1）实现中断后，可以提升单片机系统的三方面能力，不包含（　　）。

  A. 同步操作 B. 实时处理 C. 故障处理 D. 系统核心运算速度

（2）STM32 的中断源具有两种优先级，下面描述错误的是（　　）。

  A. 抢占是指打断其他中断的属性，即低抢占优先级的中断可以被高抢占优先级的中断打断，执行完中断服务函数后，再返回继续执行中断服务函数

  B. 如果两个中断同时到达，则中断控制器会先处理响应优先级高的中断

  C. 当一个中断到来后，如果正在处理另一个中断，则这个后来的中断就要等前一个中断处理完之后才能被处理（高响应优先级的中断不可以打断低响应优先级的中断）

  D. 如果抢占式优先级和响应优先级都相等，则根据它们在中断向量区中的排位顺序决定先处理哪一个，编号越大的越优先处理

（3）在配置每个中断的时候一般有 3 个编程要点，不包含下列哪个选项（　　）。

  A. 使能外设某个中断，这个具体由每个外设的相关中断使能位控制

B. 初始化 NVIC_InitTypeDef 结构体，配置中断优先级分组，设置抢占优先级和子优先级，使能中断请求

C. 编写中断服务函数在启动文件

D. 设置堆栈结构保留断点

（4）STM32 采用（　　）位来编辑中断的优先级。

A. 4 　　　　　　　 B. 8 　　　　　　　 C. 16 　　　　　　　 D. 32

（5）向量中断控制器最多可支持（　　）个 IRQ 中断。

A. 127 　　　　　　 B. 128 　　　　　　 C. 240 　　　　　　 D. 255

3. 简答题

（1）简述 STM32 系列处理器中断源。

（2）简述 STM32 系列处理器中断的响应过程。

（3）简述 STM32 系列处理器中断寄存器的配置。

（4）简述按键的分类。

（5）简述矩阵键盘扫描原理。

（6）简述按键消抖处理方法。

4. 程序编写

（1）GPIOA.0 作为中断请求输入端，下降沿触发。完成下列中断初始化配置程序。

```
void EXTI_Configuration(void)
{
  GPIO_EXTILineConfig((),());
  EXTI_InitTypeDef  EXTI_InitStructure;
  EXTI_InitStructure.EXTI_Line = ();
  EXTI_InitStructure.EXTI_Mode = ();
  EXTI_InitStructure.EXTI_Trigger = ();
  EXTI_InitStructure.EXTI_LineCmd =();
  EXTI_Init(&EXTI_InitStructure);
}
```

（2）设置 GPIOA.0 和 GPIOA.1 上拉输入。

```
void  GPIO_Configuration(void)
{
  GPIO_InitTypeDef GPIO_InitStructure;
  GPIO_InitStructure.GPIO_Pin = ();
  GPIO_InitStructure.GPIO_Mode = ();
  GPIO_Init(GPIOA, &GPIO_InitStructure);
}
```

（3）配置外部中断 EXIT0 抢占优先级为 2 级，响应优先级为 3 级。

```
void NVIC_Configuration(void)
{
  NVIC_InitTypeDef   NVIC_InitStructure;
  NVIC_PriorityGroupConfig(NVIC_PriorityGroup_());
  NVIC_InitStructure.NVIC_IRQChannel = EXTI()_IRQn;
  NVIC_InitStructure.NVIC_IRQChannelPreemptionPriority =();
  NVIC_InitStructure.NVIC_IRQChannelSubPriority = ();
  NVIC_InitStructure.NVIC_IRQChannelCmd =();
  NVIC_Init(&NVIC_InitStructure);
}
```

第7章
STM32 单片机的定时器

本章导读

1. 主要内容

定时是单片机控制系统中的重要功能，是时钟电路的基础。对于时序控制系统，经常需要定时输出某些信号，或者对某些待测项进行定时扫描和监测，这时就需要定时的功能。

本章主要介绍 STM32 系列处理器定时计数器的基本原理、引脚分布、相关寄存器；STM32 系列处理器定时计数器的中断服务函数的编写；通过具体范例讲解加深读者对学习内容的理解。

2. 总体目标

（1）了解 STM32 系列处理器定时计数器的基本原理；

（2）掌握 STM32 系列处理器定时计数器的寄存器配置；

（3）掌握 STM32 系列处理器定时计数器的中断配置；

（4）掌握 STM32 系列处理器定时计数器的中断服务函数的编写；

（5）掌握 STM32 系列处理器 PWM 的原理及使用方法。

3. 重点与难点

重点：了解 STM32 系列处理器定时计数器的基本原理；掌握 STM32 系列处理器定时计数器的寄存器配置；掌握 STM32 系列处理器定时计数器的中断配置；掌握 STM32 系列处理器定时计数器的中断服务函数的编写。

难点：掌握 STM32 系列处理器定时计数器的中断服务函数的编写。

4. 解决方案

在课堂会着重对范例进行剖析，并安排一个相应的实验，帮助及加深学生对内容的理解。

7.1 定时器的工作原理

7.1.1 定时器简介

STM32F1 系列中，除了互联型产品，共有 8 个定时器，分为基本定时器、通用定时器和高级定时器。基本定时器 TIM6/7 是 16 位的只能向上计数的定时器，只能定时，没有外部 I/O。通用定时器 TIM2/3/4/5 是 16 位的可以向上/向下计数的定时器，可以定时，可以输出比较，可以输入捕获，每个定时器有 4 个外部 I/O 引脚。高级定时器 TIM1/8 是 16 位的可以向上/向下计数的定时器，可以定时，可以输出比较，可以输入捕获，还可以有三相电机互补输出信号，每个定时器有 8 个外部 I/O 引脚。常用的 8 个定时器功能如表 7-1 所示。

表 7-1 定时器功能

类别	定时器	计数器分辨率	计数器类型	预分频系数	产生请求DMA	捕获/比较通道	互补输出
高级定时器	TIM1 TIM8	16 位	向上/向下	1～65 536 中的任意数	可以	4	有
通用定时器	TIM2 TIM3 TIM4 TIM5	16 位	向上/向下	1～65 536 中的任意数	可以	4	没有
基本定时器	TIM6 T1M7	16 位	向上	1～65 536 中的任意数	可以	0	没有

7.1.2 通用定时器的时钟源

定时器时钟可以由下列时钟源提供。

- ❑ 内部时钟（CK_INT）。
- ❑ 外部时钟模式 1：外部输入引脚 TIx（x=1,2,3,4）。
- ❑ 外部时钟模式 2：外部触发输入（ETR）。
- ❑ 内部触发输入。

内部时钟 CK_INT 来自芯片内部，频率等于 72MHz，当从模式控制寄存器 TIMx_SMCR 的 SMS 位等于 000 时，则使用内部时钟。一般情况下，都使用内部时钟。

当使用外部时钟模式 1 的时候，时钟信号来自定时器的输入通道，总共有 4 个，分别为 TI1/2/3/4，即 TIMx_CH1/2/3/4。具体使用哪一路信号，由 TIM_CCMRx 的位 CCxS[1:0]配置，其中 CCMR1 控制 TI1/2，CCMR2 控制 TI3/4。

当使用外部时钟模式 2 的时候，时钟信号来自定时器的特定输入通道 TIMx_ETR，例如 PA12 号引脚的 TIM1_ETR 功能，使用此引脚进行脉冲计数。来自 ETR 引脚输入的信号可以选择为上升沿或者下降沿有效，具体由 TIMx_SMCR 的 ETP 位配置。

当使用内部触发输入方式时，是用一个定时器作为另一个定时器的预分频器，例如可以配置一个定时器 Timer1 作为另一个定时器 Timer2 的预分频器。

7.1.3　通用定时器的定时时钟

如果使用 STM32 最基本的定时功能，可以采用内部时钟，定时器是用来对外设时钟 PCLK 进行计数，计数器是对外部脉冲信号进行计数。TIM2～TIM5 的时钟不是直接来自 APB1，而是来自输入为 APB1 的一个倍频器，如图 7-1 所示。这个倍频器的作用是：当 APB1 的预分频系数为 1 时，这个倍频器不起作用，定时器的时钟频率等于 APB1 的频率；当 APB1 的预分频系数为其他数值时（预分频系数为 2、4、8 或 16），这个倍频器起作用，定时器的时钟频率等于 APB1 的频率的 2 倍。倍频器给定时器时钟的好处是，APB1 不但要给 TIM2～TIM5 提供时钟，还要为其他的外设提供时钟。设置这个倍频器可以保证在其他外设使用较低的时钟频率时，TIM2～TIM5 仍然可以得到较高的时钟频率。

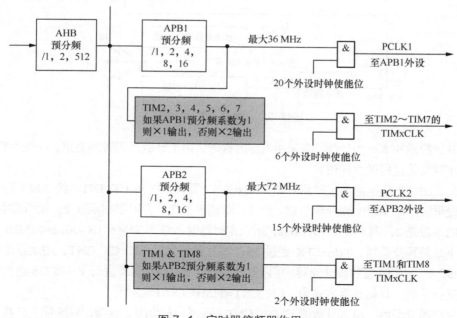

图 7-1　定时器倍频器作用

举例说明：假定 AHB=36MHz，因为 APB1 允许的最大频率为 36MHz，所以 APB1 的预分频系数可以取任意数值；当预分频系数为 1 时，APB1=36MHz，TIM2～TIM7 的时钟频率为 36MHz（倍频器不起作用）；当预分频系数为 2 时，APB1=18MHz，在倍频器的作用下，TIM2～TIM7 的时钟频率为 36MHz。

当 AHB=72MHz 时，APB1 的预分频系数必须大于 2，因为 APB1 的最大频率只能为 36MHz。如果 APB1 的预分频系数为 2，则因为这个倍频器，TIM2～TIM7 仍然能够得到 72MHz 的时钟频率。能够使用更高的时钟频率，无疑提高了定时器的分辨率，这也正是设计这个倍频器的初衷。

7.1.4　定时器功能

定时器的基本功能如图 7-2 所示。

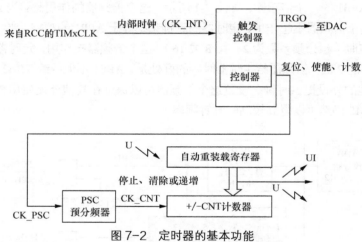

图 7-2　定时器的基本功能

定时计数器的本质为计数，当采用内部时钟时，由于计数间隔时间恒定，演变为定时器，下面对定时功能过程进行描述。

首先，图 7-2 中上部为定时器时钟 TIMxCLK，即内部时钟 CK_INT，经 APB1 预分频器后分频提供。如果 APB1 预分频系数等于 1，则频率不变，否则频率乘以 2。库函数中 APB1 预分频的系数是 2，即 PCLK1=36MHz，所以定时器时钟频率 TIMxCLK=36×2=72MHz。

接下来是预分频器，TIMxCLK 经过 PSC 预分频器之后，即 CK_CNT，用来驱动计数器计数。PSC 是一个 16 位的预分频器，可以对定时器时钟 TIMxCLK 进行 1～65 536 之间的任何一个数进行分频。具体计算方式为：CK_CNT=TIMxCLK/(PSC+1)。

预分频器分配后，输入计数器 CNT。CNT 是一个 16 位的计数器，只能往上计数，最大计数值为 65 535。当计数达到自动重装载寄存器的时候产生更新事件，并清零从头开始计数。自动重装载寄存器 ARR 是一个 16 位的寄存器，里面装着计数器能计数的最大数值。当计数到这个值的时候，如果使能中断，定时器就产生溢出中断。

7.1.5 定时器定时时间

定时器计数频率 CK_CNT 等于定时器时钟 CK_INT/(TIMx_PSC+1)，其中 CK_CNT 为定时器的计数频率，CK_INT 为内部时钟源频率（APB1 的倍频器送出时钟），TIM_PSC 为用户设定的预分频系数，取值范围为 1～65 536。由此可得到 STM32 单片机 1 个定时周期为：T=1/CK_CNT。

若设定时器定时时间为 T_t，定时器的计数次数为 T_count，可得：

```
T_t=T_count*(1/CK_CNT)
```

将 CK_CNT 计算过程代入可得：

```
T_t=T_count*(1/(CK_INT/(TIMx_PSC+1)))
```

然后计算得：

```
T_t=T_count*(TIMx_PSC+1)/CK_INT
```

由此可知，STM32 定时器的定时时间由 3 个因素决定：系统时钟信号周期（频率）、定时器分频系数的值和定时器初始值（计数值）。

7.1.6 定时器的计数模式

TIM2～TIM5 可以向上计数、向下计数、向上/向下双向计数。在向上计数模式中，计数器从 0 计数到自动加载值（TIMx_ARR 计数器内容），然后重新从 0 开始计数，并且产生一个计数器溢出事件。在向下模式中，计数器从自动装入的值（TIMx_ARR）开始向下计数到 0，然后从自动装入的值重新开始，并产生一个计数器向下溢出事件。中央对齐模式（向上/向下双向计数）是计数器从 0 开始计数到（自动装入的值-1）产生一个计数器向下溢出事件，然后向下计数到 1 并且产生一个计数器向下溢出事件；然后再从 0 开始重新计数。

7.2 通用定时器的相关寄存器功能详解

7.2.1 控制寄存器 1 （TIMx_CR1）

该寄存器复位值为 0x0000，是一个 16 位寄存器，位 15～10 保留，位 9～0 可读写，如图

7-3 所示，其位描述如表 7-2 所示。在本章中，只用到了 TIMx_CR1 的最低位，也就是计数器使能位，该位必须置 1 才能让定时器开始计数。在软件设置了 CEN 位后，外部时钟、门控模式和编码器模式才能工作。触发模式可以自动地通过硬件设置 CEN 位在单脉冲模式下运行，当发生更新事件时 CEN 被自动清除。

15	14	13	12	11	10	9	8	7	6	5	4	3	2	1	0
保留						CKD[1:0]		ARPE	CMS[1:0]		DIR	OPM	URS	UDIS	CEN
						rw	rw	rw	rw	rw	rw	rw	rw	rw	rw

图 7-3 控制寄存器的位分布

表 7-2 控制寄存器的位描述

寄存器位	描述
15:10	保留，始终读为 0
9:8	CKD[1:0]：时钟分频因子。这 2 位定义在定时器时钟（CK_INT）频率与数字滤波器（ETR,TIx）使用的采样频率之间的分频比例。 00：tDTS=tCK_INT。01：tDTS=2*tCK_INT。10：tDTS=4*tCK_INT。11：保留
7	ARPE：自动重装载预装载允许位。 0：寄存器 TIMx_ARR 没有缓冲。1：寄存器 TIMx_ARR 被装入缓冲器
6:5	CMS[1:0]：选择中央对齐模式。 00：边沿对齐模式。计数器依据方向位（DIR）向上或向下计数。 01：中央对齐模式 1。计数器交替地向上和向下计数，配置为输出通道的输出比较中断标志位，只在计数器向下计数时被设置。 10：中央对齐模式 2。计数器交替地向上和向下计数，配置为输出通道的输出比较中断标志位，只在计数器向上计数时被设置。 11：中央对齐模式 3。计数器交替地向上和向下计数，配置为输出通道的输出比较中断标志位，在计数器向上和向下计数时均被设置。 注：在计数器开启时（CEN=1），不允许从边沿对齐模式转换到中央对齐模式
4	DIR：方向。 0：计数器向上计数。 1：计数器向下计数。 注：当计数器配置为中央对齐模式或编码器模式时，该位为只读
3	OPM：单脉冲模式。 0：在发生更新事件时，计数器不停止。 1：在发生下一次更新事件（清除 CEN 位）时，计数器停止
2	URS：是否更新请求源，软件通过该位选择 UEV 事件的源。 0：如果允许产生更新中断或 DMA 请求，则下述任一事件产生一个更新中断或 DMA 请求。计数器溢出/下溢出，设置 UG 位，从模式控制器产生的更新。 1：如果允许产生更新中断或 DMA 请求，则只有计数器溢出/下溢出产生一个更新中断或 DMA 请求

续表

寄存器位	描述
1	UDIS：是否禁止更新。软件通过该位允许/禁止 UEV 事件的产生。 0：允许 UEV。更新（UEV）事件由下述任一事件产生：计数器溢出/下溢出，设置 UG 位，从模式控制器产生的更新被缓存的寄存器被装入它们的预装载值。 1：禁止 UEV。不产生更新事件，影子寄存器（ARR、PSC、CCRx）保持它们的值。如果设置了 UG 位或从模式控制器发出了一个硬件复位，则计数器和预分频器被重新初始化
0	CEN：是否允许计数器。 0：禁止计数器。 1：允许计数器

7.2.2　中断使能寄存器（TIMx_DIER）

该寄存器复位值为 0x0000，是一个 16 位的寄存器，位 15、13、7、5 保留，其余位可读写，如图 7-4 所示，其位描述如表 7-3 所示。在本章中，也只用到了第 0 位，该位是更新中断允许位，用到的是定时器的更新中断，所以该位要设置为 1，允许由更新事件产生中断。

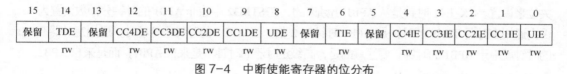

15	14	13	12	11	10	9	8	7	6	5	4	3	2	1	0
保留	TDE	保留	CC4DE	CC3DE	CC2DE	CC1DE	UDE	保留	TIE	保留	CC4IE	CC3IE	CC2IE	CC1IE	UIE
	rw		rw	rw	rw	rw	rw		rw		rw	rw	rw	rw	rw

图 7-4　中断使能寄存器的位分布

表 7-3　中断使能寄存器的位描述

寄存器位	描述
15	保留，始终读为 0
14	TDE：是否允许触发 DMA 请求。0：禁止触发 DMA 请求。1：允许触发 DMA 请求
13	保留，始终读为 0
12	CC4DE：是否允许捕获/比较 4 的 DMA 请求。0：禁止捕获/比较 4 的 DMA 请求。1：允许捕获/比较 4 的 DMA 请求
11	CC3DE：是否允许捕获/比较 3 的 DMA 请求。0：禁止捕获/比较 3 的 DMA 请求。1：允许捕获/比较 3 的 DMA 请求
10	CC2DE：是否允许捕获/比较 2 的 DMA 请求。0：禁止捕获/比较 2 的 DMA 请求。1：允许捕获/比较 2 的 DMA 请求
9	CC1DE：是否允许捕获/比较 1 的 DMA 请求。0：禁止捕获/比较 1 的 DMA 请求。1：允许捕获/比较 1 的 DMA 请求
8	UDE：是否允许更新的 DMA 请求。0：禁止更新的 DMA 请求。1：允许更新的 DMA 请求
7	保留，始终读为 0

续表

寄存器位	描述
6	TIE：是否允许触发中断。0：禁止触发中断。1：允许触发中断
5	保留，始终读为 0
4	CC4IE：是否允许捕获/比较 4 中断。0：禁止捕获/比较 4 中断。1：允许捕获/比较 4 中断
3	CC3IE：是否允许捕获/比较 3 中断。0：禁止捕获/比较 3 中断。1：允许捕获/比较 3 中断
2	CC2IE：是否允许捕获/比较 2 中断。0：禁止捕获/比较 2 中断。1：允许捕获/比较 2 中断
1	CC1IE：是否允许捕获/比较 1 中断。0：禁止捕获/比较 1 中断。1：允许捕获/比较 1 中断
0	UIE：允许更新中断。0：禁止更新中断。1：允许更新中断

7.2.3 预分频寄存器（TIMx_PSC）

设置该寄存器对时钟进行分频，然后提供给计数器，可作为计数器的时钟。该寄存器复位值为 0x0000，是一个 16 位的寄存器，位 15～0 可读写，如图 7-5 所示，其位描述如表 7-4 所示。定时器的时钟源有 4 个：CK_INT、TIx、ETR 和 ITRx，具体选择哪个可以通过寄存器 TIMx_SMCR 的相关位来设置。CK_INT 时钟是从 APB1 倍频来的，在 STM32 中除非 APB1 的时钟分频数设置为 1，否则通用定时器 TIMx 的时钟是 APB1 时钟的 2 倍。当 APB1 的时钟不分频时，通用定时器 TIMx 的时钟就等于 APB1 的时钟。要注意的是，高级定时器的时钟不是来自 APB1，而是来自 APB2。

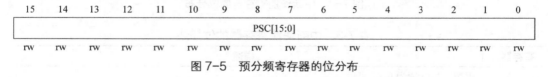

图 7-5 预分频寄存器的位分布

表 7-4 预分频寄存器的位描述

寄存器位	描述
15:0	PSC[15:0]：预分频器的值计数器的时钟频率 CK_CNT 等于 fCK_PSC/（PSC[15:0]+1）。 PSC 包含了当更新事件产生时装入当前预分频器寄存器的值,fCK_PSC 是输入到预分频器的时钟频率

7.2.4 计数器（TIMx_CNT）

该寄存器复位值为 0x0000，是一个 16 位的寄存器，位 15～0 可读写，如图 7-6 所示，其位描述如表 7-5 所示。该寄存器存储了当前定时器的数值。通用定时器有以下 3 种模式。

（1）向上计数模式：计数器从 0 计数到自动加载值（TIMx_ARR），然后重新从 0 开始计数并且产生一个计数器溢出事件。

（2）向下计数模式：计数器从自动装入的值（TIMx_ARR）开始向下计数到 0，然后从自动装入的值重新开始，并产生一个计数器向下溢出事件。

（3）中央对齐模式（向上/向下计数）：计数器从 0 开始计数到（自动装入的值−1），产生一个计数器溢出事件，然后向下计数到 1 并且产生一个计数器向下溢出事件，然后再从 0 开始重新计数。

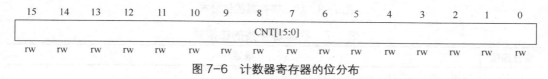

图 7-6　计数器寄存器的位分布

表 7-5　计数器寄存器的位描述

寄存器位	描述
15:0	CNT[15:0]：计数器的值

7.2.5　自动重装载寄存器(TIMx_ARR)

该寄存器复位值为 0x0000，是一个 16 位的寄存器，位 15～0 可读写，如图 7-7 所示，其位描述如表 7-6 所示。该寄存器在物理上实际对应着 2 个寄存器：一个是程序员可以直接操作的；另一个是程序员看不到的，这个看不到的寄存器被称为影子寄存器。真正起作用的是影子寄存器。根据寄存器 TIMx_CR1 中的 APRE 位来进行设置：当 APRE=0 时，预装载寄存器的内容可以随时传送到影子寄存器，此时两者是连通的；当 APRE=1 时，在每一次更新事件（UEV）时，才把预装在寄存器的内容传送到影子寄存器。

图 7-7　自动重装载寄存器的位分布

表 7-6　自动重装载寄存器的位描述

寄存器位	描述
15:0	ARR[15:0]：自动重装载的值。ARR 是将要装载入实际的自动重装载寄存器的数值。当自动重装载的值为空时，计数器不工作

7.2.6　状态寄存器 (TIMx_SR)

该寄存器复位值为 0x0000，是一个 16 位的寄存器，位 15～13 保留，其余位 15～0 可读写，如图 7-8 所示，其位描述如表 7-7 所示。该寄存器可用来标记当前与定时器相关的各种事件/中断是否发生。

图 7-8 状态寄存器的位分布

表 7-7 状态寄存器的位描述

寄存器位	描述
15:13	保留，始终读为 0
12	CC4OF：捕获/比较 4 过捕获标记，参见 CC1OF 描述
11	CC3OF：捕获/比较 3 过捕获标记，参见 CC1OF 描述
10	CC2OF：捕获/比较 2 过捕获标记，参见 CC1OF 描述
9	CC1OF：捕获/比较 1 过捕获标记。仅当相应的通道被配置为输入捕获时，该标记可由硬件置 1，清 0 可清除此位。 0：无过捕获产生。1：当 CC1IF 置 1 时，计数器的值已经被捕获到寄存器 TIMx_CCR1
8:7	保留，始终读为 0
6	TIF：触发器中断标记。当发生触发事件（当从模式控制器处于除门控模式外的其他模式时，在 TRGI 输入端检测到有效边沿，或门控模式下的任一边沿）时，由硬件对该位置 1，由软件清 0。 0：无触发器事件产生。1：触发器中断等待响应
5	保留，始终读为 0
4	CC4IF：捕获/比较 4 中断标记，参考 CC1IF 描述
3	CC3IF：捕获/比较 3 中断标记，参考 CC1IF 描述
2	CC2IF：捕获/比较 2 中断标记，参考 CC1IF 描述
1	CIIF：捕获/比较 1 中断标记。如果通道 CC1 配置为输出模式，当计数器值与比较值匹配时该位由硬件置 1，但中心对称模式下除外（参考寄存器 TIMx_CR1 的 CMS 位），由软件清 0。 0：无匹配发生。 1：TIMx_CNT 的值与 TIMx_CCR1 的值匹配。 如果通道 CC1 配置为输入模式：当捕获事件发生时该位由硬件置 1，它由软件清 0 或通过 TIMx_CCR1 清 0。 0：无输入捕获产生。 1：输入捕获产生并且计数器值已装入 TIMx_CCR1（在 IC1 上检测到与所选极性相同的边沿）
0	UIF：更新中断标记。当产生更新事件时，该位由硬件置 1，由软件清 0。 0：无更新事件产生。 1：更新事件等待响应。 当寄存器被更新时该位由硬件置 1：若寄存器 TIMx_CR1 的 UDIS=0，当 REP_CNT=0 时产生更新事件（重复向下计数器上溢出或下溢出时）；若寄存器 TIMx_CR1 的 UDIS=0、URS=0，当寄存器 TIMx_EGR 的 UG=1 时产生更新事件（软件对 CNT 重新初始化）；若寄存器 TIMx_CR1 的 UDIS=0、URS=0，当 CNT 被触发事件重初始化时产生更新事件

7.3 固件库中定时器的相关内容

7.3.1 固件库中定时器的结构体

在标准库函数头文件 stm32f10x_tim.h 中，对定时器外设建立了 4 个初始化结构体。当 STM32 的定时器使用基本的定时功能时，需要初始化 TIM_TimeBaseInitTypeDef 结构体，并对其各个成员进行赋值，下面对其进行介绍。

结构体定义代码如下。

```
typedef struct
{
    u16 TIM_Period;
    u16 TIM_Prescaler;
    u8 TIM_ClockDivision;
    u16 TIM_CounterMode;
}TIM_TimeBaseInitTypeDef;
```

其中 TIM_Period 为定时器周期，设置了在下一个更新事件装入活动的自动重装载寄存器周期的值，取值在 0x0000 和 0xFFFF 之间；TIM_Prescaler 设置了用来作为 TIMx 时钟频率除数的预分频值；TIM_ClockDivision 设置了时钟分割，设置定时器时钟（CK_INT）频率与数字滤波器使用的采样频率之间的分频比例，可用在与输入捕获相关的场合；TIM_CounterMode 选择计数器模式，是向上计数、向下计数或者中央对齐方式。

定时时间由 TIM_Time_BaseInitTypeDef 中的 TIM_Prescaler 和 TIM_Period 设定。TIM_Period 的大小实际上表示的是需要经过 TIM_Period 次计数后才会发生一次更新或中断。TIM_Prescaler 是时钟预分频数。

设系统时钟脉冲频率为 TIMxCLK，定时公式则为：

```
T =(TIM_Period + 1)*(TIM_Prescaler + 1)/TIMxCLK
```

下面举例说明其使用方法。

假设系统时钟频率是 72MHz，时钟系统部分初始化程序如下：

```
TIM_TimeBaseStructure.TIM_Prescaler =35999//分频 35999
TIM_TimeBaseStructure.TIM_Period=1999//计数值 1999
```

则定时时间为：

```
T =(TIM_Period + 1)*(TIM_Prescaler + 1)/TIMxCLK
=(1999+1)*(35999+1)/ 72000000 = 1s
```

读者可以根据以上实例自由配置定时时间。

7.3.2 固件库中定时器的相关库函数

1. 使能或者失能 TIMx 外设

- ❑ 函数原型：void TIM_Cmd(TIM_TypeDef* TIMx, FunctionalState NewState)。
- ❑ 函数参数：TIMx，x 可以是 2、3、4，用于选择 TIM 外设；NewState，外设 TIMx 的新状态，ENABLE 或者 DISABLE。
- ❑ 例：
  ```
  TIM_Cmd(TIM2, ENABLE);
  ```

2. 使能或者失能指定的 TIMx 中断

- ❑ 函数原型：void TIM_ITConfig(TIM_TypeDef* TIMx, u16 TIM_IT, FunctionalState NewState)。
- ❑ 函数参数：TIMx，x 可以是 2、3 或 4，用于选择 TIM 外设（MDK 中 3.5.0 版本固件库中可以为 1～17）；TIM_IT，待使能或者失能的 TIM 中断源；NewState，TIMx 中断的新状态，可以取 ENABLE 或者 DISABLE。
- ❑ 例：
  ```
  TIM_ITConfig(TIM2, TIM_IT_Update, ENABLE); /* 使能 TIM2 更新中断*/
  ```
- ❑ TIM_IT 中断源的宏定义如表 7-8 所示。

表 7-8 TIM_IT 中断源的宏定义

TIM_IT 的取值	描述
TIM_IT_Update	TIM 更新中断源
TIM_IT_CC1	TIM 捕获/比较 1 中断源
TIM_IT_CC2	TIM 捕获/比较 2 中断源
TIM_IT_CC3	TIM 捕获/比较 3 中断源
TIM_IT_CC4	TIM 捕获/比较 4 中断源
TIM_IT_Trigger	TIM 触发中断源

3. 检查指定的 TIM 标志位设置与否

- ❑ 函数原型：FlagStatus TIM_GetFlagStatus (TIM_TypeDef* TIMx, u16 TIM_FLAG)。
- ❑ 函数参数：TIMx，x 可以是 2、3 或者 4，用于选择 TIM 外设（MDK 中 3.5.0 版本固件库中可以为 1～17）；TIM_FLAG，待检查的 TIM 标志位；返回值，TIM_FLAG 的新状态（SET 或者 RESET）。

- 例：

```
if (TIM_GetFlagStatus(TIM2, TIM_FLAG_CC1) == SET) /* 检查捕获标志位 */
```

- TIM_FLAG 标志位的宏定义如表 7-9 所示。

表 7-9 TIM_FLAG 标志位的宏定义

TIM_FLAG 的取值	描述
TIM_FLAG_Update	TIM 更新标志位
TIM_FLAG_CC1	TIM 捕获/比较 1 标志位
TIM_FLAG_CC2	TIM 捕获/比较 2 标志位
TIM_FLAG_CC3	TIM 捕获/比较 3 标志位
TIM_FLAG_CC4	TIM 捕获/比较 4 标志位
TIM_FLAG_Trigger	TIM 触发标志位
TIM_FLAG_CC1OF	TM 捕获/比较 1 溢出标志位
TIM_FLAG_CC2OF	TIM 捕获/比较 2 溢出标志位
TIM_FLAG_CC3OF	TIM 捕获/比较 3 溢出标志位
TIM_FLAG_CC4OF	TIM 捕获/比较 4 溢出标志位

4. 清除 TIMx 的待处理标志位

- 函数原型：void TIM_ClearFlag(TIM_TypeDef* TIMx, u32 TIM_FLAG)。
- 函数参数：TIMx，x 可以是 2，3 或者 4，用于选择 TIM 外设；TIM_FLAG，待清除的 TIM 标志位，如表 7-9 所示。
- 例：

```
TIM_ClearFlag(TIM2, TIM_FLAG_Update); /* Clear the TIM2 定时中断标志位 */
```

5. 清除 TIMx 的中断待处理位

- 函数原型：void TIM_ClearITPendingBit (TIM_TypeDef* TIMx, u16 TIM_IT)。
- 函数参数：TIM_IT，待检查的 TIM 中断待处理位，如表 7-8 所示。
- 例：

```
TIM_ClearITPendingBit(TIM2, TIM_IT_CC1);//清楚定时器 2 中断捕获挂起
```

7.3.3 利用固件库设置通用定时器方法

接下来以使用通用定时器 2 为例，介绍其使用方法。

与 GPIO 中外部中断的使用方法相同，首先要调用 RCC_APB1PeriphClockCmd()函数使能

定时器使用，然后通过嵌套中断向量控制器 NVIC 配置其优先级及中断号，接下来参考 7.3.1 小节内容，根据定时长短需要配置定时器分频值及周期，其中重点在于中断内容的设置，下面进行讲解。

TIM2 中断通道在表 6-10 中的序号为 28，优先级为 35。TIM2 能够引起中断的中断源或事件有很多，如更新事件（上溢出/下溢出）、输入捕获、输出匹配、DMA 申请等。所有 TIM2 的中断事件都是通过一个 TIM2 中断通道向 Cortex-M3 内核提出中断请求的。Cortex-M3 内核对于每个外部中断通道都有相应的控制字和控制位，可用于控制该中断通道。与 TIM2 中断通道相关的，在 NVIC 中可以进行中断通道允许，中断通道清 0（相当于禁止中断），中断通道 Pending 位置 1，中断 Pending 位清 0，正在被服务的中断（Active）标志位等。

TIM2 的中断过程如下所述。

❑ 在初始化过程中，首先要设置系统中的抢占优先级和响应优先级的个数（在 4 位中占用的位数）；设置 TIM2 寄存器允许相应的中断，如允许 UIE（TIM2_DIER 的第[0]位）；设置 TIM2 中断通道的抢占优先级和响应优先级；设置允许 TIM2 中断通道。

❑ 在中断响应过程中，当 TIM2 的 UIE 条件成立（更新、上溢出或下溢出）时，硬件将 TIM2 本身的寄存器中的 UIF 中断标志位置 1，然后通过 TIM2 中断通道向内核申请中断服务。此时内核硬件将 TIM2 中断通道的 Pending 标志位置 1，表示 TIM2 有中断请求。如果当前有中断正在处理，TIM2 的中断级别不够高，那么就保持 Pending 标志位（当然用户可以在软件中通过写寄存器 ICPR 中相应的位将本次中断清 0）。当内核有空时，开始响应 TIM2 的中断，进入 TIM 的中断服务。此时硬件将寄存器中相应的标志位置 1，表示 TIM2 中断正在被处理。同时硬件清除 TIM2 的 Pending 标志位。

❑ 执行 TIM2 的中断服务程序的所有 TIM2 的中断事件都是在一个 TIM2 中断服务程序中完成的，所以进入中断程序后，中断程序需要首先判断是哪个 TIM2 的中断源需要服务，然后转移到相应的服务代码段。注意，不要忘记把该中断源的中断标志位清 0，硬件是不会自动清除 TIM2 寄存器中具体的中断标志位的。如果 TIM2 本身的中断源多于 2 个，那么它们服务的先后次序就由用户编写的中断服务程序决定。所以用户在编写服务程序时，应该根据实际的情况和要求，通过软件的方式，将重要的中断优先处理。

❑ 中断返回内核执行完中断服务程序后，便进入中断返回过程。在这个过程中，硬件将寄存器中相应的标志位清 0，表示该中断处理完成。如果 TIM2 本身还有中断标志位置 1，表示 TIM2 还有中断在申请，则重新将 TIM2 的 Pending 标志位置 1，等待再次进入 TIM2 的中断服务。

❑ TIM2 中断服务函数 TIM2_IRQHandler()，详见第 6 章。

7.3.4 范例 11：利用通用定时器进行精确定时

在下面的实例中，通过定时器 2 实现定时，然后在主程序中调用，实现 LED 灯每隔 1 秒闪亮一次，模拟交通灯定时闪烁过程。

```c
#include "stm32f10x.h"
void RCC_Configuration(void);
void GPIO_Configuration(void);
void NVIC_Configuration(void);
void TIM2_Configuration(void);
/***********************************************************************
* FunctionName   : RCC_Configuration()
* Description    : 初始化 GPIO 和定时器时钟
* EntryParameter : None
* ReturnValue    : None
***********************************************************************/
void RCC_Configuration()
{
    RCC_APB1PeriphClockCmd(RCC_APB1Periph_TIM2,ENABLE);
    RCC_APB2PeriphClockCmd(RCC_APB2Periph_GPIOB,ENABLE);
}
/***********************************************************************
* FunctionName   : GPIO_Configuration()
* Description    : 初始化用到的端口
* EntryParameter : None
* ReturnValue    : None
***********************************************************************/
void GPIO_Configuration() /*GPIO初始化，PB输出*/
{
  GPIO_InitTypeDef  GPIO_InitStructure;
  GPIO_InitStructure.GPIO_Pin = GPIO_Pin_0|GPIO_Pin_1|GPIO_Pin_2|GPIO_Pin_3;
  GPIO_InitStructure.GPIO_Speed = GPIO_Speed_50MHz;
  GPIO_InitStructure.GPIO_Mode = GPIO_Mode_Out_PP;
  GPIO_Init(GPIOB, &GPIO_InitStructure);
}
/***********************************************************************
* FunctionName   : NVIC_Configuration()
* Description    : 初始化定时器中断优先级
* EntryParameter : None
* ReturnValue    : None
***********************************************************************/
void NVIC_Configuration()
{
    NVIC_PriorityGroupConfig(NVIC_PriorityGroup_2);
```

```
    NVIC_InitTypeDef NVIC_InitStructure;
    NVIC_InitStructure.NVIC_IRQChannel = TIM2_IRQn;
    NVIC_InitStructure.NVIC_IRQChannelPreemptionPriority = 2;//抢占式优先级
    NVIC_InitStructure.NVIC_IRQChannelSubPriority = 0; //响应优先级
    NVIC_InitStructure.NVIC_IRQChannelCmd = ENABLE;
    NVIC_Init(&NVIC_InitStructure);
}
/*****************************************************************************
* FunctionName   : TIM2_Configuration()
* Description    : 初始化定时器
* EntryParameter : T=(period+1)*(prescaler+1)/APB1-Frequency
* ReturnValue    : None
*****************************************************************************/
void TIM2_Configuration()
{
  TIM_TimeBaseInitTypeDef  TIM_TimeBaseStructure;
  TIM_TimeBaseStructure.TIM_Period = 35999;
  TIM_TimeBaseStructure.TIM_Prescaler = 1999;
  TIM_TimeBaseStructure.TIM_ClockDivision = 0x0;//捕获的时候用到，一般都是 0
  TIM_TimeBaseStructure.TIM_CounterMode = TIM_CounterMode_Up;
  TIM_TimeBaseInit(TIM2, &TIM_TimeBaseStructure);
  TIM_ClearFlag(TIM2, TIM_FLAG_Update);
  TIM_ITConfig(TIM2, TIM_IT_Update, ENABLE);
  TIM_Cmd(TIM2, ENABLE);
}
/*****************************************************************************
* FunctionName   : TIM2_IRQHandler()
* Description    : 中断服务函数
* EntryParameter : None
* ReturnValue    : None
*****************************************************************************/
void TIM2_IRQHandler(void)
{
    if(TIM_GetITStatus(TIM2,TIM_IT_Update) != RESET)
    {
        GPIOB->ODR ^= 1<<0;
        TIM_ClearITPendingBit(TIM2,TIM_FLAG_Update);
    }
}


/*****************************************************************************
* FunctionName   : main ()
* Description    : 主函数
```

```
 * EntryParameter : None
 * ReturnValue    : None
 ***********************************************************************/
int main()
{
  RCC_Configuration();/* 配置系统时钟 */
  NVIC_Configuration();/* 配置 NVIC*/
  GPIO_Configuration();/* 配置 GPIO 初始化 */
  TIM2_Configuration();/* 配置 TIM2 定时器 */
  GPIOB->ODR = 0xffff; /* LED 灯全灭 */
  while(1);
}
```

7.4 PWM 原理

7.4.1 什么是 PWM

脉冲宽度调制（PWM），是英文"Pulse Width Modulation"的缩写，简称脉宽调制，是利用微处理器的数字输出对模拟电路进行控制的一种非常有效的技术，广泛应用在从测量、通信到功率控制与变换的许多领域中。通过高分辨率计数器、方波的占空比被调制来对一个具体模拟信号的电平进行编码。PWM 信号仍然是数字的，因为在给定的任何时刻，满幅值的直流电压要么完全有（On），要么完全无（Off）。电压或电流源是以一种通（On）或断（Off）的重复脉冲序列被加到模拟负载上去的。通的时候即直流电压被加到负载上的时候，断的时候即直流电压被断开的时候。只要带宽足够，任何模拟值都可以使用 PWM 进行编码。简而言之，PWM 是一种对模拟信号电平进行数字编码的方法。

占空比就是高电平所占整个周期的时间，如图 7-9 所示。第一个 PWM 信号，周期为 10ms，高电平的时间为 4ms，所以占空比为 40%，同理第二个 PWM 信号的占空比为 60%，第三个 PWM 信号的占空比为 80%。

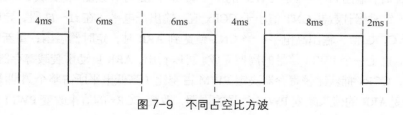

图 7-9　不同占空比方波

如图 7-10 所示，调节占空比实际上相当于调节有效值，不同占空比的 PWM 信号的有效值是不同的。PWM 信号的输出其实就是对外输出脉宽可调（占空比调节）的方波信号。PWM 信号的频率是周期的倒数，所以说图 7-9 所示的 PWM 信号的周期为 1/0.01，也就是 100Hz。改变 PWM 信号的频率是通过改变整个周期实现的。通过改变高低电平总共的时间、改变高电平占总周期的比例就可以得到任意频率、任意占空比的 PWM 信号。基于以上特点，PWM 技术能够广泛地应用于电机调速、功率调制、PID 调节、通信等领域。

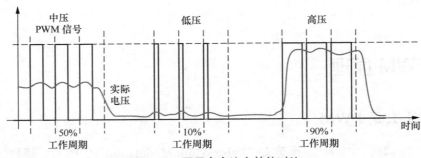

图 7-10　不同占空比有效值对比

7.4.2　STM32 单片机如何产生 PWM 信号

利用 STM32 单片机产生 PWM 信号，配置简单、抗干扰能力强。在 STM32F1 中，除了基本定时器 TIM6 和 TIM7，其他定时器都可以产生 PWM 输出信号。其中高级定时器 TIM1 和 TIM8 可以同时产生多达 7 路的 PWM 输出信号，通用定时器也可以同时产生多达 4 路的 PWM 输出信号。信号频率由自动重装载寄存器 ARR 的值决定，占空比由比较寄存器 CCRx 的值决定。

如图 7-11 所示，ARR 为自动重装载寄存器，CCRx 为捕获/比较寄存器，CNT 就是定时器的计数器，CNT 的值从 0 开始递增。当 CNT 的值小于 CCRx 时，输出低电平；当 CNT 的值大于 CCRx 时，输出高电平。在 PWM 的一个周期内，定时计数器 CNT 从 0 开始向上计数，在 0~t1 段，定时器计数器 CNT 值小于 CCRx 值，输出低电平；在 t1~t2 段，定时器计数器 CNT 值大于 CCRx 值，输出高电平；当 CNT 值达到 ARR 时，定时器溢出；重新向上计数，循环此过程，直至一个 PWM 信号的周期完成。可以看出，ARR 自动重装载寄存器决定 PWM 信号的周期，CCRx 捕获比较寄存器决定 PWM 占空比（高低电平所占整个周期比例）。所以可以通过改变 ARR 的值来改变 PWM 信号的周期，改变 CCRx 的值来改变 PWM 信号的占空比，从而实现任意频率、任意占空比的 PWM 信号。若重装载寄存器 ARR 被配置为 N，CCRx 预先存储的数值为 A，则得到的输出脉冲周期就为重装载寄存器 ARR 存储的数值（$N+1$）乘以触发脉冲的时钟周期，其脉冲宽度则为比较寄存器 CCRx 的值 A 乘以触发脉冲的时钟周期，即输出 PWM 信号的占空比为 $A/(N+1)\times100\%$。

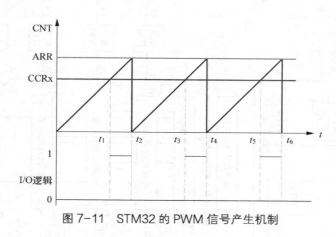

图 7-11　STM32 的 PWM 信号产生机制

通过寄存器 ARR、CCR 和 CNT 讲述了 PWM 产生的基本原理，具体反映到输出引脚上，还需要经过输出控制才能完成。

7.4.3　STM32 单片机 PWM 信号输出控制

如图 7-12 所示，在右下部分，当定时计数器 TIMx_CNT 的值与比较寄存器 TIMx_CCRx 的值相等的时候，输出参考信号 OCxREF 的信号的极性就会改变，其中 OCxREF=1（高电平）称为有效电平，OCxREF=0（低电平）称为无效电平，并且会产生比较中断 CCxI，相应的标志位 CCxIF（SR 寄存器中）会置 1。然后 OCxREF 经过一系列的控制之后就成为真正的输出信号 OCx，进而反映在外部输出引脚上。

7.4.4　PWM 信号的输出引脚控制

在 STM32 上，不是每一个 I/O 引脚都可以直接用于 PWM 信号输出，因为在硬件上已经规定了用某些引脚来连接 PWM 信号的输出引脚。TIM1 重映射引脚分布如表 7-10 所示。

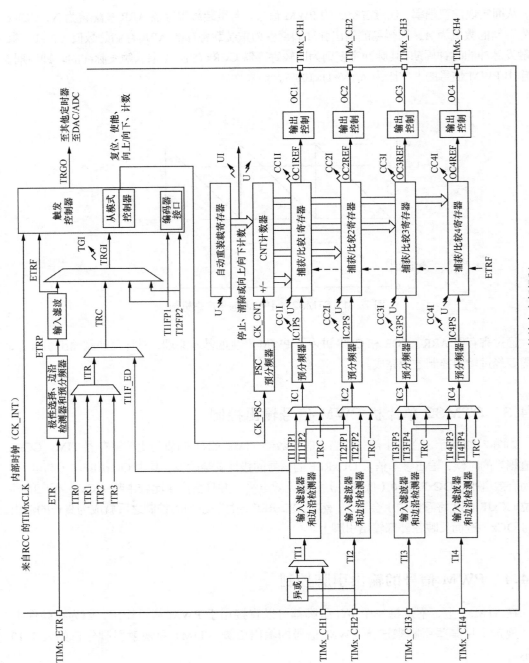

图 7-12 比较输出内部机制

表 7-10 TIM1 重映射引脚分布

复用功能	TIM1_REMAP[1:0] = 00（没有重映射）	TIM1_REMAP[1:0]= 01（部分重映射）	TIM1_REMAP[1:0]=11（完全重映射）
TIM1_ETR	PA12		PE7
TIM1_CH1	PA8		PE9
TIM1_CH2	PA9		PE11
TIM1_CH3	PA10		PE13
TIM1_CH4	PA11		PE14
TIM1_BKIN	PB12	PA6	PE15
TIM1_CH1N	PB13	PA7	PE8
TIM1_CH2N	PB14	PB0	PE10
TIM1_CH3N	PB15	PB1	PE12

TIM2 重映射引脚分布如表 7-11 所示。

表 7-11 TIM2 重映射引脚分布

复用功能	TIM2_REMAP[1:0]=00（没有重映射）	TIM2_REMAP[1:0]=01（部分重映射 1）	TIM2_REMAP[1:0]=10（部分重映射 2）	TIM2_REMAP[1:0]=11（完全重映射）
TIM2_CH1_ETR	PA0	PA15	PA0	PA15
TIM2_CH2	PA1	PB3	PA1	PB3
TIM2_CH3	PA2			PB10
TIM2_CH4	PA3			PB11

TIM3 重映射引脚分布如表 7-12 所示。

表 7-12 TIM3 重映射引脚分布

复用功能	TIM3_REMAP[1:0]=00（没有重映射）	TIM3_REMAP[1:0]=10（部分重映射）	TIM3_REMAP[1:0]=11（完全重映射）
TIM3_CH1	PA6	PB4	PC6
TIM3_CH2	PA7	PB5	PC7
TIM3_CH3	PB0		PC8
TIM3_CH4	PB1		PC9

TIM4 重映射引脚分布如表 7-13 所示。

表 7-13 TIM4 重映射引脚分布

复用功能	TIM4_REMAP[1:0]=00（没有重映射）	TIM4_REMAP[1:0]=10（部分重映射）
TIM4_CH1	PB6	PD12
TIM4_CH2	PB7	PD13
TIM4_CH3	PB8	PD14
TIM4_CH4	PB9	PD15

举例说明，如果使用 PA0、PA1、PB10、PB11 作为 TIM2 的输出，需要采用部分重映射 2，可以通过如下代码来实现。首先打开功能复用时钟，然后调用 GPIO_PinRemapConfig() 函数来进行重映射。

```
void GPIO_Configuration(void)
{
  RCC_APB1PeriphClockCmd(RCC_APB1Periph_TIM2, ENABLE);
  RCC_APB2PeriphClockCmd(RCC_APB2Periph_GPIOB|RCC_APB2Periph_AFIO, ENABLE);
  GPIO_PinRemapConfig(GPIO_PartialRemap2_TIM2,ENABLE);//部分重映射 2
}
```

关于重映射选项，我们在 **stm32f10x_gpio.h** 进行了定义，可以直接进行调用。

```
#define GPIO_PartialRemap1_TIM2   ((uint32_t)0x00180100)
#define GPIO_PartialRemap2_TIM2   ((uint32_t)0x00180200)
#define GPIO_FullRemap_TIM2       ((uint32_t)0x00180300)
```

7.5　PWM 相关寄存器的功能详解

7.5.1　捕获/比较模式寄存器（TIMx_CCMR1/2）

该寄存器总共有 2 个，TIMx_CCMR1 和 TIMx_CCMR2。TIMx_CCMR1 控制 CH1 和 CH2，而 TIMx_CCMR2 控制 CH3 和 CH4。复位值为 0x0000，各位可读写。该寄存器可用于输入（捕获模式）或输出（比较模式），有些位在不同模式下的功能不同，所以把寄存器分为 2 层：上面一层 OCxx 描述了通道在输出模式下的功能，对应输出时的设置；而下面的 ICxx 描述了通道在输入模式下的功能，对应输入时的设置，如图 7-13 和图 7-14 所示。这里需要说明的是模式设置位 OCxM，此部分由 3 位组成，总共可以配置 7 种模式，若使用的是 PWM 模式，这 3 位必须设置为 110 或 111，这两种 PWM 模式的区别就是输出电平的极性相反。另外，CCxS 用于设置通道的方向（输入/输出），默认设置为 0，就是设置通道作为输出。

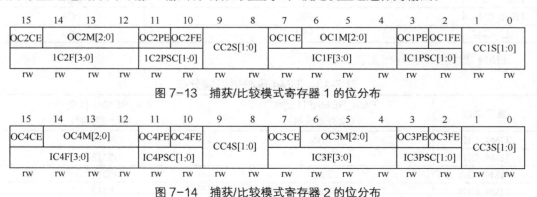

图 7-13　捕获/比较模式寄存器 1 的位分布

图 7-14　捕获/比较模式寄存器 2 的位分布

在 PWM 信号的产生过程中，需要使用捕获/比较模式寄存器的输出模式。捕获/比较模式寄存器 1 在输出模式下的位描述如表 7-14 所示。捕获/比较模式寄存器 2 的位描述与捕获/比较模式寄存器 1 的位描述类似，读者可参考二者的位分布进行理解。

表 7-14　捕获/比较模式寄存器 1 输出模式下的位描述

寄存器位	描述
15	OC2CE：输出比较 2 清 0 使能
14:12	OC2M[2:0]：输出比较 2 模式
11	OC2PE：输出比较 2 预装载使能
10	OC2FE：输出比较 2 快速使能
9:8	CC2S[1:0]：捕获/比较 2 选择，该位定义通道的方向（输入/输出）及输入引脚的选择。 00：CC2 通道被配置为输出。 01：CC2 通道被配置为输入，IC2 映射在 TI2 上。 10：CC2 通道被配置为输入，IC2 映射在 TI1 上。 11：CC2 通道被配置为输入，IC2 映射在 TRC 上。此模式仅工作在内部触发器输入被选中时（由寄存器 TIMx_SMCR 的 TS 位选择）。 注：CC2S 仅在通道关闭时（寄存器 TIMx_CCER 的 CC2E=0）才是可写的
7	OC1CE：输出比较 1 清 0 使能。 0：OC1REF 不受 ETRF 输入的影响。1：一旦检测到 ETRF 输入高电平，OC1REF 清 0
6:4	OC1M[2:0]：输出比较 1 模式。这 3 位定义了输出参考信号 OC1REF 的动作，而 OC1REF 决定了 OC1 的值。OC1REF 是高电平有效，而 OC1 的有效电平取决于 CC1P 位。 000：冻结。输出比较寄存器 TIMx_CCR1 与计数器 TIMx_CNT 间的比较对 OC1REF 不起作用。 001：匹配时设置通道 1 为有效电平。当计数器 TIMx_CNT 的值与捕获/比较寄存器 1（TIMx_CCR1）相同时，强制 OC1REF 为高电平。 010：匹配时设置通道 1 为无效电平。当计数器 TIMx_CNT 的值与捕获/比较寄存器 1（TIMx_CCR1）相同时，强制 OC1REF 为低电平。 011：翻转。当 TIMx_CCR1=TIMx_CNT 时，翻转 OC1REF 的电平。 100：强制为无效电平。强制 OC1REF 为低电平。 101：强制为有效电平。强制 OC1REF 为高电平。 110：PWM 模式 1，在向上计数时，一旦 TIMx_CNT < TIMx_CCR1 时，通道 1 为无效电平（OC1REF=0），否则为有效电平（OC1REF=1）。 111：PWM 模式 2，在向上计数时，一旦 TIMx_CNT<TIMx_CCR1 时，通道 1 为有效电平，否则为无效电平
3	OC1PE：输出比较 1 预装载使能。 0：禁止寄存器 TIMx_CCR1 的预装载功能，可随时写入寄存器 TIMx_CCR1，并且新写入的数值立即起作用。 1：开启寄存器 TIMx_CCR1 的预装载功能，读写操作仅对预装载寄存器操作，TIMx_CCR1 的预装载值在更新事件到来时被传送至当前寄存器
2	OC1FE：输出比较 1 快速使能，该位用于加快 CC 输出对触发器输入事件的响应。 0：根据计数器与 CCR1 的值，CC1 正常操作，即使触发器是打开的。当触发器的输入出现一个有效沿时，激活 CC1 输出的最小延时为 5 个时钟周期。

续表

寄存器位	描述
2	1：输入触发器的有效沿的作用就像发生了一次比较匹配。因此，OC 被设置为比较电平而与比较结果无关。采样触发器的有效沿和 CC1 输出间的延时被缩短为 3 个时钟周期。 该位只在通道被配置成 PWM1 或 PWM2 模式时起作用
1:0	CC1S[1:0]：捕获/比较 1 选择，这 2 位定义了通道的方向（输入/输出）及输入引脚的选择。 00：CC1 通道被配置为输出。 01：CC1 通道被配置为输入，IC1 映射在 TI1 上。 10：CC1 通道被配置为输入，IC1 映射在 TI2 上。 11：CC1 通道被配置为输入，IC1 映射在 TRC 上。此模式仅工作在内部触发器输入被选中时（由寄存器 TIMx_SMCR 的 TS 位选择）

7.5.2 捕获/比较使能寄存器（TIMx_CCER）

该寄存器控制着各个输入输出通道的开关、极性以及各个输入/输出通道的开关。该寄存器为 16 位寄存器，复位值为 0x0000，位 15、14、11、10、7、6、3、2 保留，其余各位可读写，如图 7-15 与表 7-15 所示。

15	14	13	12	11	10	9	8	7	6	5	4	3	2	1	0
保留		CC4P	CC4E	保留		CC3P	CC3E	保留		CC2P	CC2E	保留		CC1P	CC1E
		rw	rw			rw	rw			rw	rw			rw	rw

图 7-15　捕获/比较使能寄存器的位分布

表 7-15　捕获/比较使能寄存器的位描述

寄存器位	描述
15:14	保留，始终读为 0
13	CC4P：输入/捕获 4 输出极性，参考 CC1P 的描述
12	CC4E：输入/捕获 4 输出使能，参考 CC1E 的描述
11:10	保留，始终读为 0
9	CC3P：输入/捕获 3 输出极性，参考 CC1P 的描述
8	CC3E：输入/捕获 3 输出使能，参考 CC1E 的描述
7:6	保留，始终读为 0
5	CC2P：输入/捕获 2 输出极性，参考 CC1P 的描述
4	CC2E：输入/捕获 2 输出使能，参考 CC1E 的描述
3:2	保留，始终读为 0
1	CC1P：输入/捕获 1 输出极性。 CC1 通道配置为输出。 0：OC1 高电平有效。

续表

寄存器位	描述
1	1：OC1 低电平有效。 CC1 通道配置为输入：该位选择是 IC1 还是 IC1 的反相信号作为触发或捕获信号。 0：不反相，捕获发生在 IC1 的上升沿，当用作外部触发器时，IC1 不反相。 1：反相，捕获发生在 IC1 的下降沿，当用作外部触发器时，IC1 反相
0	CC1E：输入/捕获 1 输出使能。 CC1 通道配置为输出。 0：关闭，OC1 禁止输出。 1：开启，OC1 信号输出到对应的输出引脚。 CC1 通道配置为输入：该位决定了计数器的值是否能捕获到 TIMx_CCR1 寄存器。 0：捕获禁止。1：捕获使能

7.5.3 捕获/比较寄存器（TIMx_CCR1～TIMx_CCR4）

该寄存器总共有 4 个，对应 4 个通道 CH1～CH4。因为这 4 个寄存器都差不多，我们仅以 TIMx_CCR1 为例介绍，如图 7-16 和表 7-16 所示。

图 7-16 捕获/比较寄存器 1 的位分布

表 7-16 捕获/比较寄存器 1 的位描述

寄存器位	描述
15:0	CCR1[15:0]：捕获/比较 1 的值。 若 CC1 通道配置为输出，CCR1 包含了装入当前捕获/比较 1 寄存器的值（预装载值）。 如果在寄存器 TIMx_CCMR1（OC1PE 位）中未选择预装载特性，写入的数值会被立即传输至当前寄存器。否则只有当更新事件发生时，此预装载值才传输至当前捕获/比较 1 寄存器。当前捕获/比较寄存器参与同计数器 TIMx_CNT 的比较，并在 OC1 端口上产生输出信号。 若 CC1 通道配置为输入，CCR1 包含了由上一次输入捕获 1 事件（IC1）传输的计数器值

7.6 固件库中 PWM 的相关内容

7.6.1 PWM 功能的相关结构体

输出比较结构体 TIM_OCInitTypeDef 用于输出比较模式，TIM_OCInitTypeDef 定义于文件 stm32f10x_tim.h，与 TIM_OCxInit 函数配合使用，可完成指定定时器输出通道初始化配置。

通用定时器 PWM 有 4 个通道，使用时都必须单独设置。

```
typedef struct
{
  uint16_t TIM_OCMode;
  uint16_t TIM_OutputState;
  uint16_t TIM_OutputNState;
  uint32_t TIM_Pulse;
  uint16_t TIM_OCPolarity;
  uint16_t TIM_OCNPolarity;
  uint16_t TIM_OCIdleState;
  uint16_t TIM_OCNIdleState;
} TIM_OCInitTypeDef;
```

该结构体成员含义如下。

- ❑ TIM_OCMode：比较输出模式选择，总共有 8 种，常用的为 PWM1/PWM2。TIM_OCMode 的取值及描述如表 7-17 所示。它设定寄存器 CCMRx 的 OCxM[2:0]位的值。

表 7-17　TIM_OCMode 的取值及描述

TIM_OCMode 的取值	描述
TIM_OCMode_Timing	TIM 输出比较时间模式
TIM_OCMode_Active	TIM 输出比较主动模式
TIM_OCMode_Inactive	TIM 输出比较非主动模式
TIM_OCMode_Toggle	TIM 输出比较触发模式
TIM_OCMode_PWM1	TIM 脉冲宽度调制模式 1
TIM_OCMode_PWM2	TIM 脉冲宽度调制模式 2

- ❑ TIM_OutputState：比较输出使能，决定最终的输出比较信号 OCx 是否通过外部引脚输出。它设定寄存器 TIMx_CCER 的 CCxE/CCxNE 位的值。
- ❑ TIM_OutputNState：比较互补输出使能，决定 OCx 的互补信号 OCxN 是否通过外部引脚输出。它设定寄存器 CCER 的 CCxNE 位的值。
- ❑ TIM_Pulse：比较输出脉冲信号宽度，实际设定比较寄存器 CCR 的值，决定脉冲信号宽度，可设置范围为 0～65535。
- ❑ TIM_OCPolarity：比较输出极性，可选 OCx 为高电平有效或低电平有效，TIM_OCPolarity 的取值及描述如表 7-18 所示。它决定着定时器通道有效电平，也设定寄存器 CCER 的 CCxP 位的值。

表 7-18　TIM_OCPolarity 的取值及描述

TIM_OCPolarity 的取值	描述
TIM_OCPolarity_High	TIM 输出比较极性高
TIM_OCPolarity_Low	TIM 输出比较极性低

❑ **TIM_OCNPolarity**：比较互补输出极性，可选 OCxN 为高电平有效或低电平有效。它设定寄存器 TIMx_CCER 的 CCxNP 位的值。

❑ **TIM_OCIdleState**：空闲状态时通道输出电平设置，可选输出 1 或输出 0，即在空闲状态（BDTR_MOE 位为 0）时，经过死区时间后定时器通道输出高电平或低电平。它设定寄存器 CR2 的 OISx 位的值。

❑ **TIM_OCNIdleState**：空闲状态时互补通道输出电平设置，可选输出 1 或输出 0，即在空闲状态（BDTR_MOE 位为 0）时，经过死区时间后定时器互补通道输出高电平或低电平，设定值必须与 TIM_OCIdleState 相反。它设定寄存器 CR2 的 OISxN 位的值。

7.6.2　PWM 功能的相关库函数

1. 使能输出比较预装载库函数

❑ 函数原型：void TIM_OCxPreloadConfig(TIM_TypeDef* TIMx,uint16_t TIM_OCPreload)。

❑ 函数参数：TIMx，x 可以是 2、3、4，选择 TIM 外设；TIM_OCPreload，用于选择使能还是失能输出比较预装载寄存器，可为 TIM_OCPreload_Enable、TIM_OCPreload_Disable。

该函数用于设置使能寄存器 TIM_CCMR1 的 OC2PE 位，该位可开启/禁止寄存器 TIMx_CCR1 的预装载功能，即随时写入寄存器 TIMx_CCR1，并且新写入的数值立即起作用或在更新事件到来时被传送当当前寄存器。在定时器的输出比较模式下，寄存器 TIMx_CCRx 能够在任何时候通过软件进行更新以控制波形，这个通过软件写入控制波形的值是立即生效还是在定时器发生下一次更新事件时被更新，是由 TIM_OCxPreloadConfig(TIMx, TIM_OCPreload_Enable)函数决定的。

2. 使能 TIMx 在 ARR 上的预装载寄存器允许位库函数

❑ 函数原型：void TIM_ARRPreloadConfig(TIM_TypeDef* TIMx, FunctionalState NewState)。

❑ 函数参数：TIMx，x 可以是 2、3、4，用于选择 TIM 外设；NewState，用于选择使能还是失能。

该函数的作用只是允许或禁止在定时器工作时向 ARR 的缓冲器写入新值，以便在更新事件发生时载入覆盖以前的值。

3. 调节占空比库函数

❑ 函数原型：void TIM_SetCompare1(TIM_TypeDef* TIMx, uint32_t Compare1)。

❑ 函数参数：TIMx，x 可以是 2、3、4，用于选择 TIM 外设；Compare1，占空比数值。

此时应注意，Compare1 的值应小于 TIM_TimeBaseInitTypeDef 结构体中 TIM_Period 的数值。
对于其他通道，分别有对应的函数名，函数格式是 TIM_SetComparex（x=1/2/3/4）。

7.6.3　使用固件库设置 PWM 的方法

下面以使用定时器 2 的 PB10 和 PB11 引脚产生 PWM 信号为例，介绍利用通用定时器产生 PWM 信号的方法，具体使用步骤如下。

1．使能定时器和相关 I/O 时钟

使能定时器 2 时钟：RCC_APB1PeriphClockCmd();。
使能 GPIOB 时钟：RCC_APB2PeriphClockCmd();。

2．初始化 I/O 口为复用功能输出

PB10 和 PB11 输出 PWM（定时器 2 通道 3 和通道 4），需要开启复用时钟和使能部分重映射功能 2，代码如下：

```
GPIO_InitStructure.GPIO_Mode = GPIO_Mode_AF_PP;
RCC_APB2PeriphClockCmd(RCC_APB2Periph_AFIO,ENABLE);
GPIO_PinRemapConfig(GPIO_PartialRemap2_TIM2,ENABLE);
```

3．初始化定时器

设置重装载值 ARR 与分频系数 PSC 等。

4．初始化输出比较参数

初始化 TIM_OCInitTypeDef 结构体，然后调用 TIM_OC2Init()函数进行初始化。

5．使能预装载寄存器

调用 TIM_OC2PreloadConfig(TIM2, TIM_OCPreload_Enable)。

6．使能定时器

调用 TIM_Cmd()函数使能定时器。

7．改变占空比

通过不断改变比较值 CCRx，可以达到不同的占空比效果，寄存器 CCRx 的值的改变可以

通过固件库函数 TIM_SetComparex()来实现。

7.6.4　范例 12：三色彩灯控制

贴片三色 LED 实物如图 7-17 所示。其中三色是指红、绿、黄这 3 种颜色，通过组合颜色来达到显示不同颜色的目的。在一定的电流范围内（每种颜色的 LED 电流大小不同），电流的大小和亮度成正比。假设每个 LED 有 8 个挡位的电流强度（电流大小），就可以发出 $8^3=512$ 种颜色的光。例如，其中 RGY（红绿黄）电流的大小的编号为 008，为黄色；080 为绿色；800 为红色；888 为白色；000 为黑色（不亮）；333 为灰色。如果电流可以调制成任意大小（在 LED 线性范围内），就可以调出任意颜色。贴片三色 LED 原理及微控制器原理分别如图 7-18 和图 7-19 所示。

图 7-17　贴片三色 LED 实物

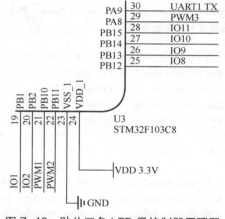

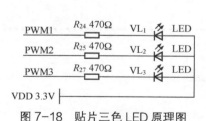

图 7-18　贴片三色 LED 原理图　　　图 7-19　贴片三色 LED 微控制器原理图

下面给出利用定时器 2 驱动三色彩灯的程序。

```c
#include "stm32f10x.h"// Device header
/*********************************************************************
* FunctionName   : RCC_Configuration()
* Description    : 初始化用到的端口时钟
* EntryParameter : None
* ReturnValue    : None
*********************************************************************/
void RCC_Configuration(void)
{
```

```
    RCC_APB1PeriphClockCmd(RCC_APB1Periph_TIM2, ENABLE);
    RCC_APB2PeriphClockCmd(RCC_APB2Periph_GPIOB|RCC_APB2Periph_AFIO,ENABLE);
}
/*****************************************************************************
 * FunctionName   : GPIO_Configuration()
 * Description    : 初始化用到的端口
 * EntryParameter : None
 * ReturnValue    : None
 *****************************************************************************/
void GPIO_Configuration(void)
{
    GPIO_InitTypeDef GPIO_InitStructure;
    GPIO_InitStructure.GPIO_Pin = GPIO_Pin_10 | GPIO_Pin_11;
    GPIO_InitStructure.GPIO_Mode = GPIO_Mode_AF_PP;
    GPIO_InitStructure.GPIO_Speed = GPIO_Speed_50MHz;
    GPIO_Init(GPIOB, &GPIO_InitStructure);
    GPIO_PinRemapConfig(GPIO_PartialRemap2_TIM2,ENABLE);//部分重映射 2, 使用的是 PA0、
PA1、PB10 和 PB11
    GPIO_PinRemapConfig(GPIO_Remap_SWJ_JTAGDisable, ENABLE);//禁止 JTAG 功能, 把 PB3、
PB4 作为普通 I/O 口使用
}
/*****************************************************************************
 * FunctionName   : TIM_Configuration()
 * Description    : 初始化定时器
 * EntryParameter : None
 * ReturnValue    : None
 *****************************************************************************/
void TIM_Configuration(void)
{
    TIM_TimeBaseInitTypeDef  TIM_TimeBaseStructure;
    TIM_TimeBaseStructure.TIM_Period = 999;
    TIM_TimeBaseStructure.TIM_Prescaler = 0;
    TIM_TimeBaseStructure.TIM_ClockDivision = 0;
    TIM_TimeBaseStructure.TIM_CounterMode = TIM_CounterMode_Up;
    TIM_TimeBaseInit(TIM2, &TIM_TimeBaseStructure);
}
/*****************************************************************************
 * FunctionName   : PWM_Configuration()
 * Description    : 初始化 PWM
 * EntryParameter : None
 * ReturnValue    : None
 *****************************************************************************/
void PWM_Configuration(void)
```

```
{
    TIM_OCInitTypeDef  TIM_OCInitStructure;
    uint16_t CCR3_Val = 500;
    uint16_t CCR4_Val = 250;
    TIM_OCInitStructure.TIM_OCMode = TIM_OCMode_PWM1;
    TIM_OCInitStructure.TIM_OCPolarity = TIM_OCPolarity_High;
    TIM_OCInitStructure.TIM_OutputState = TIM_OutputState_Enable;
    TIM_OCInitStructure.TIM_Pulse = CCR3_Val;
    TIM_OC3Init(TIM2, &TIM_OCInitStructure);
    TIM_OC3PreloadConfig(TIM2, TIM_OCPreload_Enable);
    TIM_OCInitStructure.TIM_OutputState = TIM_OutputState_Enable;
    TIM_OCInitStructure.TIM_Pulse = CCR4_Val;
    TIM_OC4Init(TIM2, &TIM_OCInitStructure);
    TIM_OC4PreloadConfig(TIM2, TIM_OCPreload_Enable);
    TIM_ARRPreloadConfig(TIM2, ENABLE);
    TIM_Cmd(TIM2, ENABLE);
}
/*************************************************************************
* FunctionName   : main()
* Description    : 主函数
* EntryParameter : None
* ReturnValue    : None
*************************************************************************/
int main(void)
{
    RCC_Configuration();
    GPIO_Configuration();
    TIM_Configuration();
    PWM_Configuration();
    while(1);
}
```

7.7　习题与巩固

1. 填空题

（1）　STM32F103 单片机的定时器共有_____个。

（2）　STM32 单片机的定时器都是_____位。

（3）　TIM2～TIM7 挂在_____总线上，最大工作频率是_____。

（4）　PWM 信号的输出其实就是对外输出脉宽可调（占空比调节）的方波信号，信号频率由_____的值决定，占空比由_____的值决定。

（5）引脚功能重映射函数的名称是_____。

（6）在 TIM_OCInitTypeDef 结构体中，决定占空比的成员是_____。

（7）如果要控制 PWM 信号的占空比，可以修改_____寄存器的值，或者调用库函数_____。

2. 简答题

（1）简述 STM32 系列处理器定时计数器的基本原理。

（2）简述 STM32 系列处理器定时计数器能实现的基本功能。

（3）简述 STM32 系列处理器定时计数器的寄存器，完成各功能的配置。

（4）简述 STM32 系列处理器定时计数器的中断。

（5）简述 PWM 信号产生的原理。

（6）简述占空比。

3. 程序填空题

利用 TIM2 定时器进行精确定时，定时时间是 1 秒，请填写答案。

```
void TIM2_Configuration()
{
    TIM_TimeBaseInitTypeDef   TIM_TimeBaseStructure;
    TIM_TimeBaseStructure.TIM_Period = ();
    TIM_TimeBaseStructure.TIM_Prescaler = 3600-1;
    TIM_TimeBaseStructure.TIM_ClockDivision = 0x0;
    TIM_TimeBaseStructure.TIM_CounterMode = TIM_CounterMode();
    TIM_TimeBaseInit(TIM2, &TIM_TimeBaseStructure);
    TIM_ClearFlag(TIM2, ());
    TIM_ITConfig(TIM2, (), ());
    TIM_Cmd(TIM2, ());
}
```

第**8**章
STM32 单片机的串行通信

本章导读

1. 主要内容

随着多机系统的广泛应用和网络技术的普及，通过通信就能够实现信息交换、资源共享、协同工作的目标。串行通信是指使用一条数据线，将数据一位一位地依次传输，每一位数据占据一个固定的时间长度。通信时只需要少数几条线就可以在系统间交换信息，特别适用于计算机与计算机、计算机与外设等之间的远距离通信。异步串行通信是主机与外部硬件设备的常用通信方式。

本章主要介绍串行通信的基本概念、RS-232C 总线标准；STM32 系列处理器串行通信接口的特性、引脚、相关寄存器；STM32 系列处理器 UART 的中断与中断服务函数的编写；通过具体范例讲解加深读者对学习内容的理解。

2. 总体目标

（1）了解串行通信的基本概念、RS-232C 总线标准；

（2）理解 STM32 系列处理器串行通信接口的特性、引脚；

（3）掌握 STM32 系列处理器串行通信寄存器的配置；

（4）理解 STM32 系列处理器串行通信的中断；

（5）掌握 STM32 系列处理器串行通信的中断服务函数的编写。

3. 重点与难点

重点：理解 STM32 系列处理器串行通信接口的特性、引脚；掌握 STM32 系列处理器串行通信寄存器的配置；理解 STM32 系列处理器串行通信的中断；掌握 STM32 系列处理器串行通信的中断服务函数的编写。

难点：理解 STM32 系列处理器串行通信的中断；掌握 STM32 系列处理器串行通信的中

断服务函数的编写。

4．解决方案

在课堂会着重对范例进行剖析，并安排一个相应的实验，帮助及加深学生对内容的理解。

STM32 单片机内集成了通用同步/异步串行接收/发送接口（Universal Synchronous/Asynchronous Serial Receiver and Transmitter，USART）。该接口在嵌入式系统中是重要的应用接口，不仅可以应用于板级芯片之间的通信，还可以更多地应用在实现系统之间的通信和系统调试中。本章对其内容进行详细介绍。

8.1 串行通信的基本概念

8.1.1 数据通信方式

计算机与计算机之间以及计算机与其他外部设备之间的信息交换称为数据通信。数据通信方式有两种：并行传输方式和串行传输方式。

1．并行传输

并行传输是构成字节（8 位）的二进制代码在并行通道上同时传输的传输方式。并行传输时，一次读写操作完成 1 字节的传输，数据的读写由 CPU 的读写信号控制，收发双方的操作时序比较简单，不存在复杂的同步问题，而且速度快。这是并行传输的优点。

并行传输的缺点是需要并行通道，硬件线路连接复杂。如为 8031 单片机配置 8KB 数据存储器 RAM 的系统，并行扩展 SRAM 如图 8-1 所示。需要的硬件连线多达 26 根，其中地址线 14 根，数据线 8 根，读写控制线 2 根，地址锁存线 1 根，片选线信号线 1 根。单片机芯片为了减少引脚线，多采用地址线和数据线复用技术，所以需要增加地址锁存芯片、地址译码芯片等。并行传输的另外一个缺点是抗干扰能力差。在 PCB 上，这么多暴露的连线非常容易受到外界和空间信号的干扰。不管是数据总线还是地址总线，只要出现 1 位误差，系统就会崩溃。

尽管并行传输具有速度快的优点，但由于存在需要并行传输通道、线路成本高，以及高速数据传输时抗干扰能力差的缺点，因此并行传输方式不太适合远距离系统级的数据传输，通常只作为 PCB 级的应用。

早期的单片机，比如 MCS-51 系列单片机，尽管具备 64KB 程序空间和 64KB 数据空间的寻址能力，但片内程序存储器很小，数据存储器也只有 128B。因此，如果要使用 MCS-51 系列单片机构成单片机系统，就必须在外围扩展程序存储器和数据存储器芯片，这样并行接口就成为其主要的外围扩展方式。一旦系统使用了并行接口，那么除了可以实现程序存储器和数据存储器的扩展外，还可以方便地将其用于扩展并行外围设备接口芯片，把它们映射到数据地址空间中。可以看出，正是由于受到 MCS-51 本身的限制，导致在以 MCS-51 为核心的系统中只能采用并行传输为主的扩展方式。因此，在大部分以 MCS-51 为主线的教科书中，都是基于并行传输进行介绍的。

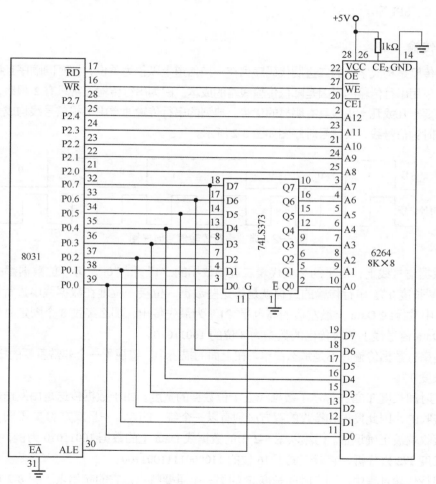

图 8-1 并行扩展 SRAM

随着技术的不断进步，新型单片机把程序存储器和更大容量的数据存储器 RAM 集成到了芯片内部，使其满足一般嵌入式系统的使用。由于不再需要在外部扩展程序存储器和数据存储器，且采用串行接口能满足各种应用，以及性能好和价格低廉的外围芯片的出现，这些新型单片机把对外的并行接口取消了，取而代之的是以串行外围总线接口为主的接口。这种变化，不仅极大地简化、方便了硬件系统的设计，也非常有效地提高了系统的抗干扰能力，使系统更加稳定。

STM32 单片机就是这种类型的新型单片机，它在片内集成了程序存储器和数据存储器，取消了外部并行接口，因为片内配备了更多的串行接口和更多的 GPIO 供用户使用。例如 UART、I²C、SPI 等。

2. 串行传输

串行传输是构成字符的二进制代码序列在一条信道上以位为单位，按时间顺序且按位传输的方式。采用串行传输的原因是降低传输线路的成本。因为串行传输通常只有 2 根线，比起并行传输需要十几或几十根线具有明显的优势。典型的串行传输通常由 2 根信号线构成——数据信号线和时钟信号线，其信号时序图如图 8-2 所示。

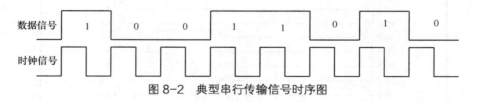

图 8-2 典型串行传输信号时序图

在数据信号线上，电平的高低代表二进制数据的"1"和"0"，每一位数据都占据一个"固定时间长度 T"。串行传输的过程就是将这些数据一位接一位地在数据线中进行传送。假设图 8-2 中数据线 Data 上最左边的高电平"1"为最先传出，那么经过 8 个固定时间长度 T 后，在 Data 信号线上依次传出的数据为 8 位的 10011010。

但是串行数据传输并不是那么简单。在上面的描述中，忽视了一个非常重要的概念："固定时间长度 T"。

固定时间长度 T 首先标示了数据线上 1 位数据的宽度。由于数据传送是由发送端发出、接收端接收的，因此发送和接收的双方必须有以一个统一的 T。一旦双方的 T 不同，数据就不能在接收端被正确识别。仍然以图 8-2 中的数据线 Data 上的数据 10011010 为例，如果用固定时间长度 T/2 去分析，它就变成了 16 位的 1100001111001100。

在串行传输过程中，固定时间长度 T 的另一个重要特点是它的起始点。图 8-2 中的信号线 Clk 上是一个脉冲序列方波，它的周期就是一个 T。如果以脉冲序列信号的上升沿处作为起始点去对应数据线上的电平，那么在每个周期中，数据线上的电平就会出现半周期为高，半周期为低的现象，此时就无法确定地识别数据为"1"或"0"。

通过上面的描述可以看出，在串行传输中，固定时间长度 T 是非常重要的，没有它就不能实现串行传输。这个固定时间长度 T 就是串行传输中所需要的重要信号：串行传输的同步时钟信号。

在串行传输中，发送端、接收端和信号线上的数据，三者都需要依靠同步时钟信号实现串行数据传送的同步。同步的含义表现在以下 3 个方面。

- ❑ 发送和接收双发的时钟信号相同，即周期相同，并且统一采用上升（或下降）沿作为起始点。
- ❑ 数据线上每个数据的宽度与时钟信号的周期相同。
- ❑ 数据线上每个数据的起始点与时钟信号的起始点相同。

在串行传输过程中，发送端按位发送，接收端按位接收，同时对所传输的字符加以确认，所以收发双方都要采取一定的同步措施，保证发送端和接收端同步。一旦不能同步，接收端将不能正确区分所传输的字符，失去数据传输的意义。

值得注意的是，在任何形式的串行传输和通信过程中，收发双方保持同步是实现正常的数据交换的必要条件，但在不同形式的串行传输和通信过程中，同步信号的产生及收发双方保持同步的方式是不同的，例如，在 I²C、SPI 传输规范中，定义了专用的同步信号线。同步串行通信示意如图 8-3 所示。

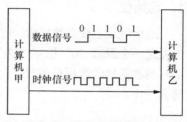

图 8-3　同步串行通信示意

而在 UART 的异步通信方式没有专用的同步信号线。因此，在学习和使用这些不同的串行接口时，需要先认真了解它们的接口规范和协议，掌握其是如何实现收发双方同步的，然后从底层硬件开始，逐步地掌握其工作过程。

8.1.2　异步传输的字符数据帧

前面讲述的串行通信方式需要通过时钟进行同步，而在 UART 的异步通信方式中，不需要通过时钟进行同步。下面对其进行介绍。

异步传输是一种面向字符的传输技术，它利用字符的再同步方式实现数据的发送和接收。在异步传输下，基本的数据传输单位是一个字符帧。异步传输的一个字符帧的组成方式称为该字符的数据帧格式。异步传输数据帧如图 8-4 所示。

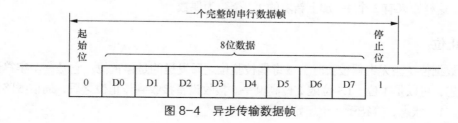

图 8-4　异步传输数据帧

异步传输的字符数据帧是由数据位加上同步位（开始位和结束位）以及用于验错的校验位这 3 部分组成的。

- ❑ 线路空闲时，数据线保持为逻辑 "1"，称为空闲状态。
- ❑ 数据帧由 1 位的逻辑 "0" 表示开始，该位称为 "起始位"。
- ❑ 在起始位后面跟着数据位，数据位的长度可以在 5～8 位进行选择，通常选择 8 位，低位在前。
- ❑ 数据位后是 1 位校验位。
- ❑ 数据帧的结束是由停止位决定的。停止位为逻辑 "1"，长度为 1 位或 2 位。

在实际应用中，异步传输数据帧的数据长度、校验位及停止位的长度等，是由用户根据实际情况选定的。通常，一个实际的数据帧中相关各位的使用方法和意义如下。

1. 起始位

通信线路上没有数据传送时一般处于逻辑 "1" 的状态。当发送设备有数据发送时，它首先发送一个逻辑 "0" 信号，这个逻辑低电平就是起始位。当接收设备检测到这个低电平后，就开始准备接收数据位信号。起始位所起的作用是同步作用，通信双方必须在传送数据位前协调同步。

2. 数据位

数据位紧跟在起始位之后，可用于传输数据。数据位的个数依据通信双方的约定可以是 5、6、7 或 8 位。低位在前，高位在后。通常采用 8 位数据位，可用于传送一字节数据。

3. 奇偶校验位

奇偶校验位位于数据位后，占 1 位，可用于表示串行传输中采用的校验方式。该位由用户根据需要决定，有 3 种选择：无、奇校验、偶校验。选择 "无" 表示不使用该位；选择 "奇校验"，就是让原有数据序列中，包括要加上的一位 1 的个数为奇数。例如 1000110（0），最后一位必须填 0，这样原来有 3 个 1 已经是奇数，添上 0 之后 1 的个数还是奇数。选择偶校验，就是让原有数据序列中，包括要加上的一位 1 的个数为偶数。例如 1000110（1），最后一位必须填 1，这样原来有 3 个 1，加上新填的 1，个数为偶数。

4. 停止位

在数据位（当无奇偶校验时）或奇偶校验位之后发送的是停止位。它是一个字符数据的结束标志，可以是 1 位、1.5 位或 2 位高电平。接收设备接收到停止位之后，通信线路便又恢复逻辑 "1" 状态，等待下一个起始位的到来。

在一般的典型应用中，异步传输的数据帧通常采用 1 位起始位、8 位数据位、无校验位、1 位停止位这样的格式，这样的一个数据帧长度为 10 位：1 位起始位、8 位数据位、1 位停止位。

串行传输中，发送端以数据帧为单位逐帧发送数据；接收端也以数据帧为单位，逐帧接收数据。两个相邻数据帧之间可以无空闲状态，也可以有空闲状态。因此异步串行通信的优点就是不需要传送专用的同步信号，数据帧之间的间隔长度不受限制，所需的设备简单；缺点是在数据帧中采用了起始位和停止位实现同步，因此降低了有效数据的传输速率。

8.1.3　异步通信

异步通信就是采用异步传输方式实现数据交换的一种通信方式。其主要特点表现如下。
- 在异步通信的发送端和接收端，通常由双方各自的时钟来控制数据的发送（发送端）及数据的接收（接收端），发送、接收双方的时钟彼此独立，互不同步。
- 发送端发送数据时，必须严格按照规定的异步传输数据帧的格式，一帧一帧地发送，通过传输通道由接收设备逐帧地接收。

那么，在异步通信中怎样实现数据同步呢？换句话说，发送端、接收端是依靠什么来协调数据的发送和接收的呢？其关键点在于，接收端如何才能正确地检测到发送端所发送的数据帧，并能准确地接收数据。除了依靠数据帧的格式外，这还需要另外一个重要的指标，那就是波特率。

8.1.4　波特率

波特率的定义为每秒钟传送二进制数码的位数（也叫比特率），单位是 bit/s。通常，异步通信所采用的标准波特率数值为 1200 的倍数，如 2400、4800、9600、19 200、38 400 等。

在异步通信中，发送和接收双方要实现正常的通信，必须采用相同的约定。首先必须约定好最底层的两个重要指标，即采用相同的波特率和相同的数据帧格式。

当异步通信的波特率和数据帧格式确定后，发送方就按照规定的数据帧格式、规定的位宽度发送数据帧。接收端则以传输线的空闲状态（逻辑"1"）为起点，不停地检测和扫描传输线。当检测到第一个逻辑"0"出现时（起始位到达），知道第一个数据帧开始了（实现数据同步）。接下来以规定的位宽度，对已知格式的数据帧进行测试，获得数据帧的各个位的逻辑值。测试到最后的停止位时，如果它为规定的逻辑"1"，说明该数据帧已经结束。

因此，在设计和应用异步通信系统时，首先必须正确地确定和设置通信双方设备所使用的波特率和数据帧格式。如果通信双方所使用（设置）的波特率和数据帧格式不一样，基本的通信就根本不能实现，主要体现在接收数据不准确。对于初学者，在使用异步通信系统及其调试过程中，尤其需要注意。

一旦波特率确定了，数据帧中每个位的宽度（传送时间）为波特率的倒数。例如，波特率为 9600bit/s 时，每个位的宽度为 1/9600=1.0417ms。当数据帧采用 1 个起始位、8 个数据位、无校验位、1 个停止位这样的格式时，其长度为 10 位，那么传送这样的一个数据帧所需要的最少时间为 1.0417ms，1s 内可以传送的数据帧为 960 个。

值得注意的是，上述过程中没有考虑接收端处理这些数据的时间，实际上，如果发送方以 9600bit/s 的速率不断地发送 10 位的数据帧，那么接收端就必须在 1.0417ms 的时间内完成下面的工作，否则将影响下一数据帧的接收。

- ❑ 对数据帧的检测和接收。这部分工作通常是由硬件完成的，基本不占用时间。
- ❑ 判断接收数据的有效性，并做进一步处理，例如转存、判断数据的实际意义等。这部分工作是通过相应的软件来完成的，需要一定的时间。

另外，在异步通信中所采用的数据帧格式只是一个基本的、面向字符的数据传送规范。除了对数据帧格式进行定义外，它并没有涉及其他内容。而在实际的应用中，许多采用异步通信方式的通信协议还包括了物理层、应用层，以及数据流控制等内容。例如 RS-232C、RS-485，以及在此基础上发展起来的许多工业标准的异步通信协议。

综上所述，通信双方规定使用统一的通信数据帧格式和波特率，只是为通信双方能够正确传送和接收数据建立了基本和必要的条件。在实际的应用中，还需要了解所使用的上层通信协议和通信规范。尤其当用户设计和研发独立的产品需要采用异步通信接口时，往往还需要定义自己的应用层通信协议和规范，这样才能真正地实现数据的准确传送和信息交换。

尽管 USART 模块在设计上经常既支持同步传输又支持异步传输，但是在具体应用时，最常用的仍然是异步模式，因此称为通用异步传输器 UART。

8.2 RS-232C 总线标准

RS-232C 是美国电子工业协会（Electronic Industry Association，EIA）指定的一种异步串行通信的物理接口标准，它包括了按位异步串行通信的电气和机械方面的规定。到目前为止，该标准仍然在智能仪表、仪器和各种设备及应用中广泛应用。

RS-232C 总线标准规定使用 21 个信号和 25 个引脚，其中包括一个主通道和一个辅助通道，一共 2 个通道，在早期的 PC 上就有这样一个接口。随着电气设备变得越来越小巧，以及 USB 接口的出现，现在的台式计算机的主板上，多采用一种简化的 9 针 D 型的 RS-232C 接口，如

图 8-5 所示。其中以针式引出信号线的接口称为公头，以孔式引出信号线的接口称为母头。在 PC 中一般引出公头接口。

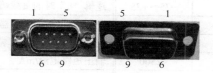

图 8-5　RS-232 通信接口

该接口是只含一个通道的异步物理串行接口，其引脚名称及功能如图 8-6 和表 8-1 所示。其电气特性如表 8-2 所示。

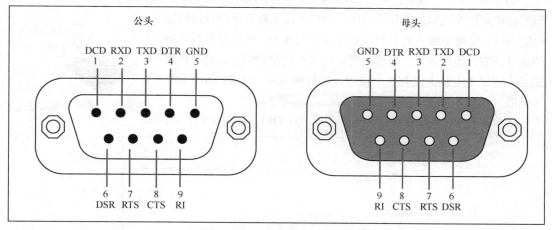

图 8-6　PC 9 针串口引脚名称

表 8-1　PC 9 针串口引脚功能

引脚号	信号名称	方向	功能
1	DCD	PC←对方	PC 接收远程信号
2	RXD	PC←对方	PC 接收数据线
3	TXD	PC→对方	PC 发送数据线
4	DTR	PC→对方	PC 准备就绪
5	GND	→	信号地
6	DSR	PC←对方	对方准备就绪
7	RTS	PC→对方	PC 请求发送数据
8	CTS	PC←对方	对方已经切换到接收状态
9	RI	PC←对方	通知 PC，线路正常

表 8-2 RS-232C 电气特性

参数	数值	参数	数值
不带负载时驱动器输出电平/V	−25～+25	逻辑"0"时的负载端接收电平/V	>+3
负载电阻范围/kΩ	3～7	逻辑"1"时的驱动器输出电平/V	−15～−5
驱动器输出电阻/Ω	<300	逻辑"1"时的负载端接收电平/V	<−3
负载电容/pF	<2500	输出短路电流/mA	<500
逻辑"0"时的驱动器输出电平/V	5～15	驱动器转换速率/V·us⁻¹	<30

从表 8-1 中可以看出，完整的 RS-232C 接口共有 9 根信号线，除了传输数据的 RXD、TXD 及信号地外，还有 6 根控制信号线，这些控制信号线用于通信握手、数据流的控制等。

为了减小体积，现在的笔记本电脑已经在外部取消了该串口，但实际上在 PC 和笔记本电脑的硬件环境及任何的操作平台中，仍然保留了对异步串行通信接口的支持。而对于嵌入式系统设计开发人员来说，无论是系统产品的设计研发，还是调试，都经常要使用异步通信接口。因此，如果读者的笔记本电脑上没有这个接口，最好购买一个 USB 转串口的转换器，如图 8-7 所示，以满足实际的应用需要。

图 8-7 USB 转串口设备

该接口在 PC 系统软件底层的设备名为 COM，如图 8-8 所示。

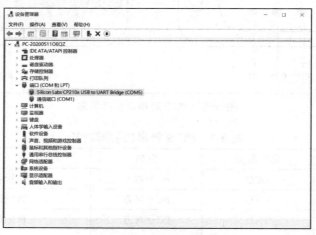

图 8-8 USB 转串口设备名

从表 8-2 中可以看出，尽管 RS-232C 的信号传输采用电平方式传输，但它不使用常规的 TTL 电平或 LVTTL 电平，并且采用的是负逻辑。RS-232C 定义的逻辑"1"是−5～−15V，通常为-12V；逻辑"0"是 3～15V，通常为 12V。而在−3～3V 之间的任何电压都处在未定义的逻辑状态。如果线路上没有信号（空闲态），则电压应保持在逻辑"1"的−12V。当接收端检测到 0V 电压时，将被解释称线路中断或短路。

RS-232C 的信号采用大的电压摆幅主要是为了避免通信线路上的噪声干扰。由于 RS-232C 物理层的信号传输采用的是共信号地的单端传输方式，从而不可避免地导致共模噪声对信号线的影响。对于常见的 TTL 电平来讲，它的逻辑 "0" 定义为小于 0.8V，逻辑 "1" 定义为大于 2.0V，逻辑 "0" "1" 之间的电压差至少大于 1.2V。如果采用 TTL 电平，那么线路上若存在大约 0.5V 的噪声电压就可能使传输的信号受到影响。因此 TTL 电平不适合系统之间的长距离信号传输（指采用共信号地的单端传输方式的情况）。由于在使用打印机、调制解调器等的许多场合下，共模噪声很容易有几伏的电压，因此 RS-232C 采用了较高的传输电压，以避免通信线路上的噪声干扰。即使采用了这样高的电压，RS-232C 标准所能实现的传送距离也只有几十米，而且距离越远，使用的波特率越低。

为了解决长线通信的问题，弥补 RS-232C 的不足，现在工程上往往采用 RS-485 的接口标准。RS-485 的物理层采用双端电气接口的双端传输方式，能够有效地防止共模噪声的干扰，传输距离能够达到 1km。尽管 RS-485 与 RS-232C 在传输物理层上有很大的不同，但它是一个异步通信方式的接口，其数据帧格式与 RS-232 相同。因此，学习 RS-232C，是掌握和使用异步通信的基础。

最后需要说明的是，尽管 RS-232C 定义了物理层的接口和电气特性，通信方式是采用面向字符的异步传输技术，但它没有对高一层的通信协议进行规定。高一层的通信协议留给用户自己制定和实现。市场上许多的设备和仪器，以及一些功能模块，例如手机无线通信模块 GSM、全球卫星定位接收模块 GPS 等，都在硬件底层配备和使用异步通信口（如 RS-232C），而其上层都采用专用的通信协议。例如，在 GSM 模块上，基于异步通信接口采用的上层通信标准是 ETSI GSM 07.05 和 ETSI GSM 07.07；而在 GPS 模块上，基于异步通信接口采用的上层通信标准是 NMEA Specification。

对于自己设计的系统，用户往往也需要根据实际情况制定一些简单的上层通信协议。因此，嵌入式系统的工程师不仅需要掌握硬件和软件的设计技能，也需要学习更多的有关通信、网络方面的知识。

8.3 STM32 系统的 RS-232C 传输接口

STM32 的 UART 接口本身支持异步通信方式，那么如何利用它构成一个 RS-232C 接口，然后与其他设备或系统上的 RS-232C 对接，实现数据通信呢？在实际的应用中，有非常多的单片机系统需要与 PC 通信，把自己检测的数据、状态等传送到 PC 上，由 PC 做进一步的分析、处理及保存，或由 PC 实现对单片机系统的控制等。

例如，在一个门禁系统中，大门的读卡机是一个单片机系统（下位机），负责读卡操作，然后把所读到的卡中数据送入 PC 进行验证。PC（上位机）把收到的数据与数据库中的记录进行核对，然后下发指令，通知下位机开门。由于 PC 本身具备 RS-232C 接口，因此要实现这样一个系统，最简单的方式就是给下位机也配备一个 RS-232C 接口，通过它与 PC 连接。

表 8-1 给出了全功能 RS-232C 定义的 9 根信号线，在这 9 根信号线中，RXD、TXD 和 GND 负责数据通信，其他 6 根用于握手和数据流控制。在一般的实际应用中，常使用一种调制解调方式的简单连接，即 3 线连接方式，只是用的是 RXD、TXD 和 GND。STM32 单片机提供了完整的 UART 控制引脚，但是我们经常使用的是简单 3 线连接方式，而 UART 本身并不是标准的 RS-232C 接口。因此，还需要在电路上做一定的转换，主要是解决 STM32 单片机的 UART 本身的 LVTTL 电平与 RS-232C 电平之间转换的问题。

8.3.1　RS-232C 的电平转换

电平转换有专用的电平转换芯片，MAX3232 和 MAX232 就是典型的 RS-232C 电平转换芯片。对于 STM32 单片机，由于其工作电压为 3.3V，因此应该选用 MAX3232 芯片。

MAX3232 是美信（Maxim）公司生产的包含两路接收器和驱动发送器的 RS-232C 电平转换芯片。该芯片内部有一个电源电压变换器，可以把输入为+3.3V 的电压转换成±15V 的 RS-232C 电平，同时也能把±15V 的 RS-232C 电平转换成 3.3V 的 CMOS 输出电压，因此采用此类芯片只需要单一的 3.3V 电源。它不仅能实现电平的转换，也能实现逻辑的相互转换（正逻辑←→负逻辑）。图 8-9 所示为 MAX3232 结构原理，市场上同类的芯片很多，其原理是相同的，可以直接替代使用。

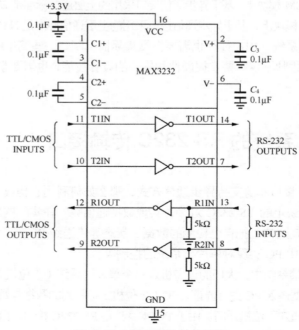

图 8-9　MAX3232 结构原理

8.3.2 典型的 RS-232C 接口电路

典型的 RS-232C 接口电路如图 8-10 所示，其中 MAX3232 为电平转换芯片。由于采用了简单 3 线连接方式，所以只需要使用 MAX3232 中两路发送和接收的其中一路。剩下的一路，可以用于扩展其他的 RS-232C 接口，或用于另一个 RS-232C 的接口转换。图 8-10 中的 C7、C8、C9、C10 和 MAX3232 的 V+、V-引脚构成了电平转换部分，4 个电容采用贴片电容，数值为 0.1μF（根据芯片器件说明书中给出的参考值），C11 为电源的去耦电容，可用于减少芯片工作时对系统电源的干扰。

另外需要注意的是 PC 与 STM32 单片机两个 RS-232C 接口的连接。PC 上的 RS-232C 接口规定使用 DB9 型的针形接口，它的 2 引脚为 PC 端的 RXD，3 引脚为 PC 端的 TXD。因此 STM32 端的 RS-232C 接口应该配 DB9 型的孔型接口，其 2、3 引脚分别连接 RXD、TXD 信号线。图 8-10 中 STM32 端 RS-232C 接口的 2 引脚为 TXD，3 引脚为 RXD，TXD 与 RXD 是从本系统向外看出的定义，RXD 表示本系统从外部读取数据的信号线，TXD 表示从本系统向外发送数据的信号线。

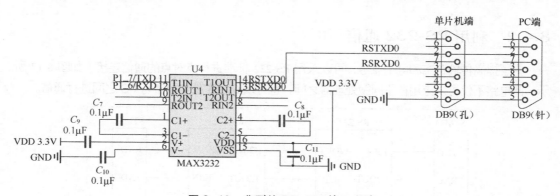

图 8-10 典型的 RS-232 接口电路

将两个系统的 RS-232C 接口连接时，还需要一根 RS-232 的连接电缆。可以自己制作连接电缆，也可以从市场上购买标准的 RS-232 连接电缆。购买标准的 RS-232 连接电缆的时候需要注意：有的 RS-232 连接电缆的两端 2、3 引脚是交叉连通的，而有的 2、3 引脚是直通的。在图 8-10 中，应该使用 2、3 引脚直通的标准的 RS-232 连接电缆，如图 8-11 所示。连接前用万用表确定再使用。

图 8-11 标准的 RS-232 连接电缆

8.4 不同单片机之间的串行总线连接

8.4.1 微处理器间直接通信

在微处理器之间，可以直接连接它们的 TXD 和 RXD 引脚进行通信。只是采用这种方式进行通信时需要注意两点：

- ❑ 传输距离不能超过 1.5m；
- ❑ 不同电平之间需要注意电平匹配问题。

图 8-12 所示为两个 STM32 系列微处理器的直接通信示意。此连接方式适用于电平相同的微处理器之间的通信。也就是说，STM32 微处理器和其他电源电压为 3.3V 的微处理器都可以采用此方式通信。

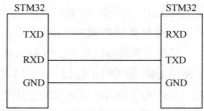

图 8-12　微处理器的直接通信示意

8.4.2 利用 RS-232 通信

为了提高传输距离和电平兼容，可以采用 RS-232 标准进行点对点的通信连接，如图 8-13 所示。此电路不仅可以应用在不同微处理器之间，也可以应用在微处理器与 PC 之间进行通信。

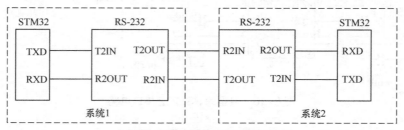

图 8-13　RS-232 通信示意

8.5 STM32 的串行通信接口

8.5.1 STM32 的 UART 特性

STM32F10x 处理器的 5 个接口提供异步通信、支持 IrDA SIR 传输编码和解码、多处理器通信模式、单线半双工通信模式和 LIN 主/从功能。

　　USART1 接口通信速率可达 4.5Mbit/s，其他接口的通信速率可达 2.25Mbit/s。USART1、USART2 和 USART3 接口具有硬件的 CTS 和 RTS 信号管理、兼容 ISO7816 的智能卡模式和类 SPI 通信模式，除 UART5 外，所有其他接口都可以使用 DMA 操作。

　　作为串行接口，其基本性能如下。

- ❑　支持全双工通信。
- ❑　分数波特率发生器系统，最高速率达 4.5Mbit/s。
- ❑　发送方为同步传输提供时钟。
- ❑　单独的发送器和接收器使能位。
- ❑　检测标志：接收缓冲器满、发送缓冲器空和传输结束标志。
- ❑　可编程数据字长度（8 位或 9 位）：可配置的停止位，支持 1 个或 2 个停止位。
- ❑　校验控制：发送校验位；对接收数据进行校验。
- ❑　4 个错误检测标志：溢出错误、噪声错误、帧错误和校验错误。
- ❑　硬件数据流控制。
- ❑　从静默模式中唤醒（通过空闲总线检测或地址标志检测）。
- ❑　两种唤醒接收器的方式：地址位（MSB，第 9 位），总线空闲。

与处理器相关的控制功能如下所述。

- ❑　10 个带标志的中断源：CTS 改变、LIN 断开符检测、发送数据寄存器空、发送完成、接收数据寄存器满、检测到总线空闲、溢出错误、噪声错误、帧错误和校验错误。
- ❑　2 路 DMA 通道。

附加其他协议的串口功能如下所述。

- ❑　多处理器通信：如果地址不匹配，则进入静默模式。
- ❑　红外 IRDA SIR 编码器、解码器。IrDA 是红外数据组织（Infrared Data Association）的简称，也是 Infra Red Data Association 的缩写，即红外线接口。
- ❑　智能卡模拟功能。智能卡接口支持 ISO7816 标准中定义的异步智能卡协议。
- ❑　局域互联（Local Interconnect Network，LIN）功能。

8.5.2　STM32 的 UART 引脚

STM32 单片机的 UART 常见引脚如下。

- ❑　TX：数据输出引脚。
- ❑　RX：数据输入引脚。

❑ SWRX：数据接收引脚，只用于单线和智能卡模式，属于内部引脚，没有具体的外部引脚。

❑ nRTS：请求以发送（Request To Send），n 表示低电平有效。如果使能 RTS 流控制，当 USART 接收器准备好接收新数据时，就会将 nRTS 设置为低电平；当接收寄存器已满时，将 nRTS 设置为高电平。该引脚只适用于硬件流控制。

❑ nCTS：清除以发送（Clear To Send），n 表示低电平有效。如果使能 CTS 流控制，发送器在发送下一帧数据之前会检测 nCTS 引脚，如果为低电平，表示可以发送数据；如果为高电平，则在发送完当前数据帧之后停止发送。该引脚只适用于硬件流控制。

❑ SCLK：发送器时钟输出引脚。这个引脚仅适用于同步模式。

STM32 上有很多 I/O 口，也有很多的内置外设。为了节省引脚，这些内置外设都是与 I/O 口共用引脚，称为 I/O 引脚的复用。很多复用的引脚还可以通过重映射，从不同的 I/O 引脚引出，即复用的引脚是可以通过程序改变的。重映射功能的直接好处是 PCB 设计人员可以在需要的情况下，调整信号引脚的位置，缩短单片机与外设之间的信号线连接距离，在方便 PCB 设计的同时，潜在地减少了信号的交叉干扰。重映射功能的潜在好处是在不需要同时使用多个复用功能时，虚拟地增加复用功能的数量。例如，STM32F103C8T6 上最多有 3 个 USART 接口，USART2 外设的 TX、RX 分别对应 PA2、PA3，但若 PA2、PA3 引脚接了其他设备，却还要用 USART2，就需要打开 GPIOD 重映射功能，把 USART2 设备的 TX、RX 映射到 PD5、PD6 上。读者可能会问：USART2 是不是可以映射到任意引脚呢？答案是否定的，它只能映射到固定的引脚。

USART 引脚在 STM32F103C8T6 芯片的分布及重映射关系表 8-3、表 8-4 和表 8-5 所示，引脚分布如图 8-14 所示。

表 8-3　USART1 引脚分布及重映射关系

复用功能	USART1_REMAP = 0	USART1_REMAP = 1
USART1_TX	PA9	PB6
USART1_RX	PA10	PB7

表 8-4　USART2 引脚分布及重映射关系

复用功能	USART2_REMAP = 0	USART2_REMAP = 1
USART2_CTS	PAO	PD3
USART2_RTS	PA1	PD4
USART2_TX	PA2	PD5
USART2_RX	PA3	PD6
USART2_CK	PA4	PD7

表 8-5 USART3 引脚分布及重映射关系

复用功能	USART3_REMAP[1:0] = 00（没有重映射）	USART3_REMAP[1:0] = 01（部分重映射）	USART3_REMAP[1:0] = 11（完全重映射）
USART3_TX	PB10	PC10	PD8
USART3_RX	PB11	PC11	PD9
USART3_CK	PB12	PC12	PD10
USART3_CTS	PB13		PD11
USART3_RTS	PB14		PD12

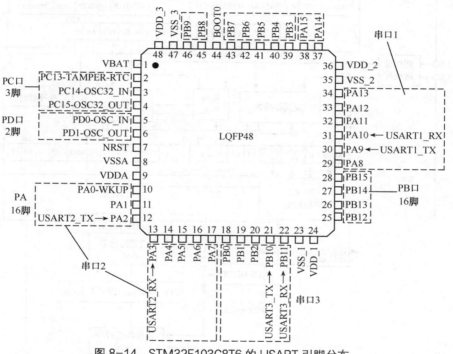

图 8-14 STM32F103C8T6 的 USART 引脚分布

8.5.3 STM32 的 UART 结构

STM32 的 USART 结构如图 8-15 所示。接口通过 RX（接收数据输入）、TX（发送数据输出）和 GND 这 3 个引脚与其他设备连接在一起。

USART 硬件结构可分为以下 4 部分。

（1）发送部分和接收部分，包括相应的引脚和寄存器；收发控制器根据寄存器配置对数据存储转移部分的移位寄存器进行控制。

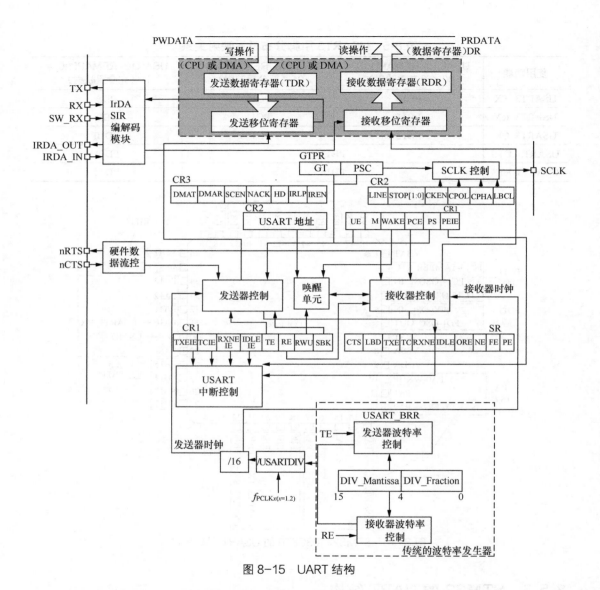

图 8-15 UART 结构

　　当需要发送数据时，内核或 DMA 外设把数据从内存（变量）写入发送数据寄存器 TDR 后，发送控制器将适时地自动把数据从 TDR 加载到发送移位寄存器，然后通过串口线 TX 把数据逐位地发送出去。在数据从 TDR 转移到移位寄存器时，会产生发送寄存器 TDR 已空事件 TXE；当数据从移位寄存器全部发送出去时，会产生数据发送完成事件 TC，这些事件可以在状态寄存器 SR 中查询到。

　　接收数据是一个逆过程，数据从串口线 RX 逐位地输入接收移位寄存器，然后自动地转移到接收数据寄存器 RDR，最后用软件程序或 DMA 读取到内存（变量）中。

（2）发送器控制和接收器控制，包括相应的控制寄存器。

围绕着发送器和接收器控制部分，有多个寄存器（CR1、CR2、CR3、SR），即 USART 的 3 个控制寄存器（Control Register）及一个状态寄存器（Status Register）。通过向寄存器写入各种控制参数来控制发送和接收，如奇偶校验位、停止位等，还包括对 USART 中断的控制；串口的状态在任何时候都可以从状态寄存器中查询到。

（3）中断控制。

（4）波特率控制部分。

8.6 STM32 串行端口的使用方法

8.6.1 STM32 的 UART 时钟控制

USART1 时钟源于 APB2 总线时钟，其最大频率为 72MHz；其他的时钟源于 APB1 总线时钟，最大频率为 36MHz。串口作为 STM32 的一个外设，其时钟由外设时钟使能寄存器控制，串口 1 的时钟使能位在寄存器 RCC_APB2ENR 中，其他串口的时钟使能位都在寄存器 RCC_APB1ENR 中。

应用实例代码如下。

```
void RCC_Configuration(void)
{
  RCC_APB2PeriphClockCmd(RCC_APB2Periph_GPIOA|RCC_APB2Periph_AFIO, ENABLE);
  RCC_APB2PeriphClockCmd(RCC_APB2Periph_USART1, ENABLE);
}
```

8.6.2 STM32 的 UART 引脚配置

关于 USART 使用的引脚，其配置如表 8-6 所示。

表 8-6　USART 引脚配置

USART 引脚	配置	GPIO 配置
USARTx_TX	全双工模式	推挽复用输出
	半双工同步模式	推挽复用输出
USARTx_RX	全双工模式	浮空输入或上拉输入
	半双工同步模式	未用，可作为 GPIP
USARTx_CK	同步模式	推挽复用输出
USARTx_RTS	硬件流量控制	推挽复用输出
USARTx_CTS	硬件流量控制	浮空输入或上拉输入

其应用实例代码如下，本例中只用到了 USARTx_TX 和 USARTx_RX 两个串口发送和串口接收引脚。

```
void GPIO_Configuration(void)
{
  GPIO_InitTypeDef GPIO_InitStructure;
  GPIO_InitStructure.GPIO_Pin = GPIO_Pin_10;
  GPIO_InitStructure.GPIO_Mode = GPIO_Mode_IN_FLOATING;
  GPIO_Init(GPIOA, &GPIO_InitStructure);
  GPIO_InitStructure.GPIO_Pin = GPIO_Pin_9;
  GPIO_InitStructure.GPIO_Speed = GPIO_Speed_50MHz;
  GPIO_InitStructure.GPIO_Mode = GPIO_Mode_AF_PP;
  GPIO_Init(GPIOA, &GPIO_InitStructure);
}
```

8.6.3　STM32 的串口波特率

STM32 中每个串口都有一个自己独立的波特率寄存器 BRR，如图 8-16 所示。通过设置该寄存器可达到配置不同波特率的目的，该寄存器的各位描述如表 8-7 所示。该寄存器中最低 4 位用来存放小数部分的 DIV_Fraction，[15:4]这 12 位用来存放整数部分 DIV_Mantissa，高 16 位未使用。

31	30	29	28	27	26	25	24	23	22	21	20	19	18	17	16
保留															

15	14	13	12	11	10	9	8	7	6	5	4	3	2	1	0
DIV_Mantissa[11:0]												DIV_Fraction[3:0]			
rw	rw	rw	rw	rw	rw	rw	rw	rw	rw	rw	rw	rw	rw	rw	rw

图 8-16　寄存器 BRR 的位分布

表 8-7　寄存器 BRR 的位描述

寄存器位	描述
31:16	保留，硬件强制为 0
15:4	DIV_Mantissa[11:0]: USARTDIV 的整数部分，这 12 位定义了 USART 分频器除法因子（USARTDIV）的整数部分
3:0	DIV_Fraction[3:0]: USARTDIV 的小数部分，这 4 位定义了 USART 分频器除法因子（USARTDIV）的小数部分

USART1 时钟源于 APB2 总线时钟 PCLK2，其最大频率为 72MHz；其他的时钟来源于 APB1 总线时钟 PCLK1，最大频率为 36MHz。

下面我们来介绍如何通过 USARTDIV 得到串口寄存器 BRR 的值。

$$Tx/Rx波特率=\frac{f_{CK}}{(16\times USARTDIV)}$$

假设我们的串口 1 要设置为 9600bit/s 的波特率，而 PCLK2 的时钟频率为 72MHz。这样，根据上面的公式有：

$$USARTDIV = 72000000/(9600 \times 16)= 46875$$

那么得到：

DIV_Fraction = 16×0.75 = 12 = 0x000C。

DIV_Mantissa = 468 = 0x1D4

故寄存器 BRR 设置为 0x1D4C 即可使波特率为 9600bit/s。波特率及对应的寄存器 BRR 的值如表 8-8 所示。

表 8-8　波特率及对应的寄存器 BRR 的值

波特率		f_{PCLK}=36MHz			f_{PCLK}=72MHz		
序号	kbit/s	实际	置于波特率寄存器中的值	误差	实际	置于波特率寄存器中的值	误差
1	2.4	2.400	937.5	0%	2.4	1875	0%
2	9.6	9.600	234.375	0%	9.6	468.75	0%
3	19.2	19.2	117.1875	0%	19.2	234.375	0%
4	57.6	57.6	39.0625	0%	57.6	78.125	0%
5	115.2	115.384	19.5	0.15%	115.2	39.0625	0%
6	230.4	230.769	9.75	0.16%	230.769	19.5	0.16%
7	460.8	461.538	4.875	0.16%	461.538	9.75	0.16%
8	921.6	923.076	2.4375	0.16%	923.076	4.875	0.16%
9	2250	2250	1	0%	2250	2	0%
10	4500	不可能	不可能	不可能	4500	1	0%

8.6.4　STM32 的 UART 寄存器功能详解

STM32 中每个串口都有 3 个控制寄存器 USART_CR1～USART_CR3，串口的很多配置都是通过这 3 个寄存器来实现的。

1. 寄存器 USART_CR1

寄存器 USART_CR1 用来配置串行通信过程中的字长，校验及中断等，具体如图 8-17 和表 8-9 所示。

31	30	29	28	27	26	25	24	23	22	21	20	19	18	17	16
								保留							

15	14	13	12	11	10	9	8	7	6	5	4	3	2	1	0
保留		UE	M	WAKE	PCE	PS	PEIE	TXEIE	TCIE	RXNE IE	IDLE IE	TE	RE	RWU	SBK
res		rw	rw	rw	rw	rw	rw	rw	rw	rw	rw	rw	rw	rw	rw

图 8-17　寄存器 USART_CR1 的位分布

表 8-9　寄存器 USART_CR1 的位描述

寄存器位	描述
31:14	保留，硬件强制为 0
13	UE:USART 使能，当该位被清 0，在当前字节传输完成后，USART 的分频器和输出停止工作，以减少功耗。该位由软件设置和清 0。 0：USART 分频器和输出被禁止。1：USART 模块使能
12	M：字长，该位定义了数据字的长度，由软件对其设置和清 0。 0：一个起始位，8 个数据位，n 个停止位。1：一个起始位，9 个数据位，n 个停止位。 注意：在数据传输过程中（发送或者接收时），不能修改这个位
11	WAKE：唤醒的方法，这位决定了把 USART 唤醒的方法，该位由软件设置和清 0。 0：被空闲总线唤醒。1：被地址标记唤醒
10	PCE：检验控制使能，用这位选择是否进行硬件校验控制（对于发送来说就是校验位的产生；对于接收来说就是校验位的检测）。当使能该位，在发送数据的最高位（如果 M=1，最高位就是第 9 位；如果 M=0，最高位就是第 8 位）插入校验位；对接收到的数据检查其校验位。软件对它置 1 或清 0。一旦设置了该位，当前字节传输完成后，校验控制才生效。 0：禁止校验控制。1：使能校验控制
9	PS：校验选择，当校验控制使能后，该位用来选择是采用偶校验还是奇校验。软件对它置 1 或清 0。当前字节传输完成后，该选择生效。 0：偶校验。1：奇校验
8	PEIE:PE 中断使能，该位由软件设置或清 0。 0：禁止产生中断。1：当 USART_SR 中的 PE 为 1 时，产生 USART 中断
7	TXEIE：发送缓冲区空中断使能，该位由软件设置或清除。 0：禁止产生中断。1：当 USART_SR 中的 TXE 为 1 时，产生 USART 中断
6	TCIE：发送完成中断使能，该位由软件设置或清 0。 0：禁止产生中断。1：当 USART_SR 中的 TC 为 1 时，产生 USART 中断
5	RXNEIE：接收缓冲区非空中断使能，该位由软件设置或清 0。 0：禁止产生中断。1：当 USART_SR 中的 ORE 或者 RXNE 为 1 时，产生 USART 中断
4	IDLEIE:IDLE 中断使能，该位由软件设置或清 0。 0：禁止产生中断。1：当 USART_SR 中的 IDLE 为 1 时，产生 USART 中断
3	TE：发送使能，该位使能发送器。该位由软件设置或清 0。 0：禁止发送。1：使能发送
2	RE：接收使能，该位由软件设置或清 0。 0：禁止接收。1：使能接收，并开始搜寻 RX 引脚上的起始位
1	RWU：接收唤醒，该位用来决定是否把 USART 置于静默模式。该位由软件设置或清 0。当唤醒序列到来时，硬件也会将其清 0。 0：接收器处于正常工作模式。1：接收器处于静默模式

续表

寄存器位	描述
0	SBK：发送断开帧，使用该位来发送断开符。该位可以由软件设置或清 0。操作过程应该由软件设置，然后在断开帧的停止位时，由硬件复位。 0：没有发送断开符。 1：将要发送断开符

2. 寄存器 USART_CR2

寄存器 USART_CR2 用来配置停止位、时钟极性和 LIN 通信中的相关内容，具体如图 8-18 和表 8-10 所示。

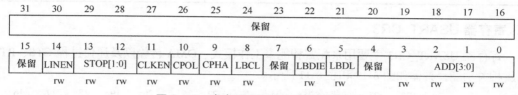

图 8-18 寄存器 USART_CR2 的位分布

表 8-10 寄存器 USART_CR2 的位描述

寄存器位	描述
31:15	保留，硬件强制为 0
14	LINEN：LIN 模式使能，该位由软件设置或清 0。 0：禁止 LIN 模式。1：使能 LIN 模式。 在 LIN 模式下，可以用寄存器 USART_CR1 中的 SBK 位发送 LIN 同步断开符（低 13 位），以及检测 LIN 同步断开符
13:12	STOP：停止位，这 2 位用来设置停止位的位数。 00:1 个停止位。01:0.5 个停止位。 10:2 个停止位。11:1.5 个停止位。
11	CLKEN：时钟使能，该位用来使能 CK 引脚。 0：禁止 CK 引脚。1：使能 CK 引脚
10	CPOL:时钟极性,在同步模式下,可以用该位选择 SLCK 引脚上时钟信号输出的极性。和 CPHA 位一起配合来产生需要的时钟数据的采样关系。 0：总线空闲时 CK 引脚上保持低电平。1：总线空闲时 CK 引脚上保持高电平
9	CPHA：时钟相位，在同步模式下，可以用该位选择 SLCK 引脚上时钟信号输出的相位。和 CPOL 位一起配合来产生需要的时钟数据的采样关系。 0：在时钟信号的第一个边沿进行数据捕获。1：在时钟信号的第二个边沿进行数据捕获
8	LBCL：最后一位时钟脉冲信号，在同步模式下，使用该位来控制是否在 CK 引脚上输出最后发送的那个数据字节（MSB）对应的时钟脉冲信号。 0：最后一位数据的时钟脉冲信号不从 CK 输出。1：最后一位数据的时钟脉冲信号会从 CK 输出 注：最后一个数据位就是第 8 或者第 9 个发送的位（根据寄存器 USART_CR1 中的 M 位所定义的 8 或者 9 位数据帧格式）；UART4 和 UART5 上不存在这一位

续表

寄存器位	描述
7	保留，硬件强制为 0
6	LBDIE：LIN 断开符检测中断使能，断开符中断屏蔽（使用断开分隔符来检测断开符） 0：禁止中断。1：只要寄存器 USART_SR 中的 LBD 为 1 就产生中断
5	LBDL：LIN 断开符检测长度，该位用来选择是 11 位还是 10 位的断开符检测。 0:10 位的断开符检测。1:11 位的断开符检测
4	保留，硬件强制为 0
3:0	ADD[3:0]：本设备的 USART 节点地址，这 4 位给出本设备 USART 节点的地址。 这是在多处理器通信下的静默模式中使用的，使用地址标记来唤醒某个 USART 设备

3．寄存器 USART_CR3

寄存器 USART_CR3 主要用来配置智能卡工作模式、DMA 传输以及通信过程 CTS、RTS 引脚相关功能，具体如图 8-19 和表 8-11 所示。

图 8-19　寄存器 USART_CR3 的位分布

表 8-11　寄存器 USART_CR3 的位描述

寄存器位	描述
31:11	保留，硬件强制为 0
10	CTSIE：CTS 中断使能 0：禁止中断。1：寄存器 USART_SR 中的 CTS 为 1 时产生中断。 注：UART4 和 UART5 上不存在这一位
9	CTSE：CTS 使能。 0：禁止 CTS 硬件流控制。1：CTS 模式使能，只有 nCTS 输入信号有效（拉至低电平）时才能发送数据。如果在数据传输的过程中，nCTS 信号变成无效，那么发送完这个数据后，传输就停止下来。当 nCTS 为无效时，如果往数据寄存器里写数据，则要等到 nCTS 有效时才会发送这个数据。 注：UART4 和 UART5 上不存在这一位
8	RTSE：RTS 使能。 0：禁止 RTS 硬件流控制。1：RTS 中断使能，只有接收缓冲区内有空余的空间时才请求下一个数据。当前数据发送完成后，发送操作就需要暂停下来。如果可以接收数据，将 nRTS 输出置为有效（拉至低电平）。 注：UART4 和 UART5 上不存在这一位

续表

寄存器位	描述
7	DMAT：DMA 使能发送，该位由软件设置或清 0。 0：禁止发送时的 DMA 模式。1：使能发送时的 DMA 模式。 注：UART4 和 UART5 上不存在这一位
6	DMAR：DMA 使能接收，该位由软件设置或清 0。 0：禁止接收时的 DMA 模式。1：使能接收时的 DMA 模式。 注：UART4 和 UART5 上不存在这一位
5	SCEN：智能卡模式使能，该位用来使能智能卡模式。 0：禁止智能卡模式。1：使能智能卡模式。 注：UART4 和 UART5 上不存在这一位
4	NACK：智能卡 NACK 使能。 O：校验错误出现时，不发送 NACK。1：校验错误出现时，发送 NACK。 注：UART4 和 UART5 上不存在这一位
3	HDSEL：半双工选择，选择单线半双工模式。 0：不选择半双工模式。1：选择半双工模式
2	IRLP：红外低功耗，该位用来选择普通模式和低功耗红外模式。 0：通常模式。1：低功耗模式
1	IREN：红外模式使能，该位由软件设置或清 0 0：禁止红外模式。1：使能红外模式
0	EIE：错误中断使能，在多缓冲区通信模式下，当有帧错误、过载或者噪声错误时（USART_SR 中的 FE=1，或者 ORE=1，或者 NE=1）产生中断。 0：禁止中断。1：只要 USART_CR3 中的 DMAR=1，并且 USART_SR 中的 FE=1，或者 ORE=1，或者 NE=1，则产生中断

4. 数据寄存器 USART_DR

STM32 串口的发送和接收是通过数据寄存器 USART_DR 来实现的，这是一个双寄存器，包含了发送和接收两部分内容：TDR 和 RDR。当向该寄存器写数据时，串口就会自动发送数据；当收到数据的时候，也存储在该寄存器中。该寄存器的位分布及位描述分别如图 8-20 和表 8-12 所示。

图 8-20　寄存器 USART_DR 的位分布

表 8-12　寄存器 USART_DR 的位描述

寄存器位	描述
31:9	保留，硬件强制为 0
8:0	DR[8:0]：数据值，包含了发送或接收的数据。由于它是由两个寄存器组成，一个发送（TDR），一个接收（RDR），该寄存器兼具读和写的功能。 寄存器 TDR 提供了内部总线和输出移位寄存器之间的并行接口。 寄存器 RDR 提供了输入移位寄存器和内部总线之间的并行接口。 当使能校验位（USART_CR1 中 PCE 位被置位）进行发送时，写到 MSB 的值（根据数据的长度不同，MSB 是第 7 位或者第 8 位）会被后来的校验位取代。当使能校验位进行接收时，读取到的 MSB 位是接收到的校验位

5. 状态寄存器 USART_SR

STM32 串口的状态可通过状态寄存器 USART_SR 读取。寄存器 SR 的位分布如图 8-21 所示，这里我们关注一下 3 个位，第 5、6、7 位 RXNE、TC 和 TXE，其位描述如表 8-13 所示。

图 8-21　寄存器 SR 的位分布

表 8-13　寄存器 SR 的位描述

寄存器位	描述
7	TXE：发送数据寄存器空。当寄存器 TDR 中的数据被硬件转移到移位寄存器的时候，该位被硬件置位。如果寄存器 USART_CR1 中的 TXEIE 为 1，则产生中断。对 USART_DR 进行写操作，将该位清 0。 0：数据还没有被转移到移位寄存器。1：数据已经被转移到移位寄存器。注意：单缓冲器传输中使用该位
6	TC：发送完成。当包含有数据的一帧发送完成后，由硬件将该位置 1。如果 USART_CR1 中的 TCIE 为 1，则产生中断。由软件序列清除该位（先读 USART_SR，然后写入 USART_DR）。TC 位也可以通过写入 0 来清除，只有在多缓存通信中才推荐这种清除程序。 0：发送还未完成。1：发送完成
5	RXNE：读数据寄存器非空。当 RDR 寄存器中的数据被转移到寄存器 USART_DR，该位被硬件置位。如果寄存器 USART_CR1 中的 RXNEIE 为 1，则产生中断。对 USART_DR 的读操作可以将该位清 0。RXNE 位也可以通过写入 0 来清除，只有在多缓存通信中才推荐使用这种清除程序。 0：数据没有收到。1：收到数据，可以读取

8.6.5 STM32 的 UART 的控制

STM32 中每个串口都有 3 个控制寄存器 USART_CR1~USART_CR3,串口的很多配置都是通过这 3 个寄存器来实现的。USART 有专门控制发送的发送器、控制接收的接收器,还有唤醒单元、中断控制等。使用 USART 之前需要向寄存器 USART_CR1 的 UE 位置 1 使能 USART,UE 位用来开启供给串口的时钟。

1. UART 发送控制

当寄存器 USART_CR1 的发送使能 TE 位置 1 时,启动数据发送,发送移位寄存器的数据会在 TX 引脚输出,低位在前,高位在后。如果同步模式 SCLK 也输出时钟信号,那么一帧发送需要 3 个部分:起始位+数据帧+停止位。起始位是一个位周期的低电平,位周期就是每一位占用的时间。数据帧就是我们要发送的 8 位或 9 位数据,由 USART_CR1 的 M 位控制。数据是从最低位开始传输的。停止位是一定时间的周期的高电平。停止位时间长短是可以通过 USART_CR2 的 STOP[1:0] 位控制,可选 0.5 个、1 个、1.5 个和 2 个停止位,默认使用 1 个停止位。2 个停止位适用于正常 USART 模式、单线模式和调制解调器模式。0.5 个和 1.5 个停止位用于智能卡模式。

当发送使能 TE 位置 1 之后,发送器开始会先发送一个空闲帧(一个数据帧长度的高电平),接下来就可以往寄存器 USART_DR 写入要发送的数据。在写入最后一个数据后,需要等待寄存器 USART_SR 的 TC 位为 1,表示数据传输完成,如果寄存器 USART_CR1 的 TCIE 位置 1,将产生中断。

2. UART 接收控制

如果将寄存器 USART_CR1 的 RE 位置 1,使能 USART 接收,使得接收器在 RX 线开始搜索起始位。在确定到起始位后就根据 RX 线电平状态把数据存放在接收移位寄存器。接收完成后就把接收移位寄存器数据移到 RDR 内,并把寄存器 USART_SR 的 RXNE 位置 1,同时如果寄存器 USART_CR2 的 RXNEIE 位置 1 则可以产生中断。

3. UART 校验控制

STM32F103 系列控制器 USART 支持奇偶校验。奇校验就是让原有数据序列中(包括要加上的一位)1 的个数为奇数。偶校验就是让原有数据序列中(包括要加上的一位)1 的个数为偶数。

当使用校验位时,串口传输的长度将是 8 位数据帧加上 1 位校验位,总共 9 位,此时寄存器 USART_CR1 的 M 位需要设置为 1,即 9 个数据位。将寄存器 USART_CR1 的 PCE 位置 1 就可以启动奇偶校验控制,奇偶校验由硬件自动完成。启动了奇偶校验控制之后,在发送数据帧时会自动添加校验位,接收数据时自动验证校验位。接收数据时如果出现奇偶校验位验证失败，则寄存器 USART_SR 的 PE 位置 1，并可以产生奇偶校验中断。

使能奇偶校验控制后，每个字符帧的格式将变成：起始位+数据帧+校验位+停止位。

4．UART 硬件流控制

硬件流控制常用的有 RTS/CTS（请求发送/清除发送）流控制和 DTR/DSR（数据终端就绪/数据设置就绪）流控制。硬件流控制必须将相应的电缆线连上，如图 8-22 所示。用 RTS/CTS 流控制时，应将通信两端的 RTS、CTS 线对应相连，数据终端设备（如计算机）使用 RTS 来启动调制解调器或其他数据通信设备的数据流，而数据通信设备（如调制解调器）则用 CTS 来启动和暂停发往计算机的数据流。

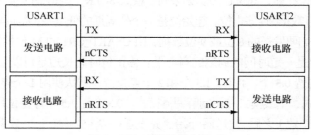

图 8-22　硬件流控制示意

硬件握手方式的过程为：在编程时根据接收端缓冲区大小设置一个高位标志（可为缓冲区大小的 75%）和一个低位标志（可为缓冲区大小的 25%），当缓冲区内数据量达到高位时，在接收端将 RTS 线置为高电平；当发送端的程序检测到 CTS 为高电平后，就停止发送数据，直到接收端缓冲区的数据量低于高位而将 RTS 置低电平。RTS 用来标明接收设备有没有准备好接收数据。

握手方式一般有 3 种，如图 8-23 所示。

（1）无握手。

RS-232 的使用非常简单方便，当传输距离较近、对可靠性要求不高时，只连接 DB9（9 针接口）中的 2、3 和 5 或者是 DB25（25 针接口）中的 2、3、7 这 3 根线（分别是 RXD、TXD 和 GND）即可实现全双工数据通信，如图 8-23（a）所示。其中，2 和 3 交叉连接，这种连接方式常出现在系统调试临时使用中。

（2）全握手。

为了支持可靠数据传输，可以采用硬件全握手方式连接，如图 8-23（b）所示，即启用 RTS/CTS 和 DSR/DTR 这两对信号线，特别是 RTS/CTS 直接用于硬件握手机制支持。在这种方式下，通信双方都把对方当作数据终端设备看待，双方都可发、可收，通信双方的任何一方，只要请求发送 RTS 有效和数据终端准备好，DTR 有效，就能开始发送和接收。

RTS 与 CTS 互联：只要请求发送，就会立即得到允许。

DTR 与 DSR 互联：只要本机这一端准备好，就会认为本机这一端可以立即接收。

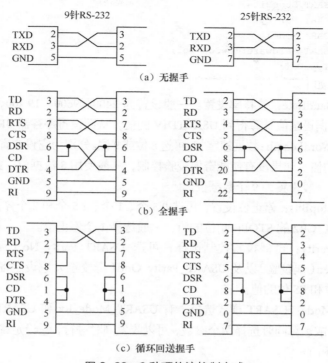

图 8-23 3 种硬件流控制方式

（3）循环回送握手。

除去 GND 外，真正参与远程传输的也只有 3 根线（TD、RD、RI），如图 8-23（c）所示。但此时同端的 RTS 和 CTS、DSR 和 DTR 分别配对连接，避免引脚悬空引发潜在问题。

5．UART 初始化结构体

标准库函数对每个外设都建立了一个初始化结构体，比如 USART_InitTypeDef；结构体成员用于设置外设工作参数，并由外设初始化配置函数，比如 USART_Init()，这些设定参数将会设置外设相应的寄存器，达到配置外设工作环境的目的。初始化结构体和初始化库函数配合使用是标准库的精髓所在，理解了初始化结构体每个成员意义，基本上就可以对该外设运用自如了。

UART 初始化结构体定义在 stm32f10x_usart.h 文件中，初始化库函数定义在 stm32f10x_usart.c 文件中，编程时我们可以结合这两个文件使用，代码如下。

```
typedef struct
{
    uint32_t USART_BaudRate;
```

```
    uint16_t USART_WordLength;
    uint16_t USART_StopBits;
    uint16_t USART_Parity;
    uint16_t USART_Mode;
    uint16_t USART_HardwareFlowControl;
} USART_InitTypeDef;
```

各个成员含义如下。

- ☐ USART_BaudRate：波特率设置。一般设置为 2400、9600、19 200、115 200。标准库函数会根据设定值计算得到 USARTDIV 的值，从而设置寄存器 BRR 的值。

- ☐ USART_WordLength：数据帧字长，可选 8 位或 9 位。分别为它设定寄存器 USART_CR1 的 M 位的值。如果没有使能奇偶校验控制，一般使用 8 数据位；如果使能奇偶校验控制，则一般设置为 9 个数据位。

- ☐ USART_StopBits：停止位设置，可选 0.5 个、1 个、1.5 个和 2 个停止位，它设定寄存器 USART_CR2 的 STOP[1:0]位的值，一般选择 1 个停止位。

- ☐ USART_Parity：奇偶校验控制选择，可选 USART_Parity_No（无校验）、USART_Parity_Even（偶校验）以及 USART_Parity_Odd（奇校验），它设定寄存器 USART_CR1 的 PCE 位和 PS 位的值。

- ☐ USART_Mode：USART 模式选择，有 USART_Mode_Rx 和 USART_Mode_Tx，允许使用逻辑或运算同时选择两个参数，可以收发同时进行，它设定寄存器 USART_CR1 的 RE 位和 TE 位。

- ☐ USART_HardwareFlowControl：硬件流控制选择，只有在硬件流控制模式才有效，可选使能 RTS、使能 CTS、同时使能 RTS 和 CTS，还有不使能硬件流，一般选择不使能硬件流。

根据 USART_InitTypeDef 中指定的参数，可以利用 USART_Init()函数初始化外设 USARTx 串口，USART_Init()函数说明如表 8-14 所示。

表 8-14　USART_Init()函数说明

函数名	USART_Init()
函数原型	void USART_Init（USART_TypeDef* USARTx, USART_InitTypeDef* USART_InitStruct）
功能描述	根据 USART_InitStuct 中指定的参数初始化外设寄存器 USARTx
输入参数 1	USARTx：x 可以是 1、2 或者 3，用于选择 USART 外设
输入参数 2	USART_InitStruct：指向结构 USART_InitTypeDef 的指针，包含外设 USART 的配置信息
输出参数	无
返回值	无
先决条件	无
被调用函数	无

UART 初始化实例代码如下。

```
void USART_Configuration(void)
{
  USART_InitTypeDef USART_InitStructure;
  USART_InitStructure.USART_BaudRate = 9600;
  USART_InitStructure.USART_WordLength = USART_WordLength_8b;
  USART_InitStructure.USART_StopBits = USART_StopBits_1;
  USART_InitStructure.USART_Parity = USART_Parity_No;
  USART_InitStructure.USART_HardwareFlowControl= USART_HardwareFlowControl_None;
  USART_InitStructure.USART_Mode = USART_Mode_Rx | USART_Mode_Tx;
  USART_Init (USART1, &USART_InitStructure);
  USART_Cmd (USART1, ENABLE);
}
```

8.6.6 STM32 的 UART 的数据读写

USART 数据寄存器（USART_DR）只有低 9 位有效，并且第 9 位数据是否有效取决于 USART 控制寄存器 1(USART_CR1)的 M 位。当 M 位为 0 时表示 8 位数据字长，当 M 位为 1 表示 9 位数据字长，我们一般使用 8 位数据字长。USART_DR 包含了已发送的数据或者接收到的数据。USART_DR 实际包含了两个寄存器，一个是专门用于发送的可写 TDR，一个是专门用于接收的可读 RDR。当进行发送操作时，往 USART_DR 写入数据会自动存储在 TDR 内；当进行读取操作时，向 USART_DR 读取数据会自动提取 RDR 数据。TDR 和 RDR 都是介于系统总线和移位寄存器之间的。串行通信是一位一位传输的，发送时把 TDR 内容转移到发送移位寄存器，然后把移位寄存器每一位数据发送出去；接收时把接收到的每一位数据按顺序保存在接收移位寄存器内，然后才转移到 RDR。

STM32 串口的发送和接收在库文件中分别有对应的函数，函数说明分别如表 8-15、表 8-16 所示。可直接调用，分别如下。

表 8-15 USART_SendData()函数说明

函数原型	void USART_SendData (USART_TypeDef* USARTx, uint16_t Data)
功能描述	通过 USARTx 发送一个数据
输入参数 1	USARTx：其中 x 可以是 1、2 或 3
输入参数 2	Data：发送的数据

表 8-16 USART_ReceiveData()函数说明

函数原型	uint16_t USART_ReceiveData (USART_TypeDef* USARTx)
功能描述	通过 USARTx 接收一个数据
输入参数	USARTx：其中 x 可以是 1、2 或 3
返回值	接收的数据

```
void USART_SendData(USART_TypeDef* USARTx, uint16_t Data)
uint16_t USART_ReceiveData(USART_TypeDef* USARTx)
```

通过串口进行收发的过程中，如上所述，会将寄存器 USART_SR 的标志位置位，那么在程序中，就可以通过不断地查询相应的标志位来获得串口此时的工作状态，这种方法称为查询法。库函数提供了 USART_GetFlagStatus() 函数原型来获得当前的状态，其说明如表 8-17 所示。

表 8-17　USART_GetFlagStatus() 函数说明

函数名	USART_GetFlagStatus()
函数原型	FlagStatus USART_GetFlagStatus (USART_TypeDef* USARTx, u16 USART_FLAG)
功能描述	检查指定的 USART 标志位设置与否
输入参数 1	USARTx：x 可以是 1、2 或者 3，来选择 USART 外设
输入参数 2	USART_FLAG：待检查的 USART 标志位
输出参数	无
返回值	USART_FLAG 的新状态（SET 或者 RESET）
先决条件	无
被调用函数	无

其中 USART_FLAG 用于选择需要获取的状态，其取值及描述如表 8-18 所示。

表 8-18　USART_FLAG 的取值及描述

USART_FLAG 的取值	描述
USART_FLAG_CTS	CTS 标志位
USART_FLAG_LBD	LIN 中断检测标志位
USART_FLAG_TXE	发送数据寄存器为空标志位
USART_FLAG_TC	发送完成标志位
USART_FLAG_RXNE	接收数据寄存器非空标志位
USART_FLAG_IDLE	空闲总线标志位
USART_FLAG_ORE	溢出错误标志位
USART_FLAG_NE	噪声错误标志位
USART_FLAG_FE	帧错误标志位
USART_FLAG_PE	奇偶错误标志位

查询法接收数据示例代码如下。

```
int main(void)
{
    uint16_t i;
    RCC_Configuration ();
```

```
    GPIO_Configuration ();
    USART_Configuration ();
    while (1)
    {
        if (USART_GetFlagStatus(USART1,USART_FLAG_RXNE)==SET)
        {
            i = USART_ReceiveData(USART1);
            USART_SendData(USART1, i);
            while (USART_GetFlagStatus(USART1,USART_FLAG_TC)!=SET);
        }
    }
}
```

8.7　STM32 的 UART 中断使用

8.7.1　STM32 的 UART 的收发中断控制

在程序中频繁地使用查询标志位的方式接收数据，不仅会降低系统的效率，而且可能使系统崩溃。采取中断方式可以很好地缓解这一问题。

使用串口中断函数时，除了要初始化 I/O 口和时钟等，还要配置相应的中断及中断函数。当发送使能 TE 位（USART_CR1）置 1 之后，发送器会先发送一个空闲帧（一个数据帧长度的高电平），接下来就可以往寄存器 USART_DR 写入要发送的数据。在写入最后一个数据后，需要等待 USART 状态寄存器（USART_SR）的 TC 位为 1，表示数据传输完成，如果寄存器 USART_CR1 的 TCIE 位置 1，将产生中断。

如果将寄存器 USART_CR1 的 RE 位置 1，使能 USART 接收，使得接收器在 RX 线开始搜索起始位。在确定起始位后就根据 RX 线电平状态把数据存放在接收移位寄存器。接收完成后就把接收移位寄存器数据移到 RDR 内，并把寄存器 USART_SR 的 RXNE 位置 1，同时如果寄存器 USART_CR1 的 RXNEIE 置 1，可以产生中断。

USART 有多个中断请求事件，如表 8-19 所示。

表 8-19　中断请求事件类型

中断请求事件	事件标志	使能控制位
发送数据寄存器为空	TXE	TXEIE
CTS 标志	CTS	CTSIE
发送完成	TC	TCIE
准备好读取接收到的数据	RXNE	RXNEIE

续表

中断请求事件	事件标志	使能控制位
检测到上溢出错误	ORE	RXNEIE
检测到空闲线路	IDLE	IDLEIE
奇偶校验错误	PE	PEIE
LIN 中断检测标志	LBD	LBDIE
多缓冲通信中的噪声标志、上溢出错误和帧错误	NF/ORE/FE	EIE

8.7.2　STM32 的 UART 中断使用方法

使能中断允许标志位，STM32 提供了 USART_ITConfig() 库函数，函数说明如表 8-20 所示。

表 8-20　USART_ITConfig() 函数说明

函数名	USART_ITConfig()
函数原型	void USART_ITConfig (USART_TypeDef* USARTx, u16 USART_IT, FunctionalState NewState)
功能描述	使能或者失能指定的 USART 中断
输入参数 1	USARTx：x 可以是 1、2 或者 3，来选择 USART 外设
输入参数 2	USART_IT：待使能或者失能的 USART 中断源
输入参数 3	NewState：USARTx 中断的新状态。 这个参数可以取 ENABLE 或者 DISABLE
输出参数	无
返回值	无
先决条件	无
被调用函数	无

输入参数 USART_IT 为使能或者失能的 USART 中断源。可以取表 8-21 所示的一个或者多个取值的组合作为该参数的值。

表 8-21　USART_IT 的取值及描述

USART_IT 的取值	描述
USART_IT_PE	奇偶错误中断
USART_IT_TXE	发送中断
USART_IT_TC	传输完成中断
USART_IT_RXNE	接收中断

续表

USART_IT 的取值	描述
USART_IT_IDLE	空闲总线中断
USART_IT_LBD	LIN 中断检测中断
USART_IT_CTS	CTS 中断
USART_IT_ERR	错误中断

USART 中断使能初始化代码如下。

```c
void USART_Configuration(void)
{
    USART_InitTypeDef USART_InitStructure;
    USART_InitStructure.USART_BaudRate = 115200;
    USART_InitStructure.USART_WordLength = USART_WordLength_8b;
    USART_InitStructure.USART_StopBits = USART_StopBits_1;
    USART_InitStructure.USART_Parity = USART_Parity_No;
    USART_InitStructure.USART_HardwareFlowControl= USART_HardwareFlowControl_None;
    USART_InitStructure.USART_Mode = USART_Mode_Rx | USART_Mode_Tx;
    USART_Init (USART1, &USART_InitStructure);
    USART_ITConfig (USART1, USART_IT_RXNE, ENABLE);
    USART_Cmd (USART1, ENABLE);
}
```

STM32 系列处理器 UART 接口具有中断功能，由嵌套向量中断控制器（NVIC）来管理。UART 位于 NVIC 中断通道 21，中断使能寄存器 ISER 用来控制 NVIC 通道的中断使能。当 ISER[21]=1 时，通道 21 中断使能，即 UART 中断使能。中断优先级寄存器 IPR 用来设定 NIVC 通道中断的优先级。IPR5[15:8]用来设定通道 21 的优先级，即 UART 中断的优先级。

UART 接口中断与嵌套向量中断控制器（NVIC）的设置利用了固件库函数，示例代码如下所示。

```c
void NVIC_Configuration(void)
{
    NVIC_InitTypeDef NVIC_InitStructure;
    NVIC_PriorityGroupConfig (NVIC_PriorityGroup_1);
    NVIC_InitStructure.NVIC_IRQChannel = USART1_IRQn;
    NVIC_InitStructure.NVIC_IRQChannelPreemptionPriority = 1;
    NVIC_InitStructure.NVIC_IRQChannelSubPriority = 1;
    NVIC_InitStructure.NVIC_IRQChannelCmd = ENABLE;
    NVIC_Init(&NVIC_InitStructure);
}
```

使能中断以后，接下来要编写串口中断对应的中断服务函数。中断向量区里面定义了中断服务函数名称，若需要使用串口的中断必须清楚串口的中断映射函数，在启动文件

startup_stm32f10x_md.s 中，可以看到各种中断的中断服务函数名称。从中可以看出串口 1 的
中断映射函数名为 USART1_IRQHandler()。

接下来就是编写中断响应函数。在中断响应函数中写入中断后想要进行的操作，本例中
的操作是将接收端接收的数据通过串口发送，代码如下。

```
void USART1_IRQHandler(void)
{
  uint8_t c;
  if (USART_GetITStatus(USART1, USART_IT_RXNE) != RESET)
  {
    c = USART_ReceiveData(USART1);
    USART_SendData(USART1,c);
    USART_ClearITPendingBit(USART1,USART_IT_RXNE);
  }
}
```

检查中断状态 USART_GetITStatus()函数和清除中断 USART_ClearITPendingBit()函数的说
明分别如表 8-22、表 8-23 所示。

表 8-22　USART_GetITStatus()函数说明

函数名	USART_GetITStatus()
函数原型	ITStatus USART_GetITStatus(USART_TypeDef* USARTx, u16 USART_IT)
功能描述	检查指定的 USART 中断发生与否
输入参数 1	USARTx：x 可以是 1、2 或者 3，来选择 USART 外设
输入参数 2	USART_IT：待检查的 USART 中断源
输出参数	无
返回值	USART_IT 的新状态
先决条件	无
被调用函数	无

表 8-23　USART_ClearITPendingBit()函数说明

函数名	USART_ClearITPendingBit()
函数原型	void USART_ClearITPendingBit (USART_TypeDef* USARTx, u16 USART_IT)
功能描述	清除 USARTx 的中断待处理位
输入参数 1	USARTx：x 可以是 1、2 或者 3，来选择 USART 外设
输入参数 2	USART_IT：待检查的 USART 中断源
输出参数	无
返回值	无

续表

先决条件	无
被调用函数	无

表 8-24 给出了所有可以被函数 USART_GetITStatus()检查的中断标志位列表。

表 8-24　USART_IT 的取值及描述

USART_IT 的取值	描述
USART_IT_PE	奇偶错误中断
USART_IT_TXE	发送中断
USART_IT_TC	发送完成中断
USART_IT_RXNE	接收中断
USART_IT_IDLE	空闲总线中断
USART_IT_LBD	LIN 中断检测中断
USART_IT_CTS	CTS 中断
USART_IT_ORE	溢出错误中断
USART_IT_NE	噪声错误中断
USART_IT_FE	帧错误中断

8.8　添加 printf 功能

在很多串口操作中都可以直接调用 printf()函数输出信息，但是在 STM32 中还需要进行一些配置才可以。接下来给出使用 printf()函数进行输出的使用方法。

在 STM32 中直接调用 printf()函数会出错，需要进行一些配置。

（1）在 main 文件中包含 stdio.h 头文件。

（2）重定义 fputc()函数：

```
int fputc(int ch, FILE *f)
{
  USART_SendData (USART1, (uint8_t) ch);
  while (USART_GetFlagStatus (USART1, USART_FLAG_TXE) == RESET)
  {}
  return ch;
}
```

（3）在工程属性的 "Target" → "Code Generation" 选项中勾选 "Use MicroLIB"，如图 8-24 所示。

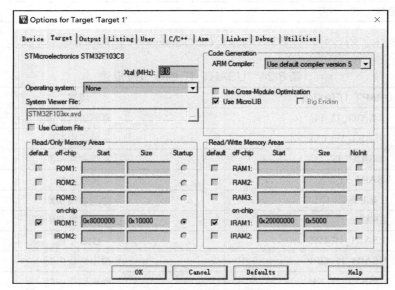

图 8-24　MDK 中的配置

执行以上操作后，在程序中就可以直接使用 printf() 函数输出调试信息了。

8.9　主从机通信

8.9.1　范例 13：查询法

下面的实例为使用查询法发送和接收串行接口数据的实例，波特率设置为 9600bit/s，数据位为 8 位，停止位 1 位，无奇偶校验位。

```c
#include "stm32f10x.h"
/******************************************************************************
* FunctionName   : RCC_Configuration()
* Description    : 初始化时钟
* EntryParameter : None
* ReturnValue    : None
******************************************************************************/
void RCC_Configuration(void)
{
```

```
  RCC_APB2PeriphClockCmd(RCC_APB2Periph_GPIOA | RCC_APB2Periph_AFIO, ENABLE);
  RCC_APB2PeriphClockCmd(RCC_APB2Periph_USART1, ENABLE);
}
/*************************************************************************
* FunctionName   : GPIO_Configuration()
* Description    : 初始化 GPIO
* EntryParameter : None
* ReturnValue    : None
*************************************************************************/
void GPIO_Configuration(void)
{
  GPIO_InitTypeDef GPIO_InitStructure;
  GPIO_InitStructure.GPIO_Pin = GPIO_Pin_10;
  GPIO_InitStructure.GPIO_Mode = GPIO_Mode_IN_FLOATING;
  GPIO_Init(GPIOA, &GPIO_InitStructure);
  GPIO_InitStructure.GPIO_Pin = GPIO_Pin_9;
  GPIO_InitStructure.GPIO_Speed = GPIO_Speed_50MHz;
  GPIO_InitStructure.GPIO_Mode = GPIO_Mode_AF_PP;
  GPIO_Init(GPIOA, &GPIO_InitStructure);
}
/*************************************************************************
* FunctionName   : USART_Configuration()
* Description    : 初始化串口
* EntryParameter : None
* ReturnValue    : None
*************************************************************************/
void USART_Configuration(void)
{
    USART_InitTypeDef USART_InitStructure;
  USART_InitStructure.USART_BaudRate = 9600;
  USART_InitStructure.USART_WordLength = USART_WordLength_8b;
  USART_InitStructure.USART_StopBits = USART_StopBits_1;
  USART_InitStructure.USART_Parity = USART_Parity_No;
  USART_InitStructure.USART_HardwareFlowControl= USART_HardwareFlowControl_None;
  USART_InitStructure.USART_Mode = USART_Mode_Rx | USART_Mode_Tx;
  USART_Init(USART1, &USART_InitStructure);
USART_Cmd(USART1, ENABLE);
}
/*************************************************************************
* FunctionName   : main()
* Description    : 主函数
* EntryParameter : None
```

```
* ReturnValue   : None
**************************************************************************/
int main(void)
{
    uint8_t temp =0;
    RCC_Configuration();
    GPIO_Configuration();
    USART_Configuration();
    while(1)
    {
        while (USART_GetFlagStatus(USART1, USART_FLAG_RXNE) == RESET);
        temp = USART_ReceiveData(USART1);
        USART_ClearFlag(USART1,USART_FLAG_RXNE);
        USART_SendData(USART1,temp);
        while(USART_GetFlagStatus(USART1,USART_FLAG_TC)==RESET);
    }
}
```

通过 USB 转串口设备连接单片机和 PC，同时在 PC 上正确安装 USB 转串口设备驱动后，打开串口调试终端。通过串口调试终端向单片机发送数据，单片机会返回发送的数据，通过串口调试终端观察实验现象，如图 8-25 所示。可以看到，在单条发送窗口发送了数据 55 以后，在接收串口收到了单片机返回的数据 55。

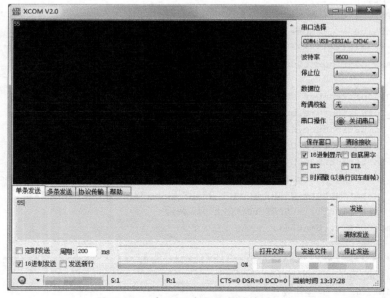

图 8-25　串口调试助手发送数据示意

8.9.2 范例 14：中断法

下面的实例为使用中断法发送和接收串行接口数据的实例，波特率设置为 9600bit/s，数据位 8 位，停止位 1 位，无奇偶校验位。

```c
#include "stm32f10x.h"
#include "stdio.h"
/****************************************************************************
* FunctionName   : RCC_Configuration()
* Description    : 初始化时钟
* EntryParameter : None
* ReturnValue    : None
****************************************************************************/
void RCC_Configuration(void)
{
  RCC_APB2PeriphClockCmd(RCC_APB2Periph_GPIOA | RCC_APB2Periph_AFIO, ENABLE);
  RCC_APB2PeriphClockCmd(RCC_APB2Periph_USART1, ENABLE);
}
/****************************************************************************
* FunctionName   : GPIO_Configuration()
* Description    : 初始化 GPIOIO
* EntryParameter : None
* ReturnValue    : None
****************************************************************************/
void GPIO_Configuration(void)
{
  GPIO_InitTypeDef GPIO_InitStructure;
  GPIO_InitStructure.GPIO_Pin = GPIO_Pin_10;
  GPIO_InitStructure.GPIO_Mode = GPIO_Mode_IN_FLOATING;
  GPIO_Init(GPIOA, &GPIO_InitStructure);
  GPIO_InitStructure.GPIO_Pin = GPIO_Pin_9;
  GPIO_InitStructure.GPIO_Speed = GPIO_Speed_50MHz;
  GPIO_InitStructure.GPIO_Mode = GPIO_Mode_AF_PP;
  GPIO_Init(GPIOA, &GPIO_InitStructure);
}
/****************************************************************************
* FunctionName   : NVIC_Configuration()
* Description    : 初始化 NVIC
* EntryParameter : None
* ReturnValue    : None
****************************************************************************/
void NVIC_Configuration(void)
{
  NVIC_InitTypeDef NVIC_InitStructure;
  NVIC_PriorityGroupConfig(NVIC_PriorityGroup_1);
```

```c
  NVIC_InitStructure.NVIC_IRQChannel = USART1_IRQn;
  NVIC_InitStructure.NVIC_IRQChannelPreemptionPriority = 1;
  NVIC_InitStructure.NVIC_IRQChannelSubPriority = 1;
  NVIC_InitStructure.NVIC_IRQChannelCmd = ENABLE;
  NVIC_Init(&NVIC_InitStructure);
}
/***************************************************************************
* FunctionName    : USART_Configuration()
* Description     : 初始化串口
* EntryParameter  : None
* ReturnValue     : None
***************************************************************************/
void USART_Configuration(void)
{
  USART_InitTypeDef USART_InitStructure;
  USART_InitStructure.USART_BaudRate = 9600;
  USART_InitStructure.USART_WordLength = USART_WordLength_8b;
  USART_InitStructure.USART_StopBits = USART_StopBits_1;
  USART_InitStructure.USART_Parity = USART_Parity_No;
  USART_InitStructure.USART_HardwareFlowControl= USART_HardwareFlowControl_None;
  USART_InitStructure.USART_Mode = USART_Mode_Rx | USART_Mode_Tx;
  USART_Init(USART1, &USART_InitStructure);
  USART_ITConfig(USART1, USART_IT_RXNE, ENABLE);
  USART_Cmd(USART1, ENABLE);
}
/***************************************************************************
* FunctionName    : main()
* Description     : 主函数
* EntryParameter  : None
* ReturnValue     : None
***************************************************************************/
int main(void)
{
    RCC_Configuration();
    GPIO_Configuration();
    NVIC_Configuration();
    USART_Configuration();
    printf("/********************************************************/\r\n");
    printf("/*                                                      */\r\n");
    printf("/*   Thank you for using STM32 ! ^_^   */\r\n");
    printf("/*                                                      */\r\n");
    printf("/********************************************************/\r\n");
    while(1)
    {
        printf("/*   Thank you for using STM32 ! ^_^   */\r\n");
```

```
    }
}
/***************************************************************************
* FunctionName   : USART1_IRQHandler()
* Description    : 串口中断服务函数
* EntryParameter : None
* ReturnValue    : None
***************************************************************************/
void USART1_IRQHandler(void)
{
uint8_t c;
  if(USART_GetITStatus(USART1, USART_IT_RXNE) != RESET)
  {
    c = USART_ReceiveData(USART1);
    USART_SendData(USART1,c);
    USART_ClearITPendingBit(USART1,USART_IT_RXNE);
  }
}
/***************************************************************************
* FunctionName   : fputc()
* Description    : 重写
* EntryParameter : None
* ReturnValue    : None
***************************************************************************/
int fputc(int ch, FILE *f)
{
  USART_SendData(USART1, (uint8_t) ch);
  while (USART_GetFlagStatus(USART1, USART_FLAG_TXE) == RESET)
  {}
  return ch;
}
```

8.10 习题与巩固

1. 填空题

（1）帧由四部分组成，分别是_____、_____、_____和_____。

（2）串行通信有 3 种传输方式，分别是_____、_____和_____。

（3）对于 9 针串行通信接口，我们经常使用到的引脚需要分别是_____、_____和_____引脚。

（4）RS-232C 的逻辑信号电平采用_____。

（5）可完成 CMOS 电平到 RS-232C 双向电平的转换的芯片型号是_____。

（6）STM32F103C8T6 拥有_____个 USART。

（7）串口 1 的中断映射函数名为_____。

（8）如果要控制 PWM 信号的占空比，可以修改_____寄存器的值，或者调用库函数_____。

2. 简答题

（1）简述 STM32 系列处理器 UART 特性、引脚分布。

（2）简述 STM32 系列处理器串行通信中断的分类。

（3）简述 STM32 系列处理器串行通信寄存器的配置。

（4）简述 UART 发送数据过程中"发送 FIFO 为空"和"发送器为空"两种状态的区别。

3. 程序填空题

（1）使用 USART1 进行串行通信，请完成下列代码。

```
void GPIO_Configuration(void)
{
  GPIO_InitTypeDef GPIO_InitStructure;
  GPIO_InitStructure.GPIO_Pin = GPIO_Pin_10;
  GPIO_InitStructure.GPIO_Mode = ();
  GPIO_Init (GPIOA, &GPIO_InitStructure);
  GPIO_InitStructure.GPIO_Pin = GPIO_Pin_9;
  GPIO_InitStructure.GPIO_Speed = GPIO_Speed_50MHz;
  GPIO_InitStructure.GPIO_Mode = ();
  GPIO_Init (GPIOA, &GPIO_InitStructure);
}
```

（2）要设置串口为波特率为 9600bit/s，字长为 9 位，停止位为 0.5，偶校验，硬件流控制为无，只开通接收功能，请完成下列代码。

```
void USART_Configuration(void)
{
  USART_InitTypeDef USART_InitStructure;
  USART_InitStructure.USART_BaudRate = ();
  USART_InitStructure.USART_WordLength = ();
  USART_InitStructure.USART_StopBits = ();
  USART_InitStructure.USART_Parity = ();
  USART_InitStructure.USART_HardwareFlowControl = ();
  USART_InitStructure.USART_Mode = ();
  USART_Init (USART1, &USART_InitStructure);
  USART_Cmd (USART1, ENABLE);
}
```

第 9 章
STM32 单片机的模数转换器

本章导读

1. 主要内容

在时间上和数值上都是离散的物理量称为数字量，表示数字量的信号叫数字信号。在时间上或数值上都是连续的物理量称为模拟量，表示模拟量的信号叫模拟信号。数模与模数转换器是计算机与外部设备的重要"接口"，是数字测量和数字控制系统的重要部件。

本章主要介绍 STM32 系列处理器模数转换器的概念、分类、主要技术指标；STM32 系列处理器模数转换器的引脚配置、相关寄存器配置；STM32 系列处理器模数转换器的中断配置、中断服务函数的编写；通过具体范例讲解加深读者对学习内容的理解。

2. 总体目标

（1）了解 STM32 系列处理器模数转换器的概念；
（2）理解 STM32 系列处理器模数转换器的分类、主要技术指标；
（3）掌握 STM32 系列处理器模数转换器的引脚配置、相关寄存器配置；
（4）掌握 STM32 系列处理器模数转换器的中断配置；
（5）掌握 STM32 系列处理器模数转换器的中断服务函数的编写。

3. 重点与难点

重点：理解 STM32 系列处理器模数转换器的分类、主要技术指标；掌握 STM32 系列处理器模数转换器的引脚配置、相关寄存器配置；掌握 STM32 系列处理器模数转换器的中断配置；掌握 STM32 系列处理器模数转换器的中断服务函数的编写。

难点：掌握 STM32 系列处理器模数转换器的中断服务函数的编写。

4. 解决方案

在课堂会着重对范例进行剖析，并安排一个相应的实验，帮助及加深学生对内容的理解。

单片机是一个典型的数字系统。数字系统只能对输入的数字信号进行处理，其输出信号也是数字信号。但是在工业检测系统和日常生活中，许多物理量都是模拟量，比如温度、长度、压力、速度等，这些模拟量可以通过传感器转换成成与之对应的电压、电流等模拟量。为了实现数字系统对这些模拟量的检测、运算和控制，需要一个模拟量和数字量之间相互转换的器件，这就是模数转换器（ADC）。

9.1 输入信号分类形式

根据外围电路输入的电信号形式，可以把输入信号分为以下几种类型。

9.1.1 模拟信号和数字信号

传感器将某个外部参数（如温度、转速）转换为电信号（电压或电流）。如果传感器输出的电信号的幅度变化代表了外部参数的变化，例如电压的升高/下降（电流增大/减小）表示温度高/低的变化，那么这个传感器就是模拟传感器，它产生的是模拟信号。由于单片机是数字化的，因此模拟信号要转换成数字信号才能由单片机处理。这个转换电路称为模数转换电路。模数转换电路是单片机系统重要的外围接口电路之一，用途广泛。在系统硬件设计中，可以选取专用的模数转换芯片作为模拟传感器与单片机之间的接口，也可以选择片内带模数转换功能的单片机，以简化硬件电路的设计。STM32 单片机内部集成了模数转换器。

对于有些变化的外部参数可以采用数字式传感器直接将其转换成数字信号，例如采用光栅和光电开关器件将位移和转动圈数转换成脉冲信号，用于测量位移或转速。还有一些新型的传感器器件，把模拟传感器、模数转换器和数字接口集成在一片芯片，构成智能数字传感器，例如 Dallas 公司的数字温度传感器 DS18B20 等。这些器件的推出方便了人们对嵌入式系统进行硬件设计。

9.1.2 电压信号和电流信号

单片机的 GPIO 逻辑是数字电平逻辑，即以高电平和低电平作为逻辑 "1" 和 "0"，因此要求进入单片机的信号是电压信号。而有一些传感器的输出是电流信号，甚至是微小的电流信号，那么在进入单片机前还需要将电流信号放大，并把电流转换成电压的信号来调理电路。

在一些长远距离的应用中，考虑到电压信号的抗干扰能力差及具有长线衰减等因素，往往在一端把电压信号变成电流信号，而在另一端把电流信号转换成电压信号，这样可大大提高信号传输的可靠性，例如 RS-485 通信等。

9.1.3 单次信号和连续信号

间隔时间较长，单次产生的脉冲信号和较长时间保持电平不变化的信号称为单次信号。常见的单次信号一般是由按键、限位开关等人为动作或机械器件产生的信号。而连续信号一般指连续的脉冲信号，如计数脉冲信号、数据通信传输信号等。

9.2 模数转换的原理

在生活中有很多从模拟量转换成数字量的例子，比如米尺，从 0～1m，长度取值可以是任意值，可以是 1cm、1.001cm、1.0001cm 等。总之，任何两个数字之间都有无限个中间值，所以称为连续变化的量，也就是模拟量。模拟量就是指在一定范围内连续变化的量，也就是在一定范围内可以取任意值。而米尺被人为地做上了刻度符号，每两个刻度之间的间隔是 1mm，这个刻度实际上是对模拟量的数字化，由于有一定的间隔，不是连续的，在专业领域里称为离散。

模数转换器就是把连续的模拟信号用离散的数字表达出来。因此我们可以使用米尺这个"模数转换器"来测量连续的长度或者高度。

我们往杯子里倒水，水位会随着倒入的水量而变化。用这个米尺来测量杯子里的水位的高度。水位在连续变化，通过尺子上的刻度来读取水位的高度值，可获取水位的数字量信息。上述过程可以简单地理解为电路中的模数转换器进行模拟量到数字量的转换过程。

9.3 模数转换器的工作过程

ADC 进行模数转换一般包含 3 个关键步骤：采样、量化、编码。

❑ 采样：在间隔为 T 的 $T, 2T, 3T, \cdots$ 时刻抽取被测模拟信号幅值，相邻两个采样时刻之间的间隔 T 被称为采样周期。

❑ 量化：对模拟信号进行采样后，得到一个时间上离散的脉冲信号序列，但每个脉冲信号的幅度仍然是连续的。然而，CPU 所能处理的数字信号不仅在时间上是离散的，数值大小的变化也是不连续的。因此，必须把采样后每个脉冲信号的幅度进行离散化处理，得到被 CPU 处理的离散数值，这个过程称为量化。

☐ 编码：把量化的结果用二进制表示出来称为编码。而且，一个 *n* 位量化的结果恰好可用一个 *n* 位二进制数表示。这个 *n* 位二进制数就是模数转换完成后的输出结果。

9.4 模数转换器的相关概念

9.4.1 基准源

要想把输入模数转换器的信号测量准确，必须有一个非常准的参考，这就是基准源，也叫基准电压。基准源首先要稳定、准确，基准源的偏差会直接导致转换结果的偏差。比如一根米尺，总长度本应该是 1m，假定这根米尺被火烤了以后，实际变成了 1.2m，再用这根米尺测量物体长度，得到的结果自然就有较大的偏差。假如系统基准源输出本应该是 2.5V，但是实际上输出是 2.48V，这样通过模数转换器得到的数字结果偏差会比较大。

STM32 单片机的 VDDA 和 VSSA 引脚则是提供基准电压引脚，通常接 3.3V 电源。

9.4.2 模数转换器的分类

目前应用广泛的模数转换器主要有逐次逼近型模数转换器、双积分型模数转换器、Σ-△型模数转换器和电压-频率型模数转换器。

（1）逐次逼近型模数转换器。

逐次逼近型模数转换器在精度、速度和价格上都适中，是常用的模数转换器件。STM32 系列微处理器的内置模数转换器为逐次逼近型。

逐次逼近的过程类似用 4 个分别重 8g、4g、2g、1g 的砝码来称重 13g 的物体，逐次逼近称量示例如表 9-1 所示。

表 9-1　逐次逼近称量示例

顺序	砝码质量	比较判别	结果
1	8g	8g<13g	留
2	8g+4g	12g<13g	留
3	8g+4g+2g	14g>13g	去
4	8g+4g+1g	13g=13g	留

每次加一个砝码，总质量低于或等于要称的质量则保留该砝码，否则去掉该砝码，换成

质量较小的，逐渐达到精确测量。通过上述 4 次比较后，得出结果。当这一过程应用于模数转换时，如果留下记为"1"，舍去记为"0"，则对应的模数转换结果为 1101。

（2）双积分型模数转换器。

双积分型模数转换器的基本原理是对输入模拟电压和参考电压分别进行两次积分，将输入电压平均值变成与之成正比的时间间隔，然后利用时钟脉冲信号和计数器测出此时间间隔，进而得到相应的数字量输出。由于该转换电路是对输入电压的平均值进行变换的，所以它具有很强的抗工频干扰能力，在数字测量中得到广泛应用。

（3）Σ-△型模数转换器。

Σ-△型模数转换器由积分器、比较器、1 位模数转换器和数字滤波器等组成。原理上近似于积分型，将输入电压转换成时间（脉冲宽度）信号，用数字滤波器处理后得到数字信号。由于采用了 Σ-△ 调制技术和数字抽取滤波技术，可以获得较高的分辨率，关于此类型模数转换器的详细内容，读者可以查阅相关资料。

（4）电压-频率型模数转换器。

电压-频率型模数转换器是通过间接方式实现模数转换的。其原理是首先将输入的模拟电压信号转换成与电压成正比的脉冲信号，在一定时间内对该脉冲信号进行计数，通过在规定时间的计数来完成对输入电压的转换。该转换器的优点是分辨率高、功耗低，但是需要外部计数电路共同完成模数转换。

9.4.3　模数转换器的主要技术指标

选取和使用模数转换器的时候，依靠什么指标来判断很重要。下面对模数转换器的相关指标进行介绍。

（1）位数。

一个 n 位的模数转换器表示这个模数转换器共有 2^n 个数据刻度。8 位的模数转换器，输出的是 0～255 一共 256 个数字量，也就是 2^8 个数据刻度。

（2）转换速率。

转换速率，是指模数转换器每秒能进行采样转换的最大次数，单位是 sps（Samples Per Second），它与模数转换器完成一次从模拟到数字的转换所需要的时间互为倒数。模数转换器的种类比较多，其中双积分型模数转换器的转换时间是毫秒级的，属于低速模数转换器；逐次逼近型模数转换器的转换时间是微秒级的，属于中速模数转换器；快闪式模数转换器的转换时间可达到纳秒级，属于高速模数转换器。

（3）分辨率。

在模数转换器中，分辨率是衡量模数转换器能够分辨出输入模拟量最小变化程度的技术指标。分辨率取决于模数转换器的位数，所以习惯上用输出的二进制位数来表示。例如某模数转换器满量程输入电压为 5V，可输出 12 位二进制数，即可用 2^{12} 个数进行量化，其分辨率为 1LSB，即 $5V/2^{12}=1.22mV$，其分辨率为 12 位，或者说模数转换器能分辨出输入电压 1.22mV 的变化。

（4）量化误差。

在用有限位数字量对模拟量进行量化的过程中，可能会引起误差，在量化过程中引起的误差称为量化误差。量化误差理论上规定为一个单位分辨率 ± 1/2LSB，提高模数转换器的位数既可以提高分辨率，又能减少量化误差。

（5）转换精度。

转换精度定义为一个实际模数转换器与一个理想转换器在量化值的差值，可用绝对误差或相对误差表示。

9.5 STM32 的模数转换器

9.5.1 STM32 的模数转换器特性

STM32 系列处理器的模数转换器具有以下特性。

- □ 12 位分辨率的逐次逼近式。
- □ 规则转换结束、注入转换结束和发生模拟看门狗事件时产生中断。
- □ 单次和连续转换模式。
- □ 从通道 0 到通道 n 的自动扫描模式。
- □ 自校准。
- □ 带内嵌数据一致性的数据对齐。
- □ 采样间隔可以按通道分别编程。
- □ 规则转换和注入转换均有外部触发选项。
- □ 以间断模式执行。
- □ ADC 转换时间：STM32F103x 增强型产品的时钟频率为 56MHz 时转换时间为 1μs（时钟频率为 72MHz 时转换时间为 1.17μs）。因为 56MHz 选择 4 分频为 14MHz，为 ADC 的最大时钟频率，而 72MHz 只能选择 6 分频。
- □ ADC 供电要求：2.4V～3.6V。
- □ ADC 输入范围：$V_{REF-} \leqslant V_{IN} \leqslant V_{REF+}$。
- □ 规则通道转换期间有 DMA 请求产生。

9.5.2 STM32 的模数转换器功能剖析

STM32F103 系列有 3 个 ADC，精度为 12 位，每个 ADC 最多有 16 个外部通道。其中 ADC1 和 ADC2 都有 16 个外部通道，根据 CPU 引脚的不同 ADC3 通道数也不同，一般都有 8 个外部通道。ADC 的工作模式种类较多，功能强大。ADC 功能如图 9-1 所示。

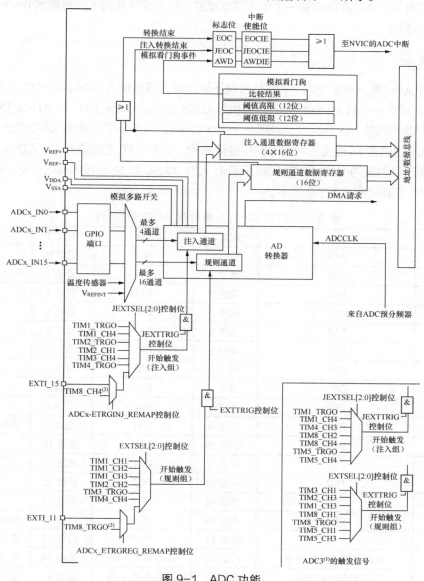

图 9-1　ADC 功能

1. 电压输入范围

STM32 的内置 ADC 输入范围为 $V_{REF-} \leqslant V_{IN} \leqslant V_{REF+}$，由 V_{REF-}、V_{REF+}、V_{DDA}、V_{SSA} 这 4 个外部引脚决定。在设计原理图的时候一般把 V_{SSA} 和 V_{REF-} 接地，把 V_{REF+} 和 V_{DDA} 接 3.3V 电源，这样得到 ADC 的输入电压范围为 0～3.3V。如果想让输入的电压范围变大，可以测试负电压或者更高的正电压，可以在外部加一个电压调理电路，把需要转换的电压转换到 0～3.3V，这样 ADC 就可以测量了。

2. 输入通道

确定好 ADC 输入电压之后，输入信号电压通过输入通道输入 ADC，STM32 的 ADC 多达 18 个通道，其中外部的 16 个通道就是框中的 ADCx_IN0、ADCx_IN1……ADCx_IN5。这 16 个通道对应着不同的 I/O 口，具体是哪一个 I/O 口可见 4.1.1 小节。其中 ADC1/2/3 还有内部通道：ADC1 的通道 16 连接芯片内部的温度传感器，VREFINT 连接通道 17。ADC2 的模拟通道 16 和 17 连接内部的 VSS。ADC3 的模拟通道 9、14、15、16 和 17 连接内部的 VSS。STM32F103 单片机 ADC 引脚分配如表 9-2 所示。

表 9-2　STM32F103 单片机 ADC 引脚分配

ADC1	I/O	ADC2	I/O	ADC3	I/O
通道 0	PA0	通道 0	PA0	通道 0	PA0
通道 1	PA1	通道 1	PA1	通道 1	PA1
通道 2	PA2	通道 2	PA2	通道 2	PA2
通道 3	PA3	通道 3	PA3	通道 3	PA3
通道 4	PA4	通道 4	PA4	通道 4	PF6
通道 5	PA5	通道 5	PA5	通道 5	PF7
通道 6	PA6	通道 6	PA6	通道 6	PF8
通道 7	PA7	通道 7	PA7	通道 7	PF9
通道 8	PB0	通道 8	PB0	通道 8	PF10
通道 9	PB1	通道 9	PB1	通道 9	连接内部 VSS
通道 10	PC0	通道 10	PCO	通道 10	PCO
通道 11	PC1	通道 11	PC1	通道 11	PC1
通道 12	PC2	通道 12	PC2	通道 12	PC2
通道 13	PC3	通道 13	PC3	通道 13	PC3
通道 14	PC4	通道 14	PC4	通道 14	连接内部 VSS
通道 15	PC5	通道 15	PC5	通道 15	连接内部 VSS
通道 16	连接内部温度传感器	通道 16	连接内部 VSS	通道 16	连接内部 VSS
通道 17	连接内部 VREFINT	通道 17	连接内部 VSS	通道 17	连接内部 VSS

外部的 16 个通道在转换的时候又分为规则通道和注入通道，其中规则通道最多有 16 个，注入通道最多有 4 个。这两种通道有什么区别？在什么时候使用？

（1）规则通道

顾名思义，规则通道就是"很规矩"的意思，我们一般使用的就是这个通道。

（2）注入通道

注入，可以理解为插入、插队。它是在规则通道转换的时候强行插入要转换的一种通道。如果在规则通道转换过程中，有注入通道插队，那么要先转换完注入通道，等注入通道转换完成后，再回到规则通道的转换流程。所以注入通道只有在规则通道存在时才会出现。

3. 转换顺序

（1）规则序列

规则序列寄存器有 3 个，分别为 SQR3、SQR2、SQR1，如表 9-3 所示。SQR3 控制着规则序列中的第 1 个到第 6 个转换，对应的位为 SQ1[4:0]～SQ6[4:0]。第 1 个转换的是位 SQ1[4:0]，如果通道 16 要第 1 个转换，那么在 SQ1[4:0]写 16 即可。SQR2 控制着规则序列中的第 7 个到第 12 个转换，对应的位为 SQ7[4:0]～SQ12[4:0]，如果通道 1 要第 8 次转换，则将 SQ8[4:0]写 1 即可。SQR1 控制着规则序列中的第 13 个到第 16 个转换，对应位为 SQ13[4:0]～SQ16[4:0]，如果通道 6 要第 10 个转换，则 SQ10[4:0]写 6 即可。具体使用多少个通道，由 SQR1 的位 SQL[3:0] 决定，最多 16 个通道。

表 9-3 规则序列寄存器

寄存器	寄存器位	功能	取值
SQR3	SQ1[4:0]	设置第 1 个转换的通道	通道 1～16
	SQ2[4:0]	设置第 2 个转换的通道	通道 1～16
	SQ3[4:0]	设置第 3 个转换的通道	通道 1～16
	SQ4[4:0]	设置第 4 个转换的通道	通道 1～16
	SQ5[4:0]	设置第 5 个转换的通道	通道 1～16
	SQ6[4:0]	设置第 6 个转换的通道	通道 1～16
SQR2	SQ7[4:0]	设置第 7 个转换的通道	通道 1～16
	SQ8[4:0]	设置第 8 个转换的通道	通道 1～16
	SQ9[4:0]	设置第 9 个转换的通道	通道 1～16
	SQ10[4:0]	设置第 10 个转换的通道	通道 1～16
	SQ11[4:0]	设置第 11 个转换的通道	通道 1～16
	SQ12[4:0]	设置第 12 个转换的通道	通道 1～16

续表

寄存器	寄存器位	功能	取值
SQR3	SQ13[4:0]	设置第 13 个转换的通道	通道 1～16
	SQ14[4:0]	设置第 14 个转换的通道	通道 1～16
	SQ15[4:0]	设置第 15 个转换的通道	通道 1～16
	SQ16[4:0]	设置第 16 个转换的通道	通道 1～16
	SQL[3:0]	需要转换的通道数量	通道 1～16

（2）注入序列。

注入序列寄存器 JSQR 只有一个，最多支持 4 个通道。具体使用多少个由 JSQR 的 JL[1:0] 决定，如表 9-4 所示。如果通道数目小于 4，则跳过开始的转换通道，从中间开始转换。例如，通道数目是 3，则转换 JSQ2[4:0]～JSQ4[4:0]，而不是转换 JSQ1[4:0]～JSQ3[4:0]。即第 1 个转换的不是 JSQ1[4:0]，而是 JSQx[4:0]，x = (4 - JL)。当 JL 等于 3（通道数目等于 4）时，跟 SQR 一样，始终从 JSQ1[4:0]开始转换。

表 9-4　注入序列寄存器

寄存器	寄存器位	功能	取值
JSQR	JSQ1[4:0]	设置第 1 个转换的通道	通道 1～4
	JSQ2[4:0]	设置第 2 个转换的通道	通道 1～4
	JSQ3[4:0]	设置第 3 个转换的通道	通道 1～4
	JSQ4[4:0]	设置第 1 个转换的通道	通道 1～4
	JL[1:0]	需要转换的通道数量	1～4

4. 触发源

设置输入通道与转换的顺序后，接下来启动转换。ADC 的转换可以由 ADC 控制寄存器 2（ADC_CR2）的 ADON 位控制，写入 1 启动转换，写入 0 停止转换。除了支持上述控制方法外，ADC 还支持触发转换，包括内部定时器触发和外部 I/O 引脚触发。触发源有多种，具体选择哪一种触发源，由 ADC_CR2 的 EXTSEL[2:0]和 JEXTSEL[2:0]控制。EXTSEL[2:0]用于选择规则序列寄存的触发源，JEXTSEL[2:0]用于选择注入序列寄存的触发源。选定好触发源之后，触发源是否要激活，由 ADC_CR2 的 EXTTRIG 和 JEXTTRIG 位决定。值得注意的是 ADC3 的规则转换和注入转换的触发源与 ADC1/2 的有所不同，详见图 9-1。

5. 转换时间

（1）ADC 时钟。

ADC 时钟 ADCCLK 由 PCLK2 经过分频产生，最大频率是 14MHz，分频因子由时钟配置寄存器 RCC_CFGR 的 ADCPRE[1:0]设置，可以是 2/4/6/8 分频，注意没有 1 分频。一般设置 PCLK2=HCLK=72MHz。

（2）采样时间。

ADC 使用若干个 ADCCLK 周期对输入的电压进行采样，采样的周期数可通过 ADC 采样时间寄存器 ADC_SMPR1 和 ADC_SMPR2 中的 SMP[2:0]位设置，ADC_SMPR2 控制的是通道 0～9，ADC_SMPR1 控制的是通道 10～17。每个通道可以用不同的采样时间。其中采样周期最小为 1.5 个，如果要进行最快的采样，应该设置采样周期为 1.5 个，这里的周期是 1/ADCCLK。

ADC 的转换时间与 ADC 时钟和采样时间有关，公式为 T_{conv}= 采样时间 + 12.5 个周期时间。当 ADCCLK = 14MHz（最大），采样时间设置为 1.5 个周期（最快），那么总的转换时间（最短）T_{conv}= 1.5 个周期+ 12.5 个周期 = 14 个周期 = 1μs。一般设置 PCLK2=72MHz，经过 ADC 预分频器能分频到最大的时钟频率只能是 12MHz，采样周期设置为 1.5 个周期，最短的转换时间为 1.17μs。

6. 数据寄存器

根据转换组的不同，通过 ADC 转换后的规则组的数据放在寄存器 ADC_DR 中，注入组的数据放在寄存器 ADC_JDRx 中。

（1）规则数据寄存器。

规则数据寄存器 ADC_DR 只有一个，是一个 32 位的寄存器，低 16 位在单模式时使用，高 16 位是在 ADC1 处于双模式下用来保存 ADC2 转换的规则通道数据（双模式就是 ADC1 和 ADC2 同时使用）。在单模式下，ADC1/2/3 都不使用高 16 位。因为 ADC 的精度是 12 位，ADC_DR 的高 16 或者低 16 位都放不满，只能采用左对齐或者右对齐方式，具体以哪一种方式存放，由 ADC_CR2 的 11 位 ALIGN 设置。规则通道多达 16 个，但是规则数据寄存器只有一个，如果使用多通道转换，前一个时间点转换的输入通道数据，就会被下一个时间点的另外一个输入通道转换的数据覆盖掉，所以当通道转换完成后要把数据取走，或者开启 DMA 模式，把数据传输到内存，不然就会造成数据的覆盖。

（2）注入数据寄存器。

ADC 注入组最多有 4 个通道，刚好注入数据寄存器也有 4 个，每个通道对应着相应的寄存器，不会像规则寄存器那样产生数据覆盖的问题。ADC_JDRx 是 32 位的，低 16 位有效，高 16 位保留，数据同样可采用左对齐和右对齐方式，具体以哪一种方式存放，由 ADC_CR2 的 11 位 ALIGN 设置。

7. 中断

（1）转换结束中断。

数据转换结束后，可以产生中断，中断分为 3 种：转换结束中断、注入转换通道结束中断、模拟看门狗中断。转换结束中断与普通中断一样，有相应的中断标志位和中断使能位，可以根据中断类型写相应配套的中断服务程序。

（2）模拟看门狗中断。

当 ADC 转换的模拟电压低于低阈值或者高于高阈值时，就会产生中断，前提是开启了模拟看门狗中断，其中低阈值和高阈值由 ADC_LTR 和 ADC_HTR 设置。如果设置的高阈值是 2.5V，那么模拟电压超过 2.5V 的时候，就会产生模拟看门狗中断，反之低阈值也有相同的效果。

8．电压转换

模拟电压经过 ADC 转换后，是一个 12 位的数字值，可读性比较差，需要把数字电压转换成模拟电压。与实际的模拟电压对比，衡量转换是否准确。一般在设计原理图的时候会把 ADC 的输入电压范围设定在 0～3.3V，因为 ADC 是 12 位的，那么 12 位满量程对应的就是 3.3V，12 位满量程对应的数字值是 2^{12}。数值 0 对应的就是 0V。如果转换后的数值为 X，X 对应的模拟电压数值为 Y，那么下列等式成立：$2^{12} / 3.3 = X / Y$，进一步得到 $Y = (3.3 \times X) / 2^{12}$。

9.6 STM32 的 ADC 相关寄存器功能详解

9.6.1 ADC 控制寄存器 1(ADC_CR1)

该寄存器复位值为 0x0000 0000，用来设置模拟看门狗、双模式选择、间断模式通道计数等。寄存器的位分布及位描述分别如图 9-2 和表 9-5 所示。

31	30	29	28	27	26	25	24	23	22	21	20	19	18	17	16
保留								AWDEN	JAWD EN	保留		DUALMOD[3:0]			
								rw	rw			rw	rw	rw	rw

15	14	13	12	11	10	9	8	7	6	5	4	3	2	1	0
DISCNUM[2:0]			JDISC EN	DISC EN	JAUTO	AWD SGL	SCAN	JEOC IE	AWDIE	EOCIE		AWDCH[4:0]			
rw	rw	rw	rw	rw	rw	rw	rw	rw	rw	rw	rw	rw	rw	rw	rw

图 9-2 寄存器 ADC_CR1 的位分布

表 9-5 寄存器 ADC_CR1 的位描述

寄存器位	描述
31:24	保留，必须保持为 0
23	AWDEN：在规则通道上开启模拟看门狗。 该位由软件设置和清除。 0：在规则通道上禁用模拟看门狗。 1：在规则通道上使用模拟看门狗。

续表

寄存器位	描述
22	JAWDEN：在注入通道上开启模拟看门狗。 该位由软件设置和清除。 0：在注入通道上禁用模拟看门狗。 1：在注入通道上使用模拟看门狗
21:20	保留，必须保持为 0
19:16	DUALMOD[3:0]：双模式选择。 软件使用这些位选择操作模式。 0000：独立模式。 0001：混合的同步规则+注入同步模式。 0010：混合的同步规则+交替触发模式。 0011：混合同步注入+快速交叉模式。 0100：混合同步注入+慢速交叉模式。 0101：注入同步模式。 0110：规则同步模式。 0111：快速交叉模式。 1000：慢速交叉模式。 1001：交替触发模式
15:13	DISCNUM[2:0]：间断模式通道计数。 软件通过这些位定义在间断模式下收到外部触发后转换规则通道的数目。 000：1 个通道。 001：2 个通道。 …… 111：8 个通道
12	JDISCEN：注入通道上的间断模式。 该位由软件设置和清除，用于开启或关闭注入通道上的间断模式。 0：注入通道组上禁用间断模式。 1：注入通道组上使用间断模式
11	DISCEN：规则通道上的间断模式。 该位由软件设置和清除，用于开启或关闭规则通道上的间断模式。 0：规则通道组上禁用间断模式。 1：规则通道组上使用间断模式
10	JAUTO：自动注入通道组转换。 该位由软件设置和清除，用于开启或关闭规则通道组转换结束后自动注入通道组转换。 0：关闭自动的注入通道组转换。 1：开启自动的注入通道组转换

续表

寄存器位	描述
9	AWDSGL：扫描模式中在一个单一的通道上使用看门狗。 该位由软件设置和清除，用于开启或关闭由 AWDCH[4:0] 位指定的通道上的模拟看门狗功能。 0：在所有的通道上使用模拟看门狗。 1：在单一通道上使用模拟看门狗
8	SCAN：扫描模式。 该位由软件设置和清除，用于开启或关闭扫描模式。在扫描模式中，转换由寄存器 ADC_SQRx 或 ADC_JSQRx 选中的通道。 0：关闭扫描模式。 1：使用扫描模式。 注：如果分别设置了 EOCIE 或 JEOCIE 位，只在最后一个通道转换完毕后才会产生 EOC 或 JEOC 中断
7	JEOCIE：允许产生注入通道转换结束中断。 该位由软件设置和清除，用于禁止或允许所有注入通道转换结束后产生中断。 0：禁止 JEOC 中断。 1：允许 JEOC 中断。当硬件设置 JEOC 位时产生中断
6	AWDIE：允许产生模拟看门狗中断。 该位由软件设置和清除，用于禁止或允许模拟看门狗产生中断。在扫描模式下，如果看门狗检测到超范围的数值时，只有在设置了该位时扫描才会中止。 0：禁止模拟看门狗中断。 1：允许模拟看门狗中断
5	EOCIE：允许产生 EOC 中断。 该位由软件设置和清除，用于禁止或允许转换结束后产生中断。 0：禁止 EOC 中断。 1：允许 EOC 中断。当硬件设置 EOC 位时产生中断
4:0	AWDCH[4:0]：模拟看门狗通道选择位。 这些位由软件设置和清除，用于选择模拟看门狗保护的输入通道。 00000：ADC 模拟输入通道 0。 00001：ADC 模拟输入通道 1。 …… 01111：ADC 模拟输入通道 15。 10000：ADC 模拟输入通道 16。 10001：ADC 模拟输入通道 17。 保留所有其他数值。 注：ADC1 的模拟输入通道 16 和通道 17 在芯片内部分别连到了温度传感器和 V_{REF}。 ADC2 的模拟输入通道 16 和通道 17 在芯片内部连到了 VSS。 ADC3 模拟输入通道 9、14、15、16、17 与 VSS 相连

9.6.2 ADC 控制寄存器 2(ADC_CR2)

该寄存器复位值为 0x00000000，用来开启温度传感器、规则通道、注入通道等。寄存器的位分布及位描述分别如图 9-3 和表 9-6 所示。

31	30	29	28	27	26	25	24	23	22	21	20	19	18	17	16
保留								TS VREFE	SW START	JSW START	EXT TRIG	EXTSEL[2:0]			保留
								rw	rw	rw	rw	rw	rw	rw	

15	14	13	12	11	10	9	8	7	6	5	4	3	2	1	0
JEXT TRIG	JEXTSEL[2:0]			ALIGN	保留		DMA	保留				RST CAL	CAL	CONT	ADON
rw	rw	rw	rw	rw			rw					rw	rw	rw	rw

图 9-3　寄存器 ADC_CR2 的位分布

表 9-6　寄存器 ADC_CR2 的位描述

寄存器位	描述
31:24	保留，必须保持为 0
23	TSVREFE：温度传感器和 V_{REFINT} 使能。 该位由软件设置和清除，用于开启或禁止温度传感器和 V_{REFINT} 通道。在多于 1 个 ADC 的器件中，该位仅出现在 ADC1 中。 0：禁止温度传感器和 V_{REFINT}。 1：启用温度传感器和 V_{REFINT}
22	SWSTART：开始转换规则通道。 由软件设置该位以启动转换，转换开始后硬件马上清除该位。如果在 EXTSEL[2:0]位中选择了 SWSTART 为触发事件，该位用于启动一组规则通道的转换。 0：复位状态。 1：开始转换规则通道
21	JSWSTART：开始转换注入通道。 由软件设置该位以启动转换，软件可清除该位或在转换开始后硬件马上清除该位。如果在 JEXTSEL[2:0]位中选择 JSWSTART 为触发事件，该位用于启动一组注入通道的转换。 0：复位状态。 1：开始转换注入通道
20	EXTTRIG：规则通道的外部触发转换模式。 该位由软件设置和清除，用于开启或禁止可以启动规则通道组转换的外部触发事件。 0：不用外部事件启动转换 1：使用外部事件启动转换
19:17	EXTSEL[2:0]：选择启动规则通道组转换的外部事件。 这些位选择用于启动规则通道组转换的外部事件。

续表

寄存器位	描述
19:17	ADC1 和 ADC2 的触发配置如下。 110：EXTI 线 11/ TIM8_TRGO 事件（仅大容量产品具有 TIM8_TRGO 功能）。 010：定时器 1 的 CC3 事件。 011：定时器 2 的 CC2 事件。111：SWSTART。 ADC3 的触发配置如下。 000：定时器 3 的 CC1 事件。100：定时器 8 的 TRGO 事件。 001：定时器 2 的 CC3 事件。101：定时器 5 的 CC1 事件。 010：定时器 1 的 CC3 事件。110：定时器 5 的 CC3 事件。 011：定时器 8 的 CC1 事件。111：SWSTART
16	保留，必须保持为 0
15	该位由软件设置和清除，用于开启或禁止可以启动注入通道组转换的外部触发事件。 0：不用外部事件启动转换。 1：使用外部事件启动转换
14:12	JEXTSEL[2:0]：选择启动注入通道组转换的外部事件。 这些位选择用于启动注入通道组转换的外部事件。 ADC1 和 ADC2 的触发配置如下。 110：EXTI 线 15/TIM8_CC4 事件（仅大容量产品具有 TIM8_CC4）。 010：定时器 2 的 TRGO 事件。 011：定时器 2 的 CC1 事件。111：JSWSTART。 ADC3 的触发配置如下。 000：定时器 1 的 TRGO 事件。100：定时器 8 的 CC4 事件。 001：定时器 1 的 CC4 事件。101：定时器 5 的 TRGO 事件。 010：定时器 4 的 CC3 事件。110：定时器 5 的 CC4 事件。 011：定时器 8 的 CC2 事件。111：JSWSTART
11	ALIGN：数据对齐。 该位由软件设置和清除。 0：右对齐。 1：左对齐
10:9	保留，必须保持为 0
8	DMA：直接存储器访问模式。 该位由软件设置和清除。详见 DMA 控制器。 0：不使用 DMA 模式。 1：使用 DMA 模式。 注：只有 ADC1 和 ADC3 能产生 DMA 请求
7:4	保留，必须保持为 0

续表

寄存器位	描述
3	RSTCAL：复位校准。 该位由软件设置并由硬件清除。在校准寄存器被初始化后该位将被清除。 0：校准寄存器已初始化。 1：初始化校准寄存器。 注：如果正在进行转换时设置 RSTCAL，清除校准寄存器需要额外的周期
2	CAL：模数校准。 该位由软件设置以开始校准，并在校准结束时由硬件清除。 0：校准完成。 1：开始校准
1	CONT：连续转换。 该位由软件设置和清除。如果设置了该位，则转换将连续进行直到该位被清除。 0：单次转换模式。 1：连续转换模式

9.6.3 ADC 采样时间寄存器 1(ADC_SMPR1)

该寄存器复位值为 0x00000000，用来设置通道 10 ~ 17 的采样时间。其位分布及位描述分别如图 9-4 和表 9-7 所示。

31	30	29	28	27	26	25	24	23	22	21	20	19	18	17	16
			保留						SMP17[2:0]			SMP16[2:0]			SMP15[2:1]
				rw	rw	rw	rw	rw	rw	rw	rw	rw	rw	rw	rw

15	14	13	12	11	10	9	8	7	6	5	4	3	2	1	0
SMP 15 0		SMP14[2:0]			SMP13[2:0]			SMP12[2:0]			SMP11[2:0]			SMP10[2:0]	
rw	rw	rw	rw	rw	rw	rw	rw	rw	rw	rw	rw	rw	rw	rw	rw

图 9-4　寄存器 ADC_SMPR1 的位分布

表 9-7　寄存器 ADC_SMPR1 的位描述

寄存器位	描述
31:24	保留，必须保持为 0
23:0	SMPx[2:0]：选择通道 x 的采样时间。 这些位用于独立地选择每个通道的采样时间。在采样周期中通道选择位必须保持不变。 000：1.5 个周期。　100：41.5 个周期。 001：7.5 个周期。　101：55.5 个周期。 010：13.5 个周期。　110：71.5 个周期。 011：28.5 个周期。　111：239.5 个周期

9.6.4 ADC 采样时间寄存器 2(ADC_SMPR2)

该寄存器复位值为 0x00000000，用来设置通道 0～9 的采样时间。寄存器的位分布及其位描述分别如图 9-5 和表 9-8 所示。

31	30	29	28	27	26	25	24	23	22	21	20	19	18	17	16
保留		SMP9[2:0]			SMP8[2:0]			SMP7[2:0]			SMP6[2:0]			SMP5[2:1]	
		rw	rw	rw	rw	rw	rw	rw	rw	rw	rw	rw	rw	rw	rw

15	14	13	12	11	10	9	8	7	6	5	4	3	2	1	0
SMP5 0	SMP4[2:0]			SMP3[2:0]			SMP2[2:0]			SMP1[2:0]			SMP0[2:0]		
rw	rw	rw	rw	rw	rw	rw	rw	rw	rw	rw	rw	rw	rw	rw	rw

图 9-5 寄存器 ADC_SMPR2 的位分布

表 9-8 寄存器 ADC_SMPR2 的位描述

寄存器位	描述
31:30	保留，必须保持为 0
29:0	000：1.5 个周期。 100：41.5 个周期。 001：7.5 个周期。 101：55.5 个周期。 010：13.5 个周期。 110：71.5 个周期。 011：28.5 个周期。 111：239.5 个周期。 注：ADC3 模拟输入通道 9 与 VSS 相连

9.6.5 ADC 注入数据寄存器 x (ADC_JDRx)

该寄存器复位值 0x00000000，保存了注入通道转换后的数据。寄存器的位分布及位描述分别如图 9-6 和表 9-9 所示。

31	30	29	28	27	26	25	24	23	22	21	20	19	18	17	16
保留															

15	14	13	12	11	10	9	8	7	6	5	4	3	2	1	0
JDATA[15:0]															
r	r	r	r	r	r	r	r	r	r	r	r	r	r	r	r

图 9-6 寄存器 ADC_JDRx 的位分布

表 9-9 寄存器 ADC_JDRx 的位描述

寄存器位	描述
31:16	保留，必须保持为 0
15:0	JDATA[15:0]：注入转换的数据。 这些位为只读，包含了注入通道的转换结果。数据是左对齐或右对齐的

9.6.6 ADC 规则数据寄存器(ADC_DR)

该寄存器复位值为 0x00000000，保存规则转换的数据。寄存器的位分布及位描述分别如图 9-7 和表 9-10 所示。

31	30	29	28	27	26	25	24	23	22	21	20	19	18	17	16
						ADC2DATA[15:0]									
r	r	r	r	r	r	r	r	r	r	r	r	r	r	r	r
15	14	13	12	11	10	9	8	7	6	5	4	3	2	1	0
						DATA[15:0]									
r	r	r	r	r	r	r	r	r	r	r	r	r	r	r	r

图 9-7 寄存器 ADC_DR 的位分布

表 9-10 寄存器 ADC_DR 的位描述

寄存器位	描述
31:16	ADC2DATA[15:0]：ADC2 转换的数据。 在 ADC1 中：双模式下，这些位包含了 ADC2 转换的规则通道数据。 在 ADC2 和 ADC3 中：不使用这些位
15:0	DATA[15:0]：规则转换的数据。 这些位为只读，包含了规则通道的转换结果。数据是左对齐或右对齐的

STM32 单片机 ADC 模块是 12 位的，而数据寄存器（ADC_DR 或 JDRx）用 16 位来存放数据，这样就产生了一个数据对齐的问题。ADC_CR2 寄存器中的 ALIGN 位可选择转换后数据储存时的对齐方式。数据可以左对齐或右对齐，如图 9-8 和图 9-9 所示。注入组通道转换的数据值已经减去了在寄存器 ADC_JOFRx 中定义的偏移量，因此结果可以是一个负值。SEXT 位是扩展的符号值。对于规则组通道，不需减去偏移值，因此只有 12 位有效。

注入组

SEXT	SEXT	SEXT	SEXT	D11	D10	D9	D8	D7	D6	D5	D4	D3	D2	D1	D0

规则组

0	0	0	0	D11	D10	D9	D8	D7	D6	D5	D4	D3	D2	D1	D0

图 9-8 左对齐

注入组

SEXT	D11	D10	D9	D8	D7	D6	D5	D4	D3	D2	D1	D0	0	0	0

规则组

D11	D10	D9	D8	D7	D6	D5	D4	D3	D2	D1	D0	0	0	0	0

图 9-9 右对齐

9.6.7 ADC 状态寄存器(ADC_SR)

该寄存器复位值为 0x00000000，保存了 ADC 运行时的状态。寄存器的位分布及位描述分别如图 9-10 和表 9-11 所示。

图 9-10 寄存器 ADC_SR 的位分布

表 9-11 寄存器 ADC_SR 的位描述

寄存器位	描述
31:5	保留，必须保持为 0
4	STRT：规则通道开始位。 该位由硬件在规则通道转换开始时设置，由软件清除。 0：规则通道转换未开始。 1：规则通道转换已开始
3	JSTRT：注入通道开始位。 该位由硬件在注入通道组转换开始时设置，由软件清除。 0：注入通道组转换未开始。 1：注入通道组转换已开始
2	JEOC：注入通道转换结束位。 该位由硬件在所有注入通道组转换结束时设置，由软件清除。 0：转换未完成。 1：转换完成
1	EOC：转换结束位。 该位由硬件在（规则或注入）通道组转换结束时设置，由软件清除或由读取 ADC_DR 时清除。 0：转换未完成。 1：转换完成
0	AWD：模拟看门狗标志位。 该位由硬件在转换的电压值超出了寄存器 ADC_LTR 和 ADC_HTR 定义的范围时设置，由软件清除 0：没有发生模拟看门狗事件。 1：发生模拟看门狗事件

9.7 STM32 的 ADC 转换模式

9.7.1 单次转换模式

在单次转换模式下，ADC 只执行一次转换。该模式既可通过设置寄存器 ADC_CR2 的 ADON 位（只适用于规则通道）启动，也可通过外部触发（适用于规则通道或注入通道）启动，这时 CONT 位为 0（当 CONT 位为 1 时，为连续转换）。

一旦选择通道的转换完成，如果一个规则通道被转换，转换数据被储存在 16 位 ADC_DR 寄存器中，EOC（规则转换结束）标志被设置。如果设置了 EOCIE，则产生中断。如果一个注入通道被转换，转换数据被储存在 16 位的寄存器 ADC_JDR1 中，JEOC（注入转换结束）标志被设置。如果设置了 JEOCIE 位，则产生中断，然后 ADC 停止。

9.7.2 连续转换模式

在连续转换模式中，一次数模转换结束，马上就启动另一次转换。此模式可通过外部触发启动或通过设置寄存器 ADC_CR2 上的 ADON 位启动，此时 CONT 位为 1。每次转换后，如果设置了 DMA 位，在每次规则转换结束后，DMA 控制器把规则通道的转换数据传输到 SRAM。而注入通道的转换数据总是存储在寄存器 ADC_JDRx 中。

1. 扫描模式

此模式用来扫描一组模拟通道。扫描模式可通过设置 ADC_CR1 的 SCAN 位来选择，一旦该位置 1，ADC 扫描 ADC_SQRx（规则）或 ADC_JSQRx（注入）选中的所有通道。在每个组的每个通道上执行单次转换，每次转换结束后，同一组的下一个通道被自动转换。若设置了 CONT 位，转换不会在选择组的最后一个通道上停止，而是再次从选择组的第一个通道继续转换。如果设置了 DMA 位，在每次规则转换结束后，DMA 控制器把规则通道的转换数据传输到 SRAM，而注入通道的转换数据总是存储在寄存器 ADC_JQRx 中。

2. 间断模式

（1）规则组。

此模式通过设置寄存器 ADC_CR1 上的 DISCEN 位来激活。它可以用来执行一个短序列的 n 次转换（$n \leqslant 8$），此转换是寄存器 ADC_SQRx 所选择的转换序列的一部分。数值 n 由寄存器 ADC_CR1 的 DISCNUM[2:0]位给出。

一个外部触发信号可以启动寄存器 ADC_SQRx 中描述的下一轮 n 次转换，直到此序列所有的转换完成为止。总的序列长度由寄存器 ADC_SQR1 的 L[3:0]定义。

例：$n=3$，被转换的通道 = 0、1、2、3、6、7、9、10。

第一次触发：转换的序列为 0、1、2。

第二次触发：转换的序列为 3、6、7。

第三次触发：转换的序列为 9、10，并产生 EOC 事件。

第四次触发：转换的序列为 0、1、2。

（2）注入组。

此模式通过设置寄存器 ADC_CR1 的 JDISCEN 位激活。在一个外部触发事件后，该模式按通道顺序逐个转换寄存器 ADC_JSQR 中选择的序列。

一个外部触发信号可以启动寄存器 ADC_JSQR 选择的下一个通道序列的转换，直到序列中所有的转换完成为止。总的序列长度由寄存器 ADC_JSQR 的 JL[1:0]位定义。

例：$n=1$，被转换的通道 = 1、2、3。

第一次触发：通道 1 被转换。

第二次触发：通道 2 被转换。

第三次触发：通道 3 被转换，并且产生 EOC 和 JEOC 事件。

第四次触发：通道 1 被转换。

9.8　固件库中的 ADC 结构体及库函数

9.8.1　ADC 初始化结构体

标准库函数对每个外设都建立了一个初始化结构体 xxx_InitTypeDef（xxx 为外设名称），结构体成员用于设置外设工作参数，并由标准库函数 xxx_Init()调用这些设定参数设置外设相应的寄存器，达到配置外设工作环境的目的。

结构体 xxx_InitTypeDef 和库函数 xxx_Init()配合使用是标准库的精髓所在，理解了结构体 xxx_InitTypeDef 每个成员的意义，基本上就可以对该外设运用自如了。结构体 xxx_InitTypeDef 定义在 stm32f10x_xxx.h 文件中，库函数 xxx_Init()定义在 stm32f10x_xxx.c 文件中，编程时可以结合这两个文件内的注释使用。

ADC_InitTypeDef 结构体具体定义如下。

```
typedef struct
{
```

```
    uint32_t ADC_Mode; // ADC 工作模式选择
    FunctionalState ADC_ScanConvMode; /* ADC 扫描（多通道）或者单次（单通道）模式选择 */
    FunctionalState ADC_ContinuousConvMode; // ADC 单次转换或者连续转换模式选择
    uint32_t ADC_ExternalTrigConv; // ADC 转换触发信号选择
    uint32_t ADC_DataAlign; // ADC 数据寄存器对齐格式
    uint8_t ADC_NbrOfChannel; // ADC 采集通道数
} ADC_InitTypeDef;
```

❑ **ADC_Mode**：配置 ADC 的模式。当使用一个 ADC 时是独立模式，使用两个 ADC 时是双模式。在双模式下还有很多细分模式可选，如表 9-12 所示。

表 9-12　ADC_Mode 的取值及描述

ADC_Mode 的取值	描述
ADC_Mode_Independent	ADC1 和 ADC2 工作在独立模式
ADC_Mode_RegInjecSimult	ADC1 和 ADC2 工作在同步规则和同步注入模式
ADC_Mode_RegSimult_AlterTrig	ADC1 和 ADC2 工作在同步规则模式和交替触发模式
ADC_Mode_InjecSimult_FastInterl	ADC1 和 ADC2 工作在同步规则模式和快速交替模式
ADC_Mode_InjecSimult_SlowInterl	ADC1 和 ADC2 工作在同步注入模式和慢速交替模式
ADC_Mode_InjecSimult	ADC1 和 ADC2 工作在同步注入模式
ADC_Mode_RegSimult	ADC1 和 ADC2 工作在同步规则模式
ADC_Mode_FastInterl	ADC1 和 ADC2 工作在快速交替模式
ADC_Mode_SlowInterl	ADC1 和 ADC2 工作在慢速交替模式
ADC_Mode_AlterTrig	ADC1 和 ADC2 工作在交替触发模式

❑ **ADC_ScanConvMode**：可选参数为 ENABLE 和 DISABLE，配置是否使用扫描。如果是单通道转换使用 DISABLE，如果是多通道转换使用 ENABLE。

❑ **ADC_ContinuousConvMode**：可选参数为 ENABLE 和 DISABLE，配置是启动自动连续转换或单次转换。使用 ENABLE 配置为使能自动连续转换；使用 DISABLE 配置为单次转换，转换一次后停止，需要手动控制才重新启动转换。

❑ **ADC_ExternalTrigConv**：外部触发选择。表 9-13 中列举了很多外部触发条件，可根据项目需求配置触发来源，一般使用软件自动触发。

表 9-13　ADC_ExternalTrigConv 的取值及描述

ADC_ExternalTrigConv 的取值	描述
ADC_ExternalTrigConv_T1_CC1	选择定时器 1 的捕获比较 1 作为转换外部触发
ADC_ExternalTrigConv_T1_CC2	选择定时器 1 的捕获比较 2 作为转换外部触发
ADC_ExternalTrigConv_T1_CC3	选择定时器 1 的捕获比较 3 作为转换外部触发

续表

ADC_ExternalTrigConv 的取值	描述
ADC_ExternalTrigConv_T2_CC2	选择定时器 2 的捕获比较 2 作为转换外部触发
ADC_ExternalTrigConv_T3_TRGO	选择定时器 3 的 TRGO 作为转换外部触发
ADC_ExternalTrigConv_T4_CC4	选择定时器 4 的捕获比较 4 作为转换外部触发
ADC_ExternalTrigConv_Ext_IT11	选择外部中断线 11 事件作为转换外部触发
ADC_ExternalTrigConv_None	转换由软件而不是外部触发启动

- ❑ ADC_DataAlign：转换结果数据对齐模式，可选右对齐 ADC_DataAlign_Right 或者左对齐 ADC_DataAlign_Left。一般选择右对齐模式。
- ❑ ADC_NbrOfChannel：模数转换通道数目，根据实际设置即可。具体的通道和通道的转换顺序是配置规则序列或注入序列寄存器。

9.8.2 ADC 相应库函数

1. 函数 ADC_RegularChannelConfig()

该函数可以完成对 STM32 的模数转换器规则通道的选择以及转换顺序和转换时间的设置，如表 9-14 所示。

表 9-14 ADC_RegularChannelConfig()函数

函数名	ADC_RegularChannelConfig()
函数原型	void ADC_RegularChannelConfig (ADC_TypeDef* ADCx, u8 ADC_Channel, u8 Rank, u8 ADC_SampleTime)
功能描述	设置指定 ADC 的规则组通道，设置它们的转化顺序和采样时间
输入参数 1	ADCx：x 可以是 1、2 或 3，选择 ADC 外设
输入参数 2	ADC_Channel：被设置的 ADC 通道
输入参数 3	Rank：规则组采样顺序。取值范围为 1～16
输入参数 4	ADC_SampleTime：指定 ADC 通道的采样时间值
输出参数	无
返回值	无
先决条件	无
被调用函数	无

其中，ADC_Channel 参数指定了通过调用函数 ADC_RegularChannelConfig()来设置，其取值及描述如表 9-15 所示。

表 9-15 ADC_Channel 的取值及描述

ADC_Channel 的取值	描述
ADC_Channel_0	选择 ADC 通道 0
ADC_Channel_1	选择 ADC 通道 1
ADC_Channel_2	选择 ADC 通道 2
ADC_Channel_3	选择 ADC 通道 3
ADC_Channel_4	选择 ADC 通道 4
ADC_Channel_5	选择 ADC 通道 5
ADC_Channel_6	选择 ADC 通道 6
ADC_Channel_7	选择 ADC 通道 7
ADC_Channel_8	选择 ADC 通道 8
ADC_Channel_9	选择 ADC 通道 9
ADC_Channel_10	选择 ADC 通道 10
ADC_Channel_11	选择 ADC 通道 11
ADC_Channel_12	选择 ADC 通道 12
ADC_Channel_13	选择 ADC 通道 13
ADC_Channel_14	选择 ADC 通道 14
ADC_Channel_15	选择 ADC 通道 15
ADC_Channel_16	选择 ADC 通道 16
ADC_Channel_17	选择 ADC 通道 17

其中, ADC_SampleTime 参数设定了选中通道的 ADC 采样时间, 其取值及描述如表 9-16 所示。

表 9-16 ADC_SampleTime 的取值及描述

ADC_SampleTime 的取值	描述
ADC_SampleTime_1Cycles5	采样时间为 1.5 个周期
ADC_SampleTime_7Cycles5	采样时间为 7.5 个周期
ADC_SampleTime_13Cycles5	采样时间为 13.5 个周期
ADC_SampleTime_28Cycles5	采样时间为 28.5 个周期
ADC_SampleTime_41Cycles5	采样时间为 41.5 个周期
ADC_SampleTime_55Cycles5	采样时间为 55.5 个周期
ADC_SampleTime_71Cycles5	采样时间为 71.5 个周期
ADC_SampleTime_239Cycles5	采样时间为 239.5 个周期

2．函数 ADC_Cmd()

函数 ADC_Cmd()只能在其他 ADC 设置函数之后被调用，其功能如表 9-17 所示。

表 9-17　ADC_Cmd()函数功能

函数名	ADC_Cmd()
函数原型	void ADC_Cmd(ADC_TypeDef* ADCx, FunctionalState NewState)
功能描述	使能或者失能指定的 ADC
输入参数 1	ADCx：x 可以是 1 或者 2，选择 ADC 外设 ADC1 或 ADC2
输入参数 2	NewState：外设 ADCx 的新状态。 这个参数可以取 ENABLE 或者 DISABLE
输出参数	无
返回值	无
先决条件	无
被调用函数	无

3．函数 ADC_ResetCalibration()

该函数的功能是重置指定的 AD 的校准寄存器，如表 9-18 所示。

表 9-18　ADC_ResetCalibration()函数功能

函数名	ADC_ResetCalibration()
函数原型	void ADC_ResetCalibration (ADC_TypeDef* ADCx)
功能描述	重置指定的 ADC 的校准寄存器
输入参数	ADCx：x 可以是 1 或者 2，选择 ADC 外设 ADC1 或 ADC2
输出参数	无
返回值	无
先决条件	无
被调用函数	无

4．函数 ADC_GetResetCalibrationStatus()

该函数的功能是获取选取的校准寄存器的复位状态，如表 9-19 所示。

表 9-19　ADC_GetResetCalibrationStatus()函数功能

函数名	ADC_GetResetCalibrationStatus()
函数原型	FlagStatus ADC_GetResetCalibrationStatus (ADC_TypeDef* ADCx)
功能描述	获取 ADC 重置校准寄存器的状态

续表

输入参数	ADCx：x 可以是 1 或者 2，选择 ADC 外设 ADC1 或 ADC2
输出参数	无
返回值	ADC 重置校准寄存器的新状态（SET 或者 RESET）
先决条件	无
被调用函数	无

5. 函数 ADC_StartCalibration()

该函数的功能是启动指定的内部 AD 校准器，如表 9-20 所示。

表 9-20 ADC_StartCalibration()函数功能

函数名	ADC_StartCalibration()
函数原型	void ADC_StartCalibration (ADC_TypeDef* ADCx)
功能描述	开始指定 ADC 的校准状态
输入参数	ADCx：x 可以是 1 或者 2，选择 ADC 外设 ADC1 或 ADC2
输出参数	无
返回值	无
先决条件	无
被调用函数	无

6. 函数 ADC_GetCalibrationStatus()

该函数的功能是获取模数转换器的校准状态，如表 9-21 所示。

表 9-21 ADC_GetCalibrationStatus()函数功能

函数名	ADC_GetCalibrationStatus()
函数原型	FlagStatus ADC_GetCalibrationStatus (ADC_TypeDef* ADCx)
功能描述	获取指定 ADC 的校准程序
输入参数	ADCx：x 可以是 1 或者 2，选择 ADC 外设 ADC1 或 ADC2
输出参数	无
返回值	ADC 校准的新状态（SET 或者 RESET）
先决条件	无
被调用函数	无

7. 函数 ADC_SoftwareStartConvCmd()

该函数的功能是采用软件方式启动模数转换器，如表 9-22 所示。

表 9-22　ADC_SoftwareStartConvCmd()函数功能

函数名	ADC_SoftwareStartConvCmd()
函数原型	void ADC_SoftwareStartConvCmd (ADC_TypeDef* ADCx, FunctionalState NewState)
功能描述	使能或者失能指定的 ADC 的软件转换启动功能
输入参数 1	ADCx：x 可以是 1 或者 2，选择 ADC 外设 ADC1 或 ADC2
输入参数 2	NewState：指定 ADC 的软件转换启动新状态。 这个参数可以取 ENABLE 或者 DISABLE
输出参数	无
返回值	无
先决条件	无
被调用函数	无

8. 函数 ADC_GetFlagStatus()

该函数的功能是获取模数转换器的状态，如表 9-23 所示。

表 9-23　ADC_GetFlagStatus()函数功能

函数名	ADC_GetFlagStatus()
函数原型	FlagStatus ADC_GetFlagStatus (ADC_TypeDef* ADCx, u8 ADC_FLAG)
功能描述	检查制定 ADC 标志位置 1 与否
输入参数 1	ADCx：x 可以是 1 或者 2，选择 ADC 外设 ADC1 或 ADC2
输入参数 2	ADC_FLAG：指定需检查的标志位。 参阅 ADC_FLAG，查阅更多该参数允许的取值范围
输出参数	无
返回值	无
先决条件	无
被调用函数	无

ADC_FLAG 的取值及描述如表 9-24 所示。

表 9-24　ADC_FLAG 的取值及描述

ADC_FLAG 的取值	描述
ADC_FLAG_AWD	模拟看门狗标志位
ADC_FLAG_EOC	转换结束标志位

续表

ADC_FLAG 的取值	描述
ADC_FLAG_JEOC	注入组转换结束标志位
ADC_FLAG_JSTRT	注入组转换开始标志位
ADC_FLAG_STRT	规则组转换开始标志位

9. 函数 RCC_ADCCLKConfig()

该函数的功能是设置模数转换器的工作时钟，如表 9-25 所示。

表 9-25　RCC_ADCCLKConfig()函数功能

函数名	RCC_ADCCLKConfig()
函数原型	void ADC_ADCCLKConfig(u32 RCC_ADCCLKSource)
功能描述	设置 ADC 时钟（ADCCLK）
输入参数	RCC_ADCCLKSource：定义 ADCCLK，该时钟源自 APB2 时钟（PCLK2）
输出参数	无
返回值	无
先决条件	无
被调用函数	无

RCC_ADCCLKSource 参数设置了 ADC 时钟（ADCCLK），如表 9-26 所示。

表 9-26　RCC_ADCCLKSource 的取值及描述

RCC_ADCCLKSource 的取值	描述
RCC_PCLK2_Div2	ADC 时钟 = PCLK / 2
RCC_PCLK2_Div4	ADC 时钟 = PCLK / 4
RCC_PCLK2_Div6	ADC 时钟 = PCLK / 6
RCC_PCLK2_Div8	ADC 时钟 = PCLK / 8

10. 函数 ADC_ITConfig()

该函数的功能是配置模数转换器的中断开启或关闭，如表 9-27 所示。

表 9-27　ADC_ITConfig()函数功能

函数名	ADC_ITConfig()
函数原型	void ADC_ITConfig (ADC_TypeDef* ADCx, u16 ADC_IT, FunctionalState NewState)
功能描述	使能或者失能指定的 ADC 的中断

续表

输入参数 1	ADCx：x 可以是 1 或者 2，来选择 ADC 外设 ADC1 或 ADC2
输入参数 2	ADC_IT：将要被使能或者失能的指定 ADC 中断源
输入参数 3	NewState：指定 ADC 中断的新状态，可以取 ENABLE 或者 DISABLE
输出参数	无
返回值	无
先决条件	无
被调用函数	无

ADC_IT 可以用来使能或者失能 ADC 中断。可以使用表 9-28 中的某个参数，或者它们的组合。

表 9-28　ADC_IT 的取值及描述

ADC_IT 的取值	描述
ADC_IT_EOC	EOC 中断屏蔽
ADC_IT_AWD	AWDOG 中断屏蔽
ADC_IT_JEOC	JEOC 中断屏蔽

11. 函数 ADC_ClearFlag()

该函数的功能是获取模数转换器的中断源状态，其中 ADT_IT 的取值见表 9-28，ADC_ClearFlag 函数功能详见表 9-29。

表 9-29　ADC_ClearFlag()函数功能

函数名	ADC_ClearFlag()
函数原型	void ADC_ClearFlag (ADC_TypeDef* ADCx, u8 ADC_FLAG)
功能描述	清除 ADCx 的待处理标志位
输入参数 1	ADCx：x 可以是 1 或者 2，来选择 ADC 外设 ADC1 或 ADC2
输入参数 2	ADC_FLAG：待处理的标志位，使用操作符"|"可以同时清除 1 个以上的标志位
输出参数	无
返回值	无
先决条件	无
被调用函数	无

12. 函数 ADC_GetITStatus()

该函数的功能是获取模数转换器的中断源状态，其中 ADC_IT 的取值见表 9-28，ADC_

GetITStatus 函数的功能详见表 9-30。

表 9-30 ADC_GetITStatus()函数功能

函数名	ADC_GetITStatus()
函数原型	ITStatus ADC_GetITStatus (ADC_TypeDef* ADCx, u16 ADC_IT)
功能描述	检查指定的 ADC 中断是否发生
输入参数 1	ADCx：x 可以是 1 或者 2，选择 ADC 外设 ADC1 或 ADC2
输入参数 2	ADC_IT：将要被检查指定 ADC 中断源
输出参数	无
返回值	无
先决条件	无
被调用函数	无

13. 函数 ADC_ClearITPendingBit()

该函数的功能是清除模数转换器中断源的标志位，其中 ADC_IT 的取值见表 9-28，ADC_ClearITPendingBit 函数的功能如表 9-31 所示。

表 9-31 ADC_ClearITPendingBit()函数功能

函数名	ADC_ClearITPendingBit()
函数原型	void ADC_ClearITPendingBit (ADC_TypeDef* ADCx, u16 ADC_IT)
功能描述	清除 ADCx 的中断待处理位
输入参数 1	ADCx：x 可以是 1 或者 2，选择 ADC 外设 ADC1 或 ADC2
输入参数 2	ADC_IT：待清除的 ADC 中断待处理位
输出参数	无
返回值	无
先决条件	无
被调用函数	无

9.9 ADC 应用设计深入讨论

尽管 STM32 内部集成了 12 位 ADC，但在实际应用中，要想真正实现 12 位精度且比较稳定的 ADC 并不简单，需要进一步从硬件、软件方面进行综合、细致地考虑。下面介绍一些在 ADC 应用设计中应该考虑的几个要点。

9.9.1　工作电压的稳定性

AV$_{CC}$ 是提供给 ADC 工作的电源，如果 AV$_{CC}$ 不稳定，就会影响 ADC 的转换精度。在 STM32 开发板中，系统电源可以通过 LC 滤波后接入 AV$_{CC}$，这样能很好地抑制系统电源中的高频噪声，提高 AV$_{CC}$ 的稳定性。

9.9.2　参考电压的确定

在实际应用中，要根据输入测量电压的范围选择正确的参考电压 V$_{REF}$，以得到比较高的转换精度。ADC 的参考电压 V$_{REF}$ 还决定了模数转换范围。如果 ADC 输入电压超过 V$_{REF}$，将导致转换结果全部接近 0xFFF（12 位），因此 ADC 的参考电压应稍大于输入电压的最高值。ADC 的参考电压 V$_{REF}$ 可以选择为 AV$_{CC}$，或外接参考电压源，外接的参考电压源应该稳定。

9.9.3　采样时钟的选择

ADC 时钟频率最大为 14MHz。如果 STM32 系统时钟频率为 56MHz 时，一般为 4 分频，ADC 时钟频率为 14MHz，如果系统时钟频率为 72MHz 时，一般为 6 分频，ADC 时钟频率为 12MHz。

ADC 通道的输入信号频率带宽取决于 ADC 时钟频率。把 ADC 通道配置为 55.5 个周期，若 ADCCLK 的时钟频率配置为 12MHz，则 ADC 采样的时间计算公式如下。

T_{covn}=采样时间+12.5 个周期

其中：T_{covn} 为总转换时间，采样时间是根据每个通道的 ADC_SampleTime 的值来决定的。后面的 12.5 个周期是 ADC 转换时量化所需要的固定的周期，ADC 的一次转换所需要的时间是 T_{covn}=（55.5+12.5）×（1/12），大约是 5.67μs。

STM32 的 ADC 输入阻抗典型值为 50kΩ，为了保证测量准确，被测信号源的输出阻抗要尽可能低。

9.9.4　模拟噪声的抑制

器件外部和内部的数字电路会产生电磁干扰，并会影响模拟测量的精度。如果对 ADC 的转换精度要求很高，则可以采用以下的技术来降低噪声的影响。

❑　使模拟信号的通路尽可能地短，模拟信号连线应从模拟地的布线盘上通过，并使它们尽可能远离高速开关数字信号线。

- ❑ STM32 的 AV$_{CC}$ 引脚应该通过 LC 网络与数字端电源 V$_{CC}$ 相连。
- ❑ 如果某些 ADC 引脚作为通用数字输出口，那么在 ADC 转换过程中，不要改变这些引脚的状态。

9.9.5 校准

ADC 有一个内置自校准模式。使用该模式可大幅度减小因内部电容器组的变化造成的准精度误差。在校准期间，每个电容器上都会计算出一个误差修正码（数字值），这个码用于消除在随后的转换中每个电容器上产生的误差。

通过设置寄存器 ADC_CR2 的 CAL 位启动校准。一旦校准结束，CAL 位被硬件复位，可以开始正常转换。建议在上电时执行一次 ADC 校准。校准结束后，校准码储存在 ADC_DR 中。

注意：建议在每次上电后执行一次校准。启动校准前，ADC 必须处于关电状态（ADON=0）超过至少两个 ADC 时钟周期的时间。

9.9.6 ADC 开关控制

通过设置寄存器 ADC_CR2 的 ADON 位可给 ADC 上电。当第一次设置 ADON 位时，它将 ADC 从断电状态下唤醒。ADC 上电延迟一段时间后（见图 9-11 中的 t_{STAB}），再次设置 ADON 位时开始进行转换，通过清除 ADON 位可以停止转换，并将 ADC 置于断电模式。在这个模式中，ADC 几乎不耗电（仅几微安）。ADC 开关控制示意如图 9-11 所示。

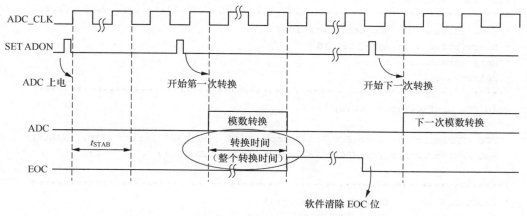

图 9-11 ADC 开关控制示意

9.10 数字电位器

9.10.1 范例 15：电位器原理图

图 9-12 所示为模数转换电路，通过一个可调电阻改变电压，从而获取转换结果。本实验结果可以通过串口发送给 PC 串口调试助手并显示转换结果。

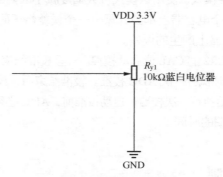

图 9-12 模数转换电路

9.10.2 范例 16：读取模数转换器通道电压——查询法

```c
#include "stm32f10x.h"// Device header
#include "stdio.h"
/***********************************************************************
* FunctionName   : RCC_Configuration()
* Description    : 初始化 GPIOIO
* EntryParameter : None
* ReturnValue    : None
***********************************************************************/
void RCC_Configuration(void)
{
  RCC_APB2PeriphClockCmd(RCC_APB2Periph_GPIOA | RCC_APB2Periph_AFIO, ENABLE);
  RCC_APB2PeriphClockCmd(RCC_APB2Periph_USART1, ENABLE);
}
/***********************************************************************
* FunctionName   : GPIO_Configuration()
* Description    : 初始化 GPIOIO
* EntryParameter : None
```

```
* ReturnValue    : None
***************************************************************************/
void GPIO_Configuration(void)
{
  GPIO_InitTypeDef GPIO_InitStructure;
  GPIO_InitStructure.GPIO_Pin = GPIO_Pin_10;
  GPIO_InitStructure.GPIO_Mode = GPIO_Mode_IN_FLOATING;
  GPIO_Init(GPIOA, &GPIO_InitStructure);
  GPIO_InitStructure.GPIO_Pin = GPIO_Pin_9;
  GPIO_InitStructure.GPIO_Speed = GPIO_Speed_50MHz;
  GPIO_InitStructure.GPIO_Mode = GPIO_Mode_AF_PP;
  GPIO_Init(GPIOA, &GPIO_InitStructure);
}
/**************************************************************************
* FunctionName   : USART_Configuration()
* Description    : 串口初始化
* EntryParameter : None
* ReturnValue    : None
***************************************************************************/
void USART_Configuration(void)
{
  USART_InitTypeDef USART_InitStructure;
  USART_InitStructure.USART_BaudRate = 9600;
  USART_InitStructure.USART_WordLength = USART_WordLength_8b;
  USART_InitStructure.USART_StopBits = USART_StopBits_1;
  USART_InitStructure.USART_Parity = USART_Parity_No;
  USART_InitStructure.USART_HardwareFlowControl = USART_HardwareFlowControl_None;
  USART_InitStructure.USART_Mode = USART_Mode_Rx | USART_Mode_Tx;
  USART_Init(USART1, &USART_InitStructure);
  USART_Cmd(USART1, ENABLE);
}
/**************************************************************************
* FunctionName   : Delayms()
* Description    : 延时函数
* EntryParameter : None
* ReturnValue    : None
***************************************************************************/
void Delayms(vu32 m)
{
  u32 i;
  for(; m != 0; m--)
      for (i=0; i<50000; i++);
}
/**************************************************************************
```

```
 * FunctionName   : ADC_Configuration()
 * Description    : 初始化 ADC
 * EntryParameter : None
 * ReturnValue    : None
 ****************************************************************************/
void ADC_Configuration(void)
{
    GPIO_InitTypeDef GPIO_InitStructure;
    ADC_InitTypeDef ADC_InitStructure;
    RCC_APB2PeriphClockCmd(RCC_APB2Periph_ADC1 | RCC_APB2Periph_GPIOA, ENABLE);
    RCC_ADCCLKConfig(RCC_PCLK2_Div6);          //72/6=12, ADC 最大频率不能超过 14MHz
    GPIO_InitStructure.GPIO_Pin = GPIO_Pin_1;
    GPIO_InitStructure.GPIO_Mode = GPIO_Mode_AIN;
    GPIO_Init(GPIOA, &GPIO_InitStructure);
    ADC_InitStructure.ADC_Mode = ADC_Mode_Independent;     //ADC1 工作模式：独立模式
    ADC_InitStructure.ADC_ScanConvMode = DISABLE;          //单通道模式
    ADC_InitStructure.ADC_ContinuousConvMode = DISABLE;    //单次转换
    ADC_InitStructure.ADC_ExternalTrigConv = ADC_ExternalTrigConv_None;  //转换由
软件而不是外部触发启动
    ADC_InitStructure.ADC_DataAlign = ADC_DataAlign_Right;   //ADC1 数据右对齐
    ADC_InitStructure.ADC_NbrOfChannel = 1;      //顺序进行规则转换的 ADC 通道的数目
    ADC_Init(ADC1, &ADC_InitStructure);          //根据 ADC_InitStruct 中指定的参数,
初始化外设 ADC1 的寄存器
    ADC_RegularChannelConfig(ADC1, ADC_Channel_1, 1, ADC_SampleTime_239Cycles5);
   //ADC1, ADC 通道 1, 规则采样顺序值为 1, 采样时间为 239.5 个周期
    ADC_Cmd(ADC1, ENABLE);                       //使能 ADC1
    ADC_ResetCalibration(ADC1);                      //重置 ADC1 的校准寄存器
    while(ADC_GetResetCalibrationStatus(ADC1));//获取 ADC1 重置校准寄存器的状态, 设置
状态则等待
    ADC_StartCalibration(ADC1);                      //开始 ADC1 的校准状态
    while(ADC_GetCalibrationStatus(ADC1));       //等待校准完成
    ADC_SoftwareStartConvCmd(ADC1, ENABLE);      //使能 ADC1 的软件转换启动功能
}
int AD_value;
/****************************************************************************
 * FunctionName   : main()
 * Description    : 主函数
 * EntryParameter : None
 * ReturnValue    : None
 ****************************************************************************/
int main(void)
{
    RCC_Configuration();
    GPIO_Configuration();
```

```
    USART_Configuration();
    ADC_Configuration();
    printf("/**********************************************/\r\n");
    printf("/*                                            */\r\n");
    printf("/*  Thank you for using STM32 ! ^_^  *\r\n");
    printf("/*                                            */\r\n");
    printf("/**********************************************/\r\n");
    while(1)
    {
        ADC_SoftwareStartConvCmd(ADC1, ENABLE);              //软件启动 ADC
        while(!ADC_GetFlagStatus(ADC1, ADC_FLAG_EOC )); //等待转换结束
        AD_value = ADC_GetConversionValue(ADC1);            //读取相应值
        Delayms(100);
        printf("The current AD value = 0x%04X \r\n", AD_value);
    }
}
/*****************************************************************************
* FunctionName   : fputc()
* Description    : 重写 fputc
* EntryParameter : None
* ReturnValue    : None
*****************************************************************************/
int fputc(int ch, FILE *f)
{
    USART_SendData(USART1, (uint8_t) ch);
    while (USART_GetFlagStatus(USART1, USART_FLAG_TXE) == RESET)
    {}
    return ch;
}
```

9.10.3 范例 17：读取模数转换器通道电压——中断法

```
#include "stm32f10x.h"// Device header
#include "stdio.h"
/*****************************************************************************
* FunctionName   : RCC_Configuration()
* Description    : 初始化时钟
* EntryParameter : None
* ReturnValue    : None
*****************************************************************************/
void RCC_Configuration(void)
{
    RCC_APB2PeriphClockCmd(RCC_APB2Periph_GPIOA | RCC_APB2Periph_AFIO, ENABLE);
```

```
    RCC_APB2PeriphClockCmd(RCC_APB2Periph_USART1, ENABLE);
}
/*************************************************************************
* FunctionName   : GPIO_Configuration()
* Description    : 初始化 GPIO
* EntryParameter : None
* ReturnValue    : None
*************************************************************************/
void GPIO_Configuration(void)
{
  GPIO_InitTypeDef GPIO_InitStructure;
  GPIO_InitStructure.GPIO_Pin = GPIO_Pin_10;
  GPIO_InitStructure.GPIO_Mode = GPIO_Mode_IN_FLOATING;
  GPIO_Init(GPIOA, &GPIO_InitStructure);
  GPIO_InitStructure.GPIO_Pin = GPIO_Pin_9;
  GPIO_InitStructure.GPIO_Speed = GPIO_Speed_50MHz;
  GPIO_InitStructure.GPIO_Mode = GPIO_Mode_AF_PP;
  GPIO_Init(GPIOA, &GPIO_InitStructure);
}
/*************************************************************************
* FunctionName   : USART_Configuration()
* Description    : 初始化串口
* EntryParameter : None
* ReturnValue    : None
*************************************************************************/
void USART_Configuration(void)
{
  USART_InitTypeDef USART_InitStructure;
  USART_InitStructure.USART_BaudRate = 9600;
  USART_InitStructure.USART_WordLength = USART_WordLength_8b;
  USART_InitStructure.USART_StopBits = USART_StopBits_1;
  USART_InitStructure.USART_Parity = USART_Parity_No;
  USART_InitStructure.USART_HardwareFlowControl = USART_HardwareFlowControl_None;
  USART_InitStructure.USART_Mode = USART_Mode_Rx | USART_Mode_Tx;
  USART_Init(USART1, &USART_InitStructure);
  USART_Cmd(USART1, ENABLE);
}
/*************************************************************************
* FunctionName   : Delayms()
* Description    : 延时函数
* EntryParameter : None
* ReturnValue    : None
*************************************************************************/
void Delayms(vu32 m)
```

```
{
    u32 i;
    for(; m != 0; m--)
        for (i=0; i<50000; i++);
}
/**************************************************************************
* FunctionName   : ADC_Configuration()
* Description    : 初始化 ADC
* EntryParameter : None
* ReturnValue    : None
**************************************************************************/
void ADC_Configuration(void)
{
    GPIO_InitTypeDef GPIO_InitStructure;
    ADC_InitTypeDef ADC_InitStructure;
    RCC_APB2PeriphClockCmd(RCC_APB2Periph_ADC1 | RCC_APB2Periph_GPIOA, ENABLE);
    RCC_ADCCLKConfig(RCC_PCLK2_Div6);       //72/6=12，ADC 最大频率不能超过 14MHz
    GPIO_InitStructure.GPIO_Pin = GPIO_Pin_1;
    GPIO_InitStructure.GPIO_Mode = GPIO_Mode_AIN;
    GPIO_Init(GPIOA, &GPIO_InitStructure);
    ADC_InitStructure.ADC_Mode = ADC_Mode_Independent;   //ADC1 工作模式：独立模式
    ADC_InitStructure.ADC_ScanConvMode = DISABLE;          //单通道模式
    ADC_InitStructure.ADC_ContinuousConvMode = ENABLE;   //连续转换
    ADC_InitStructure.ADC_ExternalTrigConv = ADC_ExternalTrigConv_None; //转换由
软件而不是外部触发启动
    ADC_InitStructure.ADC_DataAlign = ADC_DataAlign_Right;       //ADC1 数据右对齐
    ADC_InitStructure.ADC_NbrOfChannel = 1;          //顺序进行规则转换的 ADC 通道的数目
    ADC_Init(ADC1, &ADC_InitStructure);              //根据 ADC_InitStruct 中指定的参
数，初始化外设 ADC1 的寄存器
    ADC_RegularChannelConfig(ADC1, ADC_Channel_1, 1, ADC_SampleTime_239Cycles5);
    //ADC1，ADC 通道 1，规则采样顺序值为 1，采样时间为 239.5 个周期
    ADC_ITConfig(ADC1, ADC_IT_EOC, ENABLE);// ADC 转换结束产生中断，在中断服务程序中
读取转换值
    ADC_Cmd(ADC1, ENABLE);             //使能 ADC1
    ADC_ResetCalibration(ADC1);                     //重置 ADC1 的校准寄存器
    while(ADC_GetResetCalibrationStatus(ADC1));//获取 ADC1 重置校准寄存器的状态，设置
状态则等待
    ADC_StartCalibration(ADC1);                     //开始 ADC1 的校准状态
    while(ADC_GetCalibrationStatus(ADC1));          //等待校准完成
    ADC_SoftwareStartConvCmd(ADC1, ENABLE);         //使能 ADC1 的软件转换启动功能
}
/**************************************************************************
* FunctionName   : ADC_NVIC_Config()
* Description    : 初始化 NVIC
```

```
 * EntryParameter : None
 * ReturnValue    : None
 *********************************************************************/
void ADC_NVIC_Config(void)
{
  NVIC_InitTypeDef NVIC_InitStructure;
  NVIC_PriorityGroupConfig(NVIC_PriorityGroup_1);// 优先级分组
  NVIC_InitStructure.NVIC_IRQChannel = ADC1_2_IRQn;
  NVIC_InitStructure.NVIC_IRQChannelPreemptionPriority = 1;// 配置中断优先级
  NVIC_InitStructure.NVIC_IRQChannelSubPriority = 1;// 配置中断优先级
  NVIC_InitStructure.NVIC_IRQChannelCmd = ENABLE;
  NVIC_Init(&NVIC_InitStructure);
}

int AD_value;
float ADC_ConvertedValueLocal;
/*********************************************************************
 * FunctionName   : main()
 * Description    : 主函数
 * EntryParameter : None
 * ReturnValue    : None
 *********************************************************************/
int main(void)
{
    RCC_Configuration();
    GPIO_Configuration();
    USART_Configuration();
    ADC_Configuration();
    ADC_NVIC_Config();
    printf("/****************************************************/\r\n");
    printf("/*                                                  */\r\n");
    printf("/*   This is ADC Demo ! ^_^   */\r\n");
    printf("/*                                                  */\r\n");
    printf("/****************************************************/\r\n");
    while(1)
    {
        ADC_ConvertedValueLocal =(float) AD_value/4096*3.3;
        printf("\r\n The current AD value = 0x%04X \r\n",
               AD_value);
        printf("\r\n The current AD value = %f V \r\n",
               ADC_ConvertedValueLocal);
        USART_SendData(USART1,'a');
        Delayms(200);
    }
```

```
}
/*************************************************************************
 * FunctionName   : GPIO_Configuration()
 * Description    : 初始化 GPIOIO
 * EntryParameter : None
 * ReturnValue    : None
 *************************************************************************/
void ADC1_2_IRQHandler(void)
{
    if (ADC_GetITStatus(ADC1,ADC_IT_EOC)==SET)
    {
        AD_value = ADC_GetConversionValue(ADC1);
    }
    ADC_ClearITPendingBit(ADC1,ADC_IT_EOC);
}
/*************************************************************************
 * FunctionName   : GPIO_Configuration()
 * Description    : 初始化 GPIOIO
 * EntryParameter : None
 * ReturnValue    : None
 *************************************************************************/
int fputc(int ch, FILE *f)
{
  USART_SendData(USART1, (uint8_t) ch);
  while (USART_GetFlagStatus(USART1, USART_FLAG_TXE) == RESET)
  {}
  return ch;
}
```

9.11　习题与巩固

1. 填空题

（1）为了实现数字系统对这些模拟量的检测、运算和控制，需要一个模拟量和数字量之间相互转换的器件，这就是_____转换器。

（2）ADC 进行模数转换一般包含 3 个关键步骤：_____、_____、_____。

（3）采样是在间隔为 T 的 T、$2T$、$3T$……时刻抽取被测模拟信号幅值，相邻两个采样时刻之间的间隔 T 也被称为_____。

（4）ADC 的转换过程包括两个过程：采样和量化。采样率决定采样过程的时间及精度，量化位数直接决定量化过程的精度。采样过程中有两部分时间，一是＿＿＿＿＿时间，二是＿＿＿＿＿时间，两部分时间之和构成了采样时间，相邻两个采样点之间的时间倒数即为采样率。

（5）在模数转换器中，＿＿＿＿＿＿是衡量模数转换器能够分辨出输入模拟量最小变化程度的技术指标。

（6）模数转换器的种类比较多，其中积分型模数转换器的转换时间是毫秒级的，属于低速模数转换器；逐次逼近型模数转换器的转换时间是＿＿＿＿＿级的，属于中速模数转换器。

2. 简答题

（1）简述 STM32 系列处理器模数转换器的分类。

（2）简述 STM32 系列处理器模数转换器的主要技术指标。

（3）简述 STM32 系列处理器模数转换器的引脚配置。

（4）简述 STM32 系列处理器模数转换器的相关寄存器配置。

（5）简述 STM32 系列处理器模数转换器的中断配置。

3. 选择题

（1）一个 n 位量化的结果值用一个（　　　）位二进制数表示，这个二进制数就是 ADC 完成转换后的输出结果。

    A. n B. $2n$ C. 2 的 n 次方   D. 12

（2）以下描述不正确的是（　　　）。

    A. 针对某种实际应用项目，选用 ADC 的量化位数越大越好。

    B. 转换精度定义为一个实际模数转换器与一个理想转换器在量化值的差值，可用绝对误差或相对误差表示。

    C. 提高模数转换器的位数可以提高分辨率，但会增加量化误差

    D. STM32 中的 ADC 属于高速模数转换器

（3）关于 STM32 的 ADC 部分功能，下面描述不正确的是（　　　）。

    A. 可以自校准

    B. 带内嵌数据一致性的数据对齐

    C. 采样间隔是统一编程，不能按通道分别编程

    D. 规则转换和注入转换均有外部触发选项

第 **10** 章
综合项目之温度控制系统

本章导读

1. 主要内容

对于初学者来说，在掌握了单片机内部资源的使用方法之后，接下来的问题是如何将众多的功能集成到一起构成一个完整的系统？如何保证多个功能（任务）同时实现（执行）？如何使外部的事件都能立即得到处理？如何与最终用户进行友好的人机交互？如何保持程序具有的扩展性，并能够很容易地增加新功能？

本章主要介绍任务的概念、实时性；前后台程序结构的优点与缺点；前后台程序基本的编写原则及技巧；有限状态机的概念、描述方法；通过状态转移图生成代码；通过具体范例讲解加深读者对学习内容的理解。

2. 总体目标

（1）理解任务的概念、实时性；

（2）理解前后台程序结构的优点与缺点；

（3）掌握前后台程序基本的编写原则及技巧；

（4）理解有限状态机的概念、描述方法；

（5）掌握通过状态转移图生成代码；

（6）掌握状态机建模与编程。

3. 重点与难点

重点：理解任务的概念、实时性；理解前后台程序结构的优点与缺点；掌握前后台程序基本的编写原则及技巧；理解有限状态机的概念、描述方法；掌握通过状态转移图生成代码。

难点：掌握状态机建模与编程。

4. 解决方案

着重对范例进行剖析，根据前文内容进行综合实验，帮助及加深学生对内容的理解。

本章从软件结构与工程方法的角度出发，探讨几种常用的程序架构以及在相应架构下的编程方法，并以此来完成温度控制系统的设计。掌握本章的内容，对各种嵌入式系统开发与设计都会有帮助。

10.1　单片机系统的程序结构

10.1.1　任务的划分

首先明确"任务"的概念。任务是指完成某单一功能的程序。温度控制系统分为 4 个基本的功能模块，分别是采集模块、显示模块、通信模块、控制模块。采集模块通过模数转换器采集温度传感器的数据；显示模块通过数码管或 LCD 显示温度数据；通信模块通过串口同 PC 进行数据交互；控制模块则可以进一步划分，可以分为通过键盘设置温度上限与下限，亦可添加温度报警等功能。在前文中，通过每一个应用实例以上功能，都已经实现，接下来就是对其进行整合，使温度控制系统的各部分稳定地运行。

通过以上的分析，可以将温度控制系统划分为采集温度数据、显示温度数据、用户通过按键设置限制值、同 PC 进行数据通信这 4 个任务。

从宏观上看这 4 个任务必须是同时进行的，任何时候一旦超过设定温度必须报警；任何时候按压键都能进入菜单，设置温度上下限；任何时候串口收到数据请求，都必须立即回复温度数据等。

多个任务同时执行，且各种事件对响应时间要求严格的软件系统被称为"实时多任务系统"。

CPU 本身是一个串行执行部件，它只能依次执行代码，不能同时执行多段代码，所以需要借助一定的软件手段来实现多任务同时执行。

能够实现实时多任务系统的方法有很多，如小巧灵活的前后台程序结构、适合大型软件系统的实时操作系统（Real-Time Operating System，RTOS）等，本章将对其逐一进行介绍。

1. 单任务程序

如果整个处理器系统只实现一个单一功能，或者只处理一种事件，则称为单任务程序。典型的单任务程序就是一个死循环，永远执行某一个功能函数。

```
void main()
{
```

```
    while(1)
    {
        dosomething();
    }
}
```

单任务程序对于单片机来说是没有使用价值的，因为很少会有单片机只处理单一任务的情况。一般只有在学习某个部件的使用方法，或者验证某段功能代码的时候才会用到这种单任务程序。

2．轮询式多任务程序

在实际应用中，大多数单片机系统至少包括信息获取、显示、人机交互、数据通信等功能，且这些功能可同时进行，属于多任务程序。

下面所示的是一种典型的轮询式多任务程序结构。

```
void main(void)
{
    while(1)
    {
        Adcgettemperature();//ADC 采集温度
        Display();//数据显示
        Uartprocess();//解析通信协议并回复数据
        Keyprocess();//处理键盘事件
    }
}
```

轮询式的多任务程序要求每个任务都不能长时间占用 CPU。如果 CPU 的处理速度足够快，每个任务都能在很短的时间内依次执行，那么宏观上看这些任务是同时执行的。

3．前后台多任务程序

在大部分实际情况中，程序主循环一次的时间都较长（数毫秒到数秒）。在轮询式多任务操作系统中，对于持续时间短于一个循环周期的事件，或者在一个循环周期内出现多次的事件，将可能被漏掉。例如为了接收串口以 9600bit/s 发出数据流，要求主循环的周期小于 1ms。这在很多系统中都是不现实的。其次，每个任务都必然有大量的分支程序，导致循环周期是不确定的。对于某些对时间要求严格的任务，如定时采样、数码管循环扫描等，不能放在主循环内执行，需要利用中断来完成。

把要求快速响应的事件或者对时间要求严格的任务交给中断（前台）处理，主程序（后台）只处理对时间要求不严格的事件。快速响应的事件通过中断向 CPU 索取处理权，这些事件处于显眼的位置（前台），而在剩余的时间内，CPU 默默无闻地执行后台任务，这种结构被形象地称为"前后台程序"，其结构实例如图 10-1 所示。在前后台程序中，对主循环速度的依赖性大大降低，甚至可以间歇性地执行主循环。

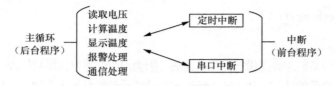

图 10-1　前后台程序结构实例

前后台程序结构是最常用的程序结构之一。简单地说，前后台程序由主循环加中断构成，主循环程序称为"后台程序"或"背景程序"；各个中断程序称为"前台程序"，系统依靠中断内的前台程序来实现事件响应与信息收集，而后台程序中一般包含多个任务，这些任务按顺序依次执行。当主循环执行时间很短时，从宏观上看，任务是同时执行的，这就是前后台程序的特点。

10.1.2　程序实时性

一般情况下，后台程序也叫任务级程序，前台程序也叫事件处理级程序。在程序运行时，主循环（后台程序）检查每个任务是否具备运行条件，通过一定的调度算法来完成相应的操作。对实时性要求特别严格的操作通常由中断（前台程序）来完成。

下面来体会涉及具体项目时前、后台程序的划分。

本书要求用 STM32 单片机完成某温度控制系统。要求测量并显示温度，用户可以通过按键切换温度单位（摄氏度或华氏度）。在串口接收到请求帧时，将温度信息及报警状态信息返回给 PC，请为该设计任务规划软件程序结构。

本系统总共有 4 项任务，分别是测温任务、显示任务、键盘扫描任务、通信任务。

1．分析各个任务的实时性

测温任务：在一般系统中，温度变化大多比较缓慢，1s 更新一次显示值已经足够，且对采样时间间隔要求不严、实时性要求不高。

显示任务：对于人眼来说，每秒 5 次以上的数据刷新频率已经足够，因此对实时性的要求也不高。实际上，每次采样后再显示，1s 更新一次完全可以满足要求。

按键扫描任务：手指按压键盘的持续时间为 0.1～1s，在此期间必须捕获到按键事件的发生。如果采用主循环内查询实现，要求主循环周期必须小于 0.1s。如果用 I/O 中断实现按键事件的捕获，主循环内处理，则对主循环周期无严格要求。但循环周期也不能过长，因为两次按键间隔最小约 0.3s，如果主循环周期大于 0.3s，对连续按键将只会响应最后一次。

通信任务：按照波特率 9600bit/s 计算，两个相邻字节之间的时间只有 1ms 左右，因此数据帧接收要求较高的实时响应。一般通信规范都要求请求帧发出后 0.1s 内返回数据帧，所以数据帧处理对实时性要求并不高。这种情况可以利用串口中断将数据存入 FIFO，在数据帧接收完毕后设置相应的标志位，在主循环内查询到请求帧标志位后解析并返回数据。这要求主循环周期小于 0.1s。

2．分析各个任务的耗时

测温任务：只需要读取 ADC 并计算，其中等待 ADC 完成转换仅需要数百微秒，这对于 1s 的周期来说微不足道，因此可以直接查询并等待转换结束标志。计算过程在数百微秒内完成，整个任务所需的时间应该小于 1ms。

显示任务：如果采用数码管显示，每位显示驻留时间约为 5ms，4 位数码管为 20ms；如果采用 LCD1602 显示，仅需要数百微秒。

按键扫描任务：按键扫描只读 I/O 口，需数微秒，考虑消抖处理，约在 20ms 以内。

通信任务：通信接收过程依靠中断，相邻两次中断仅隔 1ms。在中断内将接收数据压入 FIFO 仅需数十微秒，因此 1ms 足够，保证不会漏掉数据。按 10B 计算，在数据接收过程中若利用 FIFO，仅需数百微秒，若采用查询等待方法依次发送数据，需要约 10ms。

3．结论

根据上面的分析，所有任务中所需的最短服务周期是 0.1s，而所有的任务的执行时间相加没有超过 0.1s。可以利用前后台程序结构来完成设计，后台程序设计如下。

```
while(1)
{
    KEY_Process();//处理按键，切换摄氏度/华氏度
    Communication();//查询数据包接收完毕标志
    Temperature=ADC_GetTemperature();//采样 ADC
    LCD_Display();//显示温度（含温度转换）
}
```

串口接收采用中断缓冲机制，当接收完一个有效的请求帧后，中断内置标志位。当该位被主循环内的通信任务函数查询到后，清除标志位并返回温度数据。主循环内测温任务、显示任务、键盘扫描任务、通信任务依次执行，全部执行时间小于 0.1s，并不会漏掉需要采集的数据。

10.1.3　前后台程序结构的优点与缺点

1．前后台程序结构的优点

（1）在后台循环中，一个任务执行完毕后才执行下一个任务。这使得每个后台任务中的

内存（局部变量）在任务结束后可以全部释放，让给下一个任务使用。即使在 RAM 很少的处理器上也能同时执行众多任务。整个程序的总内存消耗等于全局变量所占的内存加上局部变量最多的任务所耗内存量。编写程序时，每个任务都可以大量使用局部变量，只要消耗量不超过消耗内存最多的任务，就不会增加 RAM 开销。

（2）在后台任务顺序执行的结构中，不会出现多个后台任务同时访问共享资源的情况。因为当一个任务访问共享资源时，前一任务必然已经执行完毕，后一任务尚未开始，每个任务自然独享全部的共享资源。

（3）程序结构灵活，实现形式与手段多样，我们可以根据实际需要灵活地调整，例如在某一事件的中断内直接写处理代码，保证对这一事件极高的实时性。

2．前后台程序结构的缺点

（1）程序多任务的执行依靠每个任务的非阻塞性来保证，这要求编程者耗费大量的时间精力来消除阻塞，最终代码可能与任务的描述差异很大。

（2）程序的健壮性及安全性没有保障，只要软件中存在中断，就会带来因共享资源的访问而引起的一系列问题，对互斥资源的访问保护需要编程者自己解决。

（3）每个程序员的思路、实现方法、所用的软件架构不同，而前、后台程序中软件实现方法是开放式的，无统一的标准和方法。这虽然为小型软件提供了便利，但对于稍微大型的系统来说，由于缺乏架构标准，维护、升级、排错都很困难。

（4）缺乏软件的描述手段，前后台程序没有一套精确的结构级的软件描述手段，如果让编程者用文字和图形描述出它的设计思路，会遇到很大的困难。

总之，前、后台程序是简单方便、小巧灵活的程序，只需很少的 RAM 和 ROM 即可运行，没有额外的资源开销。因此在低端的处理器以及小型软件系统上得到广泛的应用，但整体实时性和维护性较差，不适用于大型的软件系统。

10.1.4　改进前后台程序的方法

通过前面的例子，对前、后台程序的结构已经有了一个大概的了解，实际编写前后台程序时，还需要了解一些基本概念，并掌握一些基本的编写原则及技巧。

1．消除阻塞

阻塞的含义是任务长时间占用 CPU 资源，致使其他任务无法得到执行。从前后台程序的结构可以看出，它之所以可以实现多任务同时执行，是因为可以快速地依次循环执行各个任务。如果某个任务长时间占用了 CPU，后续的任务将无法得到处理从而失去响应。

　　编写前后台多任务程序的重要的原则是任何一个任务都不能阻塞 CPU。每个函数应尽可能地执行完毕，将 CPU 让给后续的函数。

　　消除阻塞的方法是去除每个子程序中的等待、死循环、长延时等环节，让 CPU 仅完成运算、判断、处理、赋值等。对于初学者来说，这是编程难点之一，需要多加练习。

2. 利用定时器节拍

　　在前、后台程序中，如果主循环的周期是固定的，那么对于定时、延时等与时间相关的任务来说，可以利用主循环内的计数来实现定时，仅在时间到达的时刻进行相应处理，消除因等待而产生的阻塞。但是主循环本身很难在不同的程序分支下保持其时间一致。

　　如果利用周期性的定时中断来完成系统节拍，将是严格相等的，这将为编程带来很大的便利。

实例：LED 显示花样设计实例

　　让 P1.1 口的 LED 每秒闪烁 1 次，P1.2 口的 LED 每秒闪烁 2 次，P1.3 口的 LED 每秒闪烁 4 次。为 3 个任务分别编写函数，要求不阻塞 CPU。代码如下。

```
#include "stm32f10x.h"
#define LED1 (1ul << 0)
#define LED2 (1ul << 1)
#define LED3 (1ul << 2)
void LED1_Process()
{
    static int LED1_Timer;
    LED1_Timer++;//LED1 任务计时
    if(LED1_Timer >= 8)//每 1s 取反一次
    {
        LED1_Timer = 0;
        GPIOB->ODR ^= LED1;
    }
}
void LED2_Process()
{
    static int LED2_Timer;
    LED2_Timer++;//LED2 任务计时
    if(LED2_Timer >= 4)//每 0.5s 取反一次
    {
        LED2_Timer = 0;
        GPIOB->ODR ^= LED2;
    }
}
void LED3_Process()
```

```
    {
        static int LED3_Timer;
        LED3_Timer++;//LED3 任务计时
        if(LED3_Timer >= 2)//每 0.25s 取反一次
        {
            LED3_Timer = 0;
            GPIOB->ODR ^= LED3;
        }
    }
void RCC_Configuration()
{
    RCC_APB1PeriphClockCmd(RCC_APB1Periph_TIM2,  ENABLE);
    RCC_APB2PeriphClockCmd(RCC_APB2Periph_GPIOB, ENABLE);
}
void GPIO_Configuration() /*GPIO 初始化, PB 输出*/
{
  GPIO_InitTypeDef  GPIO_InitStructure;
  GPIO_InitStructure.GPIO_Pin = GPIO_Pin_0|GPIO_Pin_1|GPIO_Pin_2|GPIO_Pin_3;
  GPIO_InitStructure.GPIO_Speed = GPIO_Speed_50MHz;
  GPIO_InitStructure.GPIO_Mode = GPIO_Mode_Out_PP;
  GPIO_Init(GPIOB, &GPIO_InitStructure);
}
void NVIC_Configuration()
{
    NVIC_PriorityGroupConfig(NVIC_PriorityGroup_2);
    NVIC_InitTypeDef NVIC_InitStructure;
    NVIC_InitStructure.NVIC_IRQChannel = TIM2_IRQn;
    NVIC_InitStructure.NVIC_IRQChannelPreemptionPriority = 2; //抢占先优先级
    NVIC_InitStructure.NVIC_IRQChannelSubPriority = 0;   //响应优先级
    NVIC_InitStructure.NVIC_IRQChannelCmd = ENABLE;
    NVIC_Init(&NVIC_InitStructure);
}
void TIM2_Configuration()
{
  TIM_TimeBaseInitTypeDef  TIM_TimeBaseStructure;
  TIM_TimeBaseStructure.TIM_Period = 4549;
  TIM_TimeBaseStructure.TIM_Prescaler = 1999;
  TIM_TimeBaseStructure.TIM_ClockDivision = 0x0; //捕获的时候用到, 一般都是 0
  TIM_TimeBaseStructure.TIM_CounterMode = TIM_CounterMode_Up;
  TIM_TimeBaseInit(TIM2, &TIM_TimeBaseStructure);
  TIM_ClearFlag(TIM2, TIM_FLAG_Update);
  TIM_ITConfig(TIM2, TIM_IT_Update, ENABLE);
  TIM_Cmd(TIM2, ENABLE);
```

```
}
void TIM2_IRQHandler(void)
{
    if(TIM_GetITStatus(TIM2,TIM_IT_Update) != RESET)
    {
        LED1_Process(); //LED1 闪烁任务
        LED2_Process(); //LED2 闪烁任务
        LED3_Process(); //LED3 闪烁任务
        TIM_ClearITPendingBit(TIM2,TIM_FLAG_Update);
    }
}
int main()
{
    RCC_Configuration();     /* 配置系统时钟 */
    NVIC_Configuration();     /* 配置 NVIC*/
    GPIO_Configuration();     /* 配置 GPIO 初始化 */
    TIM2_Configuration();     /* 配置 TIM2 定时器 */
    GPIOB->ODR = 0xffff;  /* 全灭 */
    while(1);
}
```

在这个程序中，CPU 仅在 I/O 需要翻转的时刻才参与处理，各个处理任务中没有死循环或等待，每个任务都能很快地执行完毕。

程序通过 **LEDx_Timer** 变量来为 3 个 LED 闪烁任务计时。在定义变量时加 **static** 关键字相当于定义全局变量，但只在函数内部使用，这为全局变量管理带来了方便。

从主循环中可以看出，只要每个任务都遵循非阻塞性原则，就可以在主循环中不断地添加新的任务，这为程序结构性、通用性与扩展性提供了保障。

3. 尽量使用低 CPU 占用率的外设

对于前、后台程序来说，为了让更多的任务能够同时进行，硬件上应选择 CPU 占用率更低的方案。例如同样是完成显示功能，用动态扫描 LED 所耗费的 CPU 资源就比静态显示的要多。动态显示需要不断地依次扫描显示各个数字，利用人的视觉暂留效应，人眼会看到各个数字同时显示。人的视觉暂留时间一般为数十毫秒，在此期间每位数字都要刷新，则数码管每隔数毫秒就要求 CPU 服务。从宏观上看相当于减慢了 CPU 的运行速度。

在静态显示方案中大多使用 **74HC595** 或者其他的 I/O 扩展芯片，每个 I/O 独立对应地控制一段"笔画"。显示内容一旦写入后会自动锁存，因此只有在显示内容发生改变时才需要 CPU 服务。

当然，在完成同样功能的前提下，CPU 占用率越小的设备往往意味着需要更多的硬件电路，增加硬件的成本。例如动态显示的成本要比静态显示的低，不需要 I/O 扩展芯片。在方案设计时需要综合考虑。

4．使用缓冲区

随着芯片制造技术的发展，单片机内置 SRAM 越来越大，STM32 单片机内置 SRAM 达到了 8KB。

单片机内置 SRAM 是一种很好的共享性的资源。对 SRAM 写入数据后，多个任务都可以访问该数据。合理利用 SRAM 内的数组、FIFO、全局变量、标志位等数据缓冲区作为信息传递渠道可以化解各个任务之间的关联性，降低软件的复杂度。

10.1.5　范例 18：缓冲区（FIFO）应用实例

在温度控制系统中，显示模块使用数码管，通信模块使用串口通信，控制模块则涉及按键的处理。那么如何对已实现的功能进行优化，充分利用单片机来实现系统的实时性呢？

下面以数码管、按键及串口通信为例，讲述在前、后台程序中如何使用缓冲区来提高编程质量，使我们要设计的温度控制系统更加健壮。

1．显示模块中使用缓冲区

以数码管扫描刷新为例，典型的方法是采用图 10-2 所示的方法，用一个数组作为显示缓冲。在前台程序中，定时中断只负责将显示缓存中的内容依次显示到 LED 上，后台程序可以随时更改显示缓存数据，从而改变实际显示内容。显示缓存在这里充当了前台程序与后台程序之间的数据传递渠道，消除了前、后台程序之间的直接关联性。

图 10-2　采用数组作为扫描显示缓冲区

在这种结构下，定时器中断中前台程序的刷新操作对于后台程序来说是不可见的，后台程序中需要改变显示内容时只需要写显示缓冲区即可。不必理会定时中断中动态扫描数码管的过程，显示缓存成为很好的隔离区。这种动态过程静态化的思想也是编写前、后台程序过程中最常用的思想之一。

实例如下。

在 STM32 单片机上实现动态扫描 4 位共阳极数码管显示，单片机的 P2.0～P2.7 口接数码管的段选端，P3.0～P3.3 接晶体管驱动数码管的位选端。为该电路编写显示函数，要求显示函数不阻塞 CPU 运行。数码管电路如图 10-3 所示。

分析动态显示过程，需要按一定时间间隔依次扫描 4 位共阳极数码管。只有在切换数字的时刻才真正需要 CPU 的处理。在每一位数字持续显示的时间段内，应该将 CPU 让出给其他显示任务,所以应该在定时中断内完成扫描,每次中断显示一位数字,两次中断的间隔就是每一位数字显示的持续时间。据此思路将显示程序分为两部分,前台程序负责扫描时序,后台程序负责显示内容。先编写前台程序的扫描函数,在定时中断内调用该扫描函数,每次中断切换显示一位数字;后台程序通过显示缓冲区改变显示内容。代码如下。

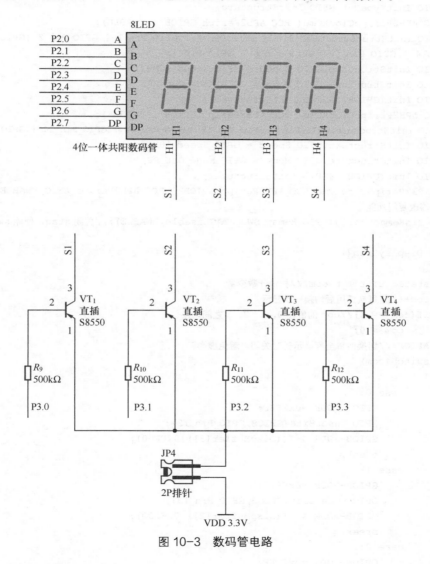

图 10-3 数码管电路

```
#include "stm32f10x.h"
#define ALLOF    GPIOB->ODR |= (1<<12) + (1<<13) + (1<<14)+ (1<<15) //数码管全灭
```

```c
    uint8_t table[10]={0xc0,0xf9,0xa4,0xb0,0x99,0x92,0x82,0xf8,0x80,0x90};      //数码
管显示码表
    uint8_t DispBuffer[4]; //显示缓冲区
    void GPIO_Configuration(void)
    {
      GPIO_InitTypeDef GPIO_InitStructure;
      RCC_APB2PeriphClockCmd( RCC_APB2Periph_GPIOB , ENABLE);
      GPIO_InitStructure.GPIO_Pin = GPIO_Pin_0 | GPIO_Pin_1 | GPIO_Pin_2 |GPIO_Pin_3 |
  GPIO_Pin_4 | GPIO_Pin_5 | GPIO_Pin_6 | GPIO_Pin_7;
      GPIO_InitStructure.GPIO_Speed = GPIO_Speed_10MHz;
      GPIO_InitStructure.GPIO_Mode = GPIO_Mode_Out_PP;
      GPIO_Init(GPIOB, &GPIO_InitStructure);
      RCC_APB2PeriphClockCmd( RCC_APB2Periph_GPIOB , ENABLE);
      GPIO_InitStructure.GPIO_Pin = GPIO_Pin_12 |GPIO_Pin_13 | GPIO_Pin_14 | GPIO_Pin_15 ;
      GPIO_InitStructure.GPIO_Speed = GPIO_Speed_10MHz;
      GPIO_InitStructure.GPIO_Mode = GPIO_Mode_Out_PP;
      GPIO_Init(GPIOB, &GPIO_InitStructure);
    RCC_APB2PeriphClockCmd(RCC_APB2Periph_GPIOB | RCC_APB2Periph_AFIO,ENABLE);// 先 打
开复用才能修改复用功能
    GPIO_PinRemapConfig(GPIO_Remap_SWJ_JTAGDisable,ENABLE);//关闭 jtag, 使能 swd
    }
    void DisplayScan()
    {
      static uint16_t com;//扫描计数变量
      com++;//每次调用后切换一次显示
      if(com >= 4)//com 的值在 0、1、2、3 之间切换
          com = 0;
      ALLOF;//切换前将全部显示暂时关闭，避免虚影
      switch(com)
      {
          case 0:
              GPIOB->ODR =0xFFFF;
              GPIO_ResetBits(GPIOB,GPIO_Pin_12);
              GPIOB->ODR &= ((DispBuffer[3])|0xFF00);
              break;
          case 1:
              GPIOB->ODR =0xFFFF;
              GPIO_ResetBits(GPIOB,GPIO_Pin_13);
              GPIOB->ODR &= ((DispBuffer[2])|0xFF00);
              break;
          case 2:
              GPIOB->ODR =0xFFFF;
              GPIO_ResetBits(GPIOB,GPIO_Pin_14);
              GPIOB->ODR &= ((DispBuffer[1])|0xFF00);
```

```
                break;
        case 3:
                GPIOB->ODR =0xFFFF;
                GPIO_ResetBits(GPIOB,GPIO_Pin_15);
                GPIOB->ODR &= ((DispBuffer[0])|0xFF00);
                break;
    }
}
void LEDDisplayNumber(uint32_t number)
{
    uint8_t digit; //码表数组下标
    uint8_t digitseg; //存放码表变量
    uint8_t SegBuff[4]; //码表临时存放数组
    uint8_t i;
    for(i=0;i<4;i++) //拆分数字，最多显示 4 位
    {
        digit = number % 10; //拆分数字，取余操作
        number /= 10; //拆分数字，除 10 操作
        digitseg = table[digit]; //查表，得到 7 段字形表
        SegBuff[i] = digitseg; //临时存放
    }
    DispBuffer[0] = SegBuff[0]; //写入显示缓存
    DispBuffer[1] = SegBuff[1]; //写入显示缓存
    DispBuffer[2] = SegBuff[2]; //写入显示缓存
    DispBuffer[3] = SegBuff[3]; //写入显示缓存
}
void RCC_Configuration()
{
    RCC_APB1PeriphClockCmd(RCC_APB1Periph_TIM2,  ENABLE);
    RCC_APB2PeriphClockCmd(RCC_APB2Periph_GPIOB, ENABLE);
}
void NVIC_Configuration()
{
    NVIC_PriorityGroupConfig(NVIC_PriorityGroup_2);
    NVIC_InitTypeDef NVIC_InitStructure;
    NVIC_InitStructure.NVIC_IRQChannel = TIM2_IRQn;
    NVIC_InitStructure.NVIC_IRQChannelPreemptionPriority = 2; //抢占先优先级
    NVIC_InitStructure.NVIC_IRQChannelSubPriority = 0;  //响应优先级
    NVIC_InitStructure.NVIC_IRQChannelCmd = ENABLE;
    NVIC_Init(&NVIC_InitStructure);
}
void TIM2_Configuration()
{
    TIM_TimeBaseInitTypeDef  TIM_TimeBaseStructure;
```

```
    TIM_TimeBaseStructure.TIM_Period = 179;
    TIM_TimeBaseStructure.TIM_Prescaler = 1999;
    TIM_TimeBaseStructure.TIM_ClockDivision = 0x0; //捕获的时候用到，一般都是 0
    TIM_TimeBaseStructure.TIM_CounterMode = TIM_CounterMode_Up;
    TIM_TimeBaseInit(TIM2, &TIM_TimeBaseStructure);
    TIM_ClearFlag(TIM2, TIM_FLAG_Update);
    TIM_ITConfig(TIM2, TIM_IT_Update, ENABLE);
    TIM_Cmd(TIM2, ENABLE);
}
void TIM2_IRQHandler(void)
{
    if(TIM_GetITStatus(TIM2,TIM_IT_Update) != RESET)
    {
        DisplayScan();
        TIM_ClearITPendingBit(TIM2,TIM_FLAG_Update);
    }
}
int main()
{
    RCC_Configuration();      /* 配置系统时钟 */
    NVIC_Configuration();     /* 配置 NVIC*/
    GPIO_Configuration();     /* 配置 GPIO 初始化 */
    TIM2_Configuration();     /* 配置 TIM2 定时器 */
    GPIOB->ODR = 0xffff;   /* 全灭 */
    LEDDisplayNumber(9876);
    while(1)
    {
    }
}
```

从以上程序可以看出，只要在任何一个周期为数毫秒的定时中断内调用 DisplayScan()函数，DispBuffer[4]数组内的 4 个字形码就会被“自动”映射到 4 位数码管上。在主循环内的任务中，只要写显示缓存即可改变显示内容。

2. 按键模块中 FIFO 的使用

接下来以常用的按键程序为例，说明缓冲区用法以及前、后台程序中消除阻塞的方法。经典按键流程图如图 10-4 所示。

其代码如下。

```
#define KEY1  (1 << 9)
uint8_t GetKey()
{
    if((KEYPORT & KEY1) == 0)
```

```
    {
        Delayms(10);
        if((KEYPORT & KEY1) == 0)
        {
            return KEY1VALUE ;
        }
    }
    else
        return 0;
}
```

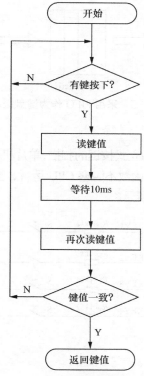

图 10-4　经典按键流程图

　　从上述程序中可以看出，按键消抖延时需要 10ms，在此期间该任务独占 CPU，其他任务无法执行。只有将等待按键过程中的 CPU 使用权释放，才能消除阻塞。

　　一般情况下，按键抖动时间不超过 10ms。如果借助定时中断，以大于 10ms 的周期对实际的波形进行采样，会得到无毛刺的波形。在定时中断内，把该按键所在 I/O 口的前一次电平与当前电平进行比较。如果比较结果为前一次处于未按下状态，本次处于按下状态，则认为这是一次有效按键。采用该方法后按键判别过程中只有赋值与比较语句，不会阻塞 CPU 运行。

在按键使用过程中，在前一按键被按下并执行相应动作过程中，如果再有按键被按下，会出现漏键情况，解决办法是使用 FIFO。在键盘查询中断中一旦发现有新的按键，把键值压入 FIFO。即使主循环周期较长，在两次读键之间用户进行了多次按键操作，这些键值也会依次存于 FIFO 中，等待主循环程序的执行。只要缓冲区足够大，多次连续按键就不会漏掉。而且在主循环内通过 GetKey() 函数可以随时读 FIFO 获取按键。这种方法是非阻塞的，如图 10-5 所示。

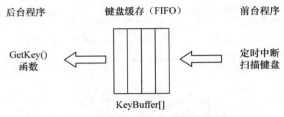

图 10-5 采用 FIFO 作为键盘缓冲区

首行缩进实例如下。

在 STM32 单片机上实现 4 只独立式按键的扫描，单片机的 PA.4～PA.7 接 4 只独立式按键。为该电路编写按键扫描函数，要求函数不阻塞 CPU 运行，当 S_1～S_4 按下时，能够依次对应点亮 VL_1～VL_4。按键电路如图 10-6 所示。

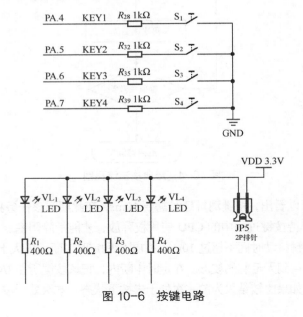

图 10-6 按键电路

代码如下。

```c
#include "stm32f10x.h"// Device header
#define KEYBUFFERSIZE 4 //键盘缓冲区大小，根据需要可调整
uint8_t KeyBuffer[KEYBUFFERSIZE]; //自定义键盘缓冲队列数组
uint8_t indexF = 0; //键盘缓冲队列头指针
uint8_t indexR = 0; //键盘缓冲队列尾指针
uint8_t count = 0; //键盘缓冲队列内记录的按键次数
#define s1_down()        GPIO_ReadInputDataBit(GPIOA,GPIO_Pin_4)
#define s2_down()        GPIO_ReadInputDataBit(GPIOA,GPIO_Pin_5)
#define s3_down()        GPIO_ReadInputDataBit(GPIOA,GPIO_Pin_6)
#define s4_down()        GPIO_ReadInputDataBit(GPIOA,GPIO_Pin_7)
uint32_t pre_s1 = 0xFFFF; //存放s1键前一次状态
uint32_t now_s1 = 0xFFFF; //存放s1键当前状态
uint32_t pre_s2 = 0xFFFF; //存放s2键前一次状态
uint32_t now_s2 = 0xFFFF; //存放s2键当前状态
uint32_t pre_s3 = 0xFFFF; //存放s3键前一次状态
uint32_t now_s3 = 0xFFFF; //存放s3键当前状态
uint32_t pre_s4 = 0xFFFF; //存放s4键前一次状态
uint32_t now_s4 = 0xFFFF; //存放s4键当前状态
void KeyInBuffer(uint8_t key)
{
    if(count >= KEYBUFFERSIZE)
        return; //若缓冲区已满，放弃本次按键
    count++; //按键次数计数增加
    KeyBuffer[indexR] = key; //向队列尾部追加新数据
    if(++indexR >= KEYBUFFERSIZE)
        indexR = 0; //循环队列，如果队列头部指针越界则回到指针起始位置
}
uint8_t keyOutBuffer()
{
    uint8_t key;
    if(count == 0) return 0; //若无按键，返回0
    count--; //按键次数计数减1
    key = KeyBuffer[indexF]; //从缓冲区头部读取一个按键值
    if(++indexF >= KEYBUFFERSIZE)
        indexF = 0; //循环队列，如果队列头指针越界，回到数组起始位置
    return key; //返回键值
}
void KeyScan()
{
    pre_s1 = now_s1;
    now_s1 = s1_down();
    pre_s2 = now_s2;
```

```
        now_s2 = s2_down();
        pre_s3 = now_s3;
        now_s3 = s3_down();
        pre_s4 = now_s4;
        now_s4 = s4_down();
        if((pre_s1 != 0) && (now_s1 == 0))        {KeyInBuffer(0x01);} //up 键值 0x01, 压
入 FIFO
        if((pre_s2 != 0) && (now_s2 == 0))        {KeyInBuffer(0x02);} //down 键值 0x02,
压入 FIFO
        if((pre_s3 != 0) && (now_s3 == 0))        {KeyInBuffer(0x04);} //up 键值 0x04, 压
入 FIFO
        if((pre_s4 != 0) && (now_s4 == 0))        {KeyInBuffer(0x08);} //down 键值 0x08,
压入 FIFO
    }
    void RCC_Configuration()
    {
        RCC_APB1PeriphClockCmd(RCC_APB1Periph_TIM2,  ENABLE);
        RCC_APB2PeriphClockCmd(RCC_APB2Periph_GPIOB, ENABLE);
        RCC_APB2PeriphClockCmd(RCC_APB2Periph_GPIOA, ENABLE);
    }
    void GPIO_Configuration(void)
    {
        GPIO_InitTypeDef GPIO_InitStructure;
        GPIO_InitStructure.GPIO_Pin = GPIO_Pin_4 | GPIO_Pin_5 | GPIO_Pin_6 | GPIO_Pin_7;
        GPIO_InitStructure.GPIO_Speed = GPIO_Speed_10MHz;
        GPIO_InitStructure.GPIO_Mode = GPIO_Mode_IPU;
        GPIO_Init(GPIOA, &GPIO_InitStructure);
        GPIO_InitStructure.GPIO_Pin = GPIO_Pin_0 | GPIO_Pin_1 | GPIO_Pin_2 | GPIO_Pin_3;
        GPIO_InitStructure.GPIO_Speed = GPIO_Speed_10MHz;
        GPIO_InitStructure.GPIO_Mode = GPIO_Mode_Out_PP;
        GPIO_Init(GPIOB, &GPIO_InitStructure);
        RCC_APB2PeriphClockCmd(RCC_APB2Periph_AFIO,ENABLE); //先打开复用才能修改复用功能
        GPIO_PinRemapConfig(GPIO_Remap_SWJ_JTAGDisable,ENABLE);//关闭 jtag, 使能 swd
    }
    void NVIC_Configuration()
    {
        NVIC_PriorityGroupConfig(NVIC_PriorityGroup_2);
        NVIC_InitTypeDef NVIC_InitStructure;
        NVIC_InitStructure.NVIC_IRQChannel = TIM2_IRQn;
        NVIC_InitStructure.NVIC_IRQChannelPreemptionPriority = 2; //抢占先优先级
        NVIC_InitStructure.NVIC_IRQChannelSubPriority = 0;   //响应优先级
        NVIC_InitStructure.NVIC_IRQChannelCmd = ENABLE;
        NVIC_Init(&NVIC_InitStructure);
    }
```

```c
void TIM2_Configuration()
{
    TIM_TimeBaseInitTypeDef   TIM_TimeBaseStructure;
    TIM_TimeBaseStructure.TIM_Period = 719;
    TIM_TimeBaseStructure.TIM_Prescaler = 999;
    TIM_TimeBaseStructure.TIM_ClockDivision = 0x0; //捕获的时候用到，一般都是 0
    TIM_TimeBaseStructure.TIM_CounterMode = TIM_CounterMode_Up;
    TIM_TimeBaseInit(TIM2, &TIM_TimeBaseStructure);
    TIM_ClearFlag(TIM2, TIM_FLAG_Update);
    TIM_ITConfig(TIM2, TIM_IT_Update, ENABLE);
    TIM_Cmd(TIM2, ENABLE);
}
void TIM2_IRQHandler(void)
{
    if(TIM_GetITStatus(TIM2,TIM_IT_Update) != RESET)
    {
        KeyScan();
        TIM_ClearITPendingBit(TIM2,TIM_FLAG_Update);
    }
}
int main()
{
    uint8_t uKeyCode;
    RCC_Configuration();      /* 配置系统时钟 */
    NVIC_Configuration();     /* 配置 NVIC*/
    GPIO_Configuration();     /* 配置 GPIO 初始化 */
    TIM2_Configuration();     /* 配置 TIM2 定时器 */
    GPIOB->ODR = 0xFFFF;      /* 全灭 */
    while (1)
    {
        uKeyCode = keyOutBuffer();
        switch(uKeyCode)
        {
            case 0x01:
                GPIOB->ODR ^= (1<<0);
                break;
            case 0x02:
                GPIOB->ODR ^= (1<<1);
                break;
            case 0x04:
                GPIOB->ODR ^= (1<<2);
                break;
            case 0x08:
                GPIOB->ODR ^= (1<<3);
```

```
                    break;
            }
        }
    }
```

3．串行通信中环状 FIFO 的使用

在 8.6.6 小节中讲述了串行通信接收和发送数据的常用函数，这种依靠查询判断收发结束的方法有几个很大的缺点：首先是串口发送过程会耗费大量的 CPU 运行时间。例如以 2400bit/s 的波特率发送 100B 数据，在发送数据这段时间内 CPU 不能执行后续的程序，每次发送批量数据时，都会造成系统暂时停顿。其次，接收函数会完全阻塞 CPU 的运行，假设没有数据，CPU 会一直停在等待语句的死循环处，后续的代码将完全停止执行。

问题的根源在于：虽然 CPU 具有很强的数据传递能力，每秒可以进行数百万次数据搬移，但串口是个慢速设备，每秒只能发送数百至数千字节数据。让慢速设备去等待快速设备，必然导致系统的整体传输速度降低。

对于串口收发数据来说，真正需要 CPU 服务的就是向发送缓冲区 TDR 填充数据或者从接收缓冲区 RDR 读取数据的那一刻。如果能将 CPU 从"等待发送完毕"或者"等待接收完毕"的循环查询中解脱出来，系统的整体性能会得到明显的提升。

解决上述问题的方法就是使用串口收发中断，并配合收发缓冲区来实现对 CPU 的释放。

FIFO 示意如图 10-7 所示，它是一个环形的队列（数组），具有一个头指针和一个尾指针。每次送入的数据放在尾指针位置，接着尾指针递增指向下一单元，因此尾指针又称写指针。每次读操作从头指针位置读取，接着头指针指向下一单元，因此头指针又称读指针。当头指针或尾指针越过数组最后一个单元后，又回到起始位置，因此相当于一个无限长的数组。头、尾指针可以被读写程序分别操作，且允许两者速度不一致，因此 FIFO 是快速设备与慢速设备之间最常用的缓冲结构之一。

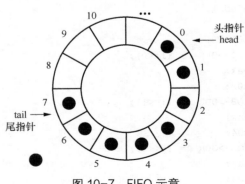

图 10-7　FIFO 示意

实例如下。

通过 STM32 单片机发送 64B 数据至 PC，通过 PC 的串口调试助手观察，同时 PC 发送给 STM32 单片机的数据，单片机能够实时返回给 PC 观察。串口电路如图 10-8 所示。

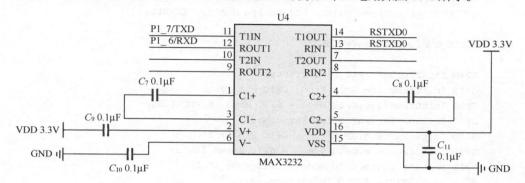

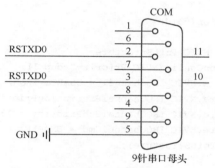

图 10-8　串口电路

程序如下。

```c
#include "stm32f10x.h"// Device header
#include <string.h>
#include <stdio.h>
#define RXBUFSIZE    64                        // 接收缓冲区大小
static volatile uint8_t ucRXBuffer[RXBUFSIZE]; // 接收缓存
static volatile uint8_t ucRXReadIndex;         // 接收缓存读指针
static volatile uint8_t ucRXWriteIndex;        // 接收缓存写指针
static volatile uint8_t ucRXCharCount;         // 接收缓存计数
#define TXBUFSIZE    64                        // 发送缓冲区大小
static volatile uint8_t ucTXBuffer[TXBUFSIZE]; // 发送缓存
static volatile uint8_t ucTXReadIndex;         // 发送缓存读指针
static volatile uint8_t ucTXWriteIndex;        // 发送缓存写指针
static volatile uint8_t ucTXCharCount;         // 发送缓存计数
#define BUFFER_EMPTY    1                      // 缓存空，定义为1
```

```
static volatile uint8_t bTXBufferEmpty;            // 发送缓存区空标志
void RCC_Configuration(void)
{
    RCC_APB2PeriphClockCmd(RCC_APB2Periph_GPIOA | RCC_APB2Periph_AFIO, ENABLE);
    RCC_APB2PeriphClockCmd(RCC_APB2Periph_USART1, ENABLE);
}
void GPIO_Configuration(void)
{
    GPIO_InitTypeDef GPIO_InitStructure;
    GPIO_InitStructure.GPIO_Pin = GPIO_Pin_10;
    GPIO_InitStructure.GPIO_Mode = GPIO_Mode_IN_FLOATING;
    GPIO_Init(GPIOA, &GPIO_InitStructure);
    GPIO_InitStructure.GPIO_Pin = GPIO_Pin_9;
    GPIO_InitStructure.GPIO_Speed = GPIO_Speed_50MHz;
    GPIO_InitStructure.GPIO_Mode = GPIO_Mode_AF_PP;
    GPIO_Init(GPIOA, &GPIO_InitStructure);
}
void NVIC_Configuration(void)
{
    NVIC_InitTypeDef NVIC_InitStructure;
    NVIC_PriorityGroupConfig(NVIC_PriorityGroup_1);
    NVIC_InitStructure.NVIC_IRQChannel = USART1_IRQn;
    NVIC_InitStructure.NVIC_IRQChannelPreemptionPriority = 1;
    NVIC_InitStructure.NVIC_IRQChannelSubPriority = 1;
    NVIC_InitStructure.NVIC_IRQChannelCmd = ENABLE;
    NVIC_Init(&NVIC_InitStructure);
}
void USART_Configuration(void)
{
    USART_InitTypeDef USART_InitStructure;
    USART_InitStructure.USART_BaudRate = 9600;
    USART_InitStructure.USART_WordLength = USART_WordLength_8b;
    USART_InitStructure.USART_StopBits = USART_StopBits_1;
    USART_InitStructure.USART_Parity = USART_Parity_No;
    USART_InitStructure.USART_HardwareFlowControl = USART_HardwareFlowControl_None;
    USART_InitStructure.USART_Mode = USART_Mode_Rx | USART_Mode_Tx;
    USART_Init(USART1, &USART_InitStructure);
    USART_ITConfig(USART1, USART_IT_RXNE, ENABLE);
    USART_Cmd(USART1, ENABLE);
    USART_ClearFlag(USART1, USART_FLAG_TC);
}
void Uart_FIFOInit()
{
    ucRXWriteIndex = ucRXReadIndex = ucRXCharCount = 0;
```

```
        ucTXWriteIndex = ucTXReadIndex = ucTXCharCount = 0;
        bTXBufferEmpty = BUFFER_EMPTY;
        RCC_Configuration();
        GPIO_Configuration();
        NVIC_Configuration();
        USART_Configuration();
}
void Uart_FiFoSendString(uint8_t *buf, uint16_t len)
{
        uint16_t i;
        for(i=0;i<len;i++)
        {
                ucTXBuffer[i]  = buf[i];
                ucTXCharCount++;
                ucTXWriteIndex++;
        }
        USART_ITConfig(USART1, USART_IT_TXE, ENABLE);
}
void Uart_FiFoSendByte(uint8_t cByte)
{
        ucTXBuffer[ucTXWriteIndex++] = cByte;        //将数据写入缓冲区并将写指针加1
        ucTXWriteIndex &= TXBUFSIZE-1;        //防止写指针越界<TXBUFSIZE
        ucTXCharCount++;        //写入新数据后，数据计数加1
        if (bTXBufferEmpty && ucTXCharCount)        //发送缓冲为空，并且有待发送数据
        {
                bTXBufferEmpty = !BUFFER_EMPTY;        //复位缓冲区空标志
                USART_SendData(USART1,ucTXBuffer[ucTXReadIndex++]);
                ucTXReadIndex &= TXBUFSIZE-1;        //防止读指针越界<TXBUFSIZE
                ucTXCharCount--;        //发送数据后，数据计数减1
        }
}
uint8_t Uart_FiFoGetByte(void)
{
        uint8_t Byte;
        if (ucRXCharCount)        //如果有数据
        {
                Byte = ucRXBuffer[ucRXReadIndex++];        //读取数据，读指针加1
                ucRXReadIndex &= RXBUFSIZE-1;        //防止读指针越界<RXBUFSIZE
                ucRXCharCount--;        //读取一个数据，计数器减1
                return (Byte);
        }
        else
                return (0);        //无数据，返回0
}
```

```c
uint8_t GetRXBufferCount (void)
{
    return (ucRXCharCount);
}
void USART1_IRQHandler (void)
{

    if (USART_GetITStatus(USART1, USART_IT_RXNE) != RESET)
    {
        /* 从串口接收数据寄存器读取数据存放到 FIFO */
        ucRXBuffer[ucRXWriteIndex++] = USART_ReceiveData(USART1);
        ucRXWriteIndex &= RXBUFSIZE-1;     //防止写指针越界<RXBUFSIZE
        ucRXCharCount++;        //接收到一个数据, 计数器加 1
    }
    if (USART_GetITStatus(USART1,USART_IT_TXE) != RESET)
    {
        if (ucTXCharCount == 0)
        {
            /* 发送缓冲区的数据已取完时, 禁止发送缓冲区空中断*/
            USART_ITConfig(USART1, USART_IT_TXE, DISABLE);
            USART_ITConfig(USART1, USART_IT_TC, ENABLE);
        }
        else
        {
            /* 从发送 FIFO 取 1 字节写入串口发送数据寄存器 */
            USART_SendData(USART1,ucTXBuffer[ucTXReadIndex++]);
            ucTXReadIndex &= TXBUFSIZE-1;      //防止读指针越界<TXBUFSIZE
            ucTXCharCount--;      //发送一位数据, 计数器减 1
        }
    }
    /* 数据位全部发送完毕的中断 */
    if (USART_GetITStatus(USART1, USART_IT_TC) != RESET)
    {
        if (ucTXCharCount == 0)
        {
            /* 如果发送的数据全部发送完毕, 禁止数据发送完毕中断 */
            USART_ITConfig(USART1, USART_IT_TC, DISABLE);
            bTXBufferEmpty = BUFFER_EMPTY;
        }
    }
}
int main(void)
{
    uint32_t i;
```

```
char ucCode;
char string[64];
Uart_FIFOInit();
sprintf(string, "Hello! Real Baud is 9600 bps!");
Uart_FiFoSendString(string,sizeof(string));
while(1)
{
    if(GetRXBufferCount() != 0 )
    {
        ucCode = Uart_FiFoGetByte();      //通过 FIFO 接收数据
        Uart_FiFoSendByte(ucCode);        //通过 FIFO 发送数据
    }
}
}
```

10.2　利用状态机改进单片机系统

有限状态机（Finity State Machine，FSM），简称状态机，是一种有效的软件建模手段。通过状态机建模可以从行为角度来描述软件，并且可以很方便地描述并发（同时执行）行为。更重要的是，状态机模型可以精确地转换成代码，这些代码运行后将实现相应的软件功能。状态机建模不同于流程图，流程图只能描述软件的过程，而不能描述软件的行为，更不能描述并发的软件过程。

10.2.1　初步认识状态机

为了帮助读者建立状态机的概念，下面从实际的例子出发，逐步认识状态机，并介绍状态机建模的相关基础知识。

1. 流程图的缺点

初学者在学习程序设计的时候，都接触过流程图。流程图是一种描述软件执行过程的有效手段。它由顺序、判断、跳转、循环等若干基本环节构成，能够详细表达软件的执行过程。所谓"过程"，意味着必有先后之分，例如用流程图描述一个洗衣机的"洗衣过程"，可以描述为"先正转 2s，停 1s，再反转 2s，停 1s……如此往复"。

如图 10-9 所示，按照过程可以依次画出流程图。依照流程图可以编写洗衣机的控制程序，但我们考虑实际的洗衣机：为了保证安全，要求在洗衣过程的任何时候盖子一旦开启就必须立即停机；等盖子合上后，再从洗衣过程打断的地方继续执行之前的操作。

这要求单片机不仅要处理洗衣过程，还要根据洗衣机盖子的状态来控制洗衣过程。这里流程图的弱点就暴露出来了：用户可以在任何时候打开盖子，而流程图只能表达有固定先后次序的程序，无法表达"任何时候"发生的事件。

如果一定要用流程图来描述洗衣机控制过程，"任何时候"在流程图中只能表达为在所有可能等待（存在循环）的地方，都要增加对盖子的处理。于是，流程图中 4 个等待过程都要增加对盖子状态的判断、处理等，如图 10-10 所示。

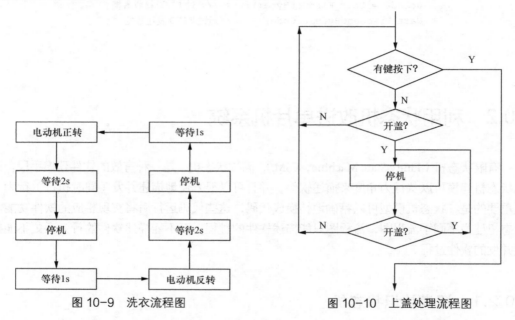

图 10-9　洗衣流程图　　　　　　　图 10-10　上盖处理流程图

在此如果再增加一个功能：任何时候按取消键，立即停止洗衣机的任何动作，直到按开始键后重新开始洗衣。为了让取消键在"任何时候"都能立即生效，需要在软件中添加对取消键的判断与处理程序，并等待开始键。

如果再增加"脱水"功能，任何时候按脱水键都要都要进行排水与脱水，软件要翻倍增加新的等待过程，再继续添加功能：在脱水过程的任何时候打开盖子也要暂停，在任何时候如果电机过载都要立即停止等。

如果用流程图来表达任何时候的功能描述，流程图就会像爆炸一样以不断翻倍的方式变得越来越复杂，最终变得让我们无从下手。

我们再看电子表的例子。

普通的电子表上有两个按键：MOD 键与 SET 键。在显示时间状态下按 MOD 键，会切换至日期显示状态，再按一次切换回时间显示；在显示时间状态下按 SET 键切换设置内容，在设置状态下按 MOD 键被设置内容加 1。尝试为该功能画流程图。

为了简化该模型，简称两个按键为 A 键和 B 键，也暂不考虑按下按键后所执行的处理程序，仅考虑按键操作流程。对于第 1 次按键，用户可能会按 A 键也可能会按 B 键，于是程序需要判断按键并进行不同的处理，流程分为两支。第 2 次按键，用户也可能按 A 键或 B 键中的任意一个，因此程序再次分支。随着第 3 次按键、第 4 次按键、第 5 次按键，程序需要不断分支，最后变成具有图 10-11 所示的庞大树状结构的流程图。

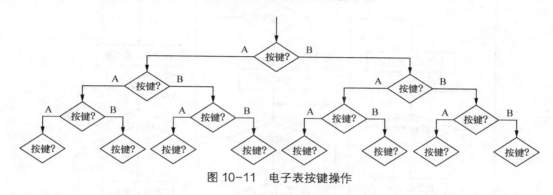

图 10-11 电子表按键操作

如果一次设置操作最多共需按 10 次按键，程序将分支为 1024 支。这仅仅是 2 个按键的情况，如果是 3 个按键，10 次操作流程图将有 59049 支。事实上，这种庞大的结构几乎是不可能实现的。问题的根源在于：这个程序并不存在固定的过程，程序的走向完全由用户按键操作决定，而并非由程序自己固有。因此，实际上这一类程序根本不存在"流程"。

再看第 3 个例子：双色报警灯。

这是一种工业现场大量使用的简单报警指示装置，由一个报警输入（I/O 口）、双色报警灯（红黄两色，I/O 口控制），以及一个确认按钮构成。三者之间的逻辑关系如下。

❑ 当报警出现后，红灯亮。

❑ 报警自动消失后，黄灯亮，直到确认键按下后才熄灭。

❑ 当报警未消失时，按下确认键，黄灯亮，此后报警消失时报警灯自动熄灭。

根据逻辑功能的要求，很容易画出流程图；再根据流程图，也很容易写出控制程序。

但是，在实际应用中，一片单片机只完成一路报警显然过于浪费，一般要求用一片单片机同时完成 16~32 路报警逻辑的控制。这种同时运行的多个过程被称为并发过程。简单起见，现仅考虑一片单片机控制两路报警逻辑（两路报警输入和两路双色报警灯）的情况。

对于每路报警控制，流程图中有 4 处等待循环，如图 10-12 所示。分别是"等待报警出现""等待报警消失或确认键按下""等待报警消失""等待确认键按下"。在等待循环的条件满足之前是不会退出的，因此后续的代码无法运行。这就是前文所说的阻塞。用流程图描述同时执行的两个阻塞过程，会遇到很大的困难：每个循环都会阻塞程序，无法通过串联两个流程图实现同时处理两路报警，只能在每个循环内都判断并处理第二路，第二路也需要 4 个循环，因此总共需要 4×4=16 个等待循环。在这 16 个等待循环内，又要判断并处理第一路，流程图将无穷无尽地嵌套。实际上流程图无法描述该过程。

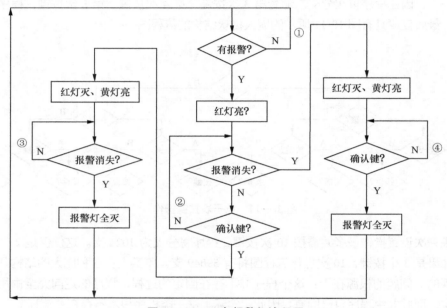

图 10-12　双色报警灯流程图

从上面的 3 个例子可以发现，面向顺序过程的流程图不适合描述"任何时候"发生的事件，不适合描述"由外部事件决定流程"的程序、不适合描述"带有阻塞"的并发过程，也不适合描述大量的随时主动发生的事件。这些环节在各种单片机或嵌入式软件中会大量的出现，因为软件系统必然要和外界输入"打交道"，而且其很多行为是由外界输入决定的。

因此，有必要寻找一种新的软件建模手段，能够描述并发过程的软件，或者能从行为的角度来描述软件，且能够根据模型生成代码，也能够对软件进行完整的测试。

2．状态机建模

从前文的例子可以看出，软件下一步要执行的功能不仅与外界输入信息有关，还与系统的当前状态有关。

在电子表的例子中，当按下 MOD 键时，如果系统处于"显示时间状态"，则执行"切换至显示日期"的操作；如果系统处于"设置小时状态"，则执行"小时数字加 1"的操作。同样的按键事件，在不同的系统状态下，需要执行不同的功能。

在双色报警灯例子中，"报警消失"这一事件发生时，如果系统处于"报警未确认状态"，则点亮黄灯；如果系统处于"报警已确认状态"，则关闭所有报警灯。同样地，报警消失事件在不同的系统状态下，也许要执行不同的功能。

能否设计出一种基于"状态"与"事件"的软件描述手段呢？

由于系统在每一时刻只能有唯一的状态，因此在每一个状态下，可能发生的事件是有限的。在系统发生状态改变的那一刻，在系统等待事件发生到来的期间，是不需要 CPU 处理的。如果能够用事件触发的形式来描述软件，能够将 CPU 从等待事件发生的过程中解放出来，从而生成无阻塞的代码。

以双色报警灯为例，尝试用语言来描述状态与事件之间的关系。

- ❑ 在"正常"状态，如果出现"报警"事件，则系统变成"报警未确认"状态，同时红灯亮。
- ❑ 在"报警未确认"状态，如果出现"报警撤销"事件，则系统变成"报警自行撤销"状态，同时黄灯亮。
- ❑ 在"报警自行撤销"状态，如果发生"确认"事件，则系统变成"正常"状态，报警灯熄灭。
- ❑ 在"报警未确认"状态，如果发生"确认"事件，则系统变成"报警已确认"状态，黄灯亮。
- ❑ 在"报警已确认"状态，如果发生"报警撤销"事件，则系统回到"正常状态"，报警灯熄灭。

读者可以发现，在每一条描述语句中，只有判断与赋值语句，没有阻塞性的等待。也可以用图来表达上述逻辑关系，这种图形被称为"状态转移图"，如图 10-13 所示。图中每个圆圈表示一种系统状态，每个箭头表示一次状态转移，箭头中的文字表示转移的触发条件，说明发生该事件时，状态按照箭头的方向发生转移。

这里所谓的"转移"并非程序流程的跳转，只是状态的改变。如果用一个变量来记录当前系统的状态，并通过事件来改变该变量的值，则相当于实现了"状态跳转"。代码很容易写，而且代码中只有状态的分支判断与事件的判断，以及状态变量的赋值语句，没有任何阻塞性的等待过程。

利用 ALARM_Status 变量保存当前的报警状态，并根据当前的状态以及事件决定下一时刻 ALARM_Status 变量的值，完成状态转移。这段代码能够很快执行完毕，不阻塞 CPU。对于一个 CPU 处理 16 路报警的应用，仅需将 16 路的处理程序按顺序循环执行即可。

这种状态转移的机制被形象地称为状态机（State Machine），如果系统的状态个数是有限的，则称为有限状态机（FSM）。在实际中，大部分系统都属于有限状态机，通常也将有限状态机简称为状态机。基于事件与系统状态转移之间的关系的软件描述方法被称为"状态机"建模。利用状态机建模能够降低系统复杂度，并且能够生成非阻塞性的代码，很容易处理并发过程。

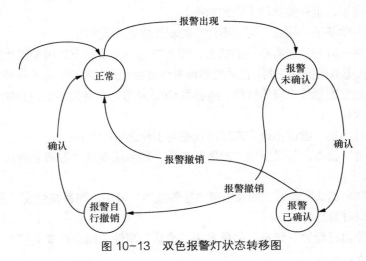

图 10-13 双色报警灯状态转移图

10.2.2　状态机描述方法

　　一个状态机模型包含了一组有限的状态以及一组状态转移的集合，状态机模型主要通过状态转移图来描述。

　　状态转移图又称状态跳转图，它用圆圈或圆角的矩阵表示系统的各种状态，用一个带箭头的黑点表示初始态；用有向箭头表示状态的状态转移（跳转）。在箭头旁标注发生转移的事件，以及发生状态转移时所执行的动作。事件与动作之间用"/"分隔。对于没有执行动作的状态转移，动作部分可以默认省略。对于只有执行动作而没有状态变化的状态转移，可以画一个指向自己的箭头。

1. 洗衣机状态机建模

　　以洗衣机控制逻辑为例，洗衣过程为"先正转 2s，再暂停 2s，然后反转 2s，再暂停 1s……依次循环"，画出状态转移图。

　　洗衣过程是基于顺序过程的描述，并非状态描述。首先将这种基于过程的描述转化为基于状态的文字描述如下。

□　在正转状态下，如果时间达到 2s，则进入暂停状态 1，同时关闭电动机。

□　在暂停状态 1 下，如果时间达到 1s，则进入反转状态，同时将电动机设为反转。

□　在反转状态下，如果时间达到 2s，则进入暂停状态 2，同时关闭电动机。

□　在暂停状态 2 下，如果时间达到 1s，则进入正转状态，同时将电动机设为正转。

根据上述文字描述可以画出状态转移图，如图 10-14 所示。

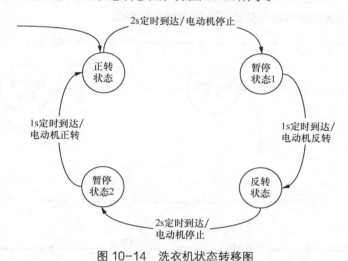

图 10-14　洗衣机状态转移图

2. 电子表状态机建模

某电子表外观如图 10-15 所示。具有两个按键 A 和 B，可用于操作与设置，按键功能和操作方法如下所述。

□　在显示时间时按 A 键，屏幕显示变成日期。

□　在显示日期时按 A 键，屏幕显示变成秒数。

□　在显示秒时按 A 键，屏幕显示变成时间。

□　在显示秒时按 B 键，秒数归零。

□　在时间或日期显示时按 B 键，屏幕"时"闪烁。

图 10-15　某电子表外观

□　在"时"闪烁时按 A 键，屏幕"时"加 1，超过 23 归零。

□　在"时"闪烁时按 B 键，屏幕"分"闪烁。

□　在"分"闪烁时按 A 键，屏幕"分"加 1，超过 59 归零。

□　在"分"闪烁时按 B 键，屏幕"月"闪烁。

□　在"月"闪烁时按 A 键，屏幕"月"加 1，超过 12 归零。

□　在"月"闪烁时按 B 键，屏幕"日"闪烁。

□ 在"日"闪烁时按 A 键，屏幕"日"加 1，超过 31 归零。

□ 在"日"闪烁时按 B 键，屏幕回到时间显示。

电子表状态转移图如图 10-16 所示。首先分析电子表的状态转移关系。对于电子表来说，总共有 7 种状态，分别是"显示时间""显示日期""显示秒数""设置小时（小时闪烁）""设置分钟""设置月""设置日"。按键操作则相当于两个独立事件。这两个事件驱使系统在 7 种状态之间跳转，根据功能的语言描述可以画出状态转移图。

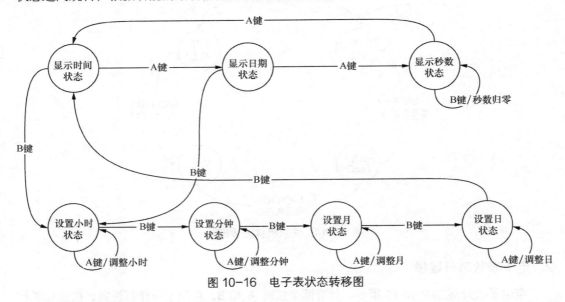

图 10-16　电子表状态转移图

图 10-16 中的状态转移图可以被很方便地转换成代码，如果 A 键和 B 键所在的 I/O 口都能引发中断，可以在中断内根据当前的系统状态完成状态转移关系的处理。例如要求显示时间状态下按 A 键变为系统日期状态，只要在 A 中断内判断当前状态变量的值。若为显示时间，则为显示日期，类似地，用 switch case 语句可以很方便地完成所有的状态转移。具体代码如下。

```
unsigned char State = 0;    //状态变量
#define DISP_TIME    0      //显示时间状态
#define DISP_DATE    1      //显示日期状态
#define DISP_SEC     2      //显示秒数状态
#define SET_HOUR     3      //设置小时状态
#define SET_MINUTE   4      //设置分钟状态
#define SET_MONTH    5      //设置月状态
#define SET_DATE     6      //设置日状态

//**************在 A 键中断服务函数内添加以下代码********************//
switch(State)    //根据当前状态处理 A 键所引发的状态跳转
```

```
{
    case DISP_TIME : State = DISP_DATE; break;                    //显示时间时按 A 键，显示日期
    case DISP_DATE : State = DISP_SEC; break;                     //显示日期时按 A 键，显示秒数
    case DISP_SEC  : State = DISP_TIME; break;                    //显示秒钟时按 A 键，显示时间
    case SET_HOUR  : if(++Hour > 23) Hour = 0; break;             //设置小时时按 A 键，调整小时
    case SET_MINUTE : if(++Min > 59) Min = 0; break;              //设置分钟时按 A 键，调整分钟
    case SET_MONTH : if(++Month > 12) Month = 0;break;            //设置月时按 A 键，调整月
    case SET_DATE  : if(++Date > 31) Date = 0;break;              //设置日时按 A 键，调整日
}
//**************在 B 键中断服务函数内添加以下代码******************//
switch(State)         //根据当前状态处理 B 键所引发的状态跳转
{
    case DISP_TIME : State = SET_HOUR; break;                     //显示时间时按 B 键，设置小时
    case DISP_DATE : State = SET_HOUR; break;                     //显示日期时按 B 键，设置小时
    case DISP_SEC  : Second = 0; break;                           //显示秒钟时按 B 键，秒归零
    case SET_HOUR  : State = SET_MINUTE; break;                   //设置小时时按 B 键，设置分钟
    case SET_MINUTE : State = SET_MONTH; break;                   //设置分钟时按 B 键，设置月
    case SET_MONTH : State = SET_DATE;break;                      //设置月时按 B 键，设置日
    case SET_DATE  : State = DISP_DATE;break;                     //设置日时按 B 键，显示时间
}
```

通过这个例子可以看出，利用状态机建模，不仅实现了软件结构的描述，还用简单的代码完成了流程图难以表达的任务。该程序不但是非阻塞的，而且仅有按键发生时刻才执行状态转移或处理任务，其余时间 CPU 可以休眠，具有极低的功耗。

对于完整的电子表程序来说，还有一些细节问题，例如按键的消抖、显示程序要根据状态来决定显示内容，闪烁程序要根据系统状态决定闪烁位置等。

10.2.3 通过状态转移图生成代码

通过状态转移图可以描述状态机模型，根据状态机模型可以写出程序代码，而且状态机模型与代码之间有精确的对应关系。将状态转移图转换成程序代码，有两种方法：在状态中判断事件；在事件中判断状态。

1. 在状态中判断事件（事件查询）

在当前状态下，根据不同的事件执行不同的功能、再进行相应的状态转移。以图 10-17 为例，系统共有 3 个状态 S0、S1、S2，以及 3 种事件 Event0、Event1、Event2。由 3 种事件引发系统状态的转移，并执行相应的动作 Action0、Action1、Action2。

在程序中，首先利用 switch case 语句对当前状态进行分支，在每个分支内查询 3 种事件

是否发生。如果发生，则执行相应的动作函数，再处理状态转移。

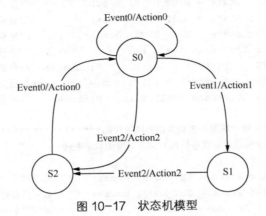

图 10-17　状态机模型

```
switch(State)
{
    case S0:
        if(Event0)
        {//如果查询到 Event0 事件，就执行 Action0 动作，并保持状态不变
            Action0();
        }
        else if(Event1)
        {//如果查询到 Event1 事件，就执行 Action1 动作，并将状态转移到 S1
            Action1();
            State = S1;
        }
        else if(Event2)
        {//如果查询到 Event2 事件，就执行 Action2 动作，并将状态转移到 S2
            Action2();
            State = S2;
        }
        break;
    case S1:
        if(Event2)
        {//如果查询到 Event2 事件，就执行 Action2 动作，并将状态转移到 S2
            Action2();
            State = S2;
        }
        break;
    case S2:
        if(Event0)
        {//如果查询到 Event0 事件，就执行 Action0 动作，并将状态转移到 S0
```

```
                Action0();
                State = S0;
            }
            break;
    }
```

2．在事件中判断状态（事件触发）

在每个事件的中断（或查询到事件发生）函数内，判断当前状态，并根据当前状态执行不同的动作，再进行相应的状态转移。

在 Event0 引发的中断内，或查询到 Event0 发生处，添加以下代码。

```
switch(State)
{
    case S0 : Action0();State = S1;break;    //发生 Event0 事件时，如果处于 S0 状态，就
执行 Action0 操作，并将状态转移到 S0
    case S1 : break;
    case S2 : Action0();State = S0;break;    //发生 Event0 事件时，如果处于 S2 状态，就
执行 Action0 操作，并将状态转移到 S0
}
```

在 Event1 引发的中断内，或查询到 Event1 发生处，添加以下代码：

```
switch(State)
{
    case S0 : Action1();State = S1;break;    //发生 Event1 事件时，如果处于 S0 状态，就
执行 Action1 操作，并将状态转移到 S1
    case S1 : break;
    case S2 : break;
}
```

在 Event2 引发的中断内，或查询到 Event2 发生处，添加以下代码：

```
switch(State)
{
    case S0 : break;
    case S1 : Action2();State = S2;break;    //发生 Event2 事件时，如果处于 S0 状态，
就执行 Action2 操作，并将状态转移到 S2
    case S2 : break;
}
```

以上两种写法的功能是完全相同的。但从执行效果上来看，后者要明显优于前者。

首先，事件查询写法隐含了优先级排序，排在前面的事件判断将毫无疑问地优先于排在后面的事件被处理、判断。这种 if else if 写法上的限制将破坏事件间原有的关系，而事件触发写法不存在该问题，各个事件享有平等的响应权。

其次，由于处在每个状态时的事件数目不一致，而且事件发生的时间是随机的，无法预先确定，因此导致查询写法依靠轮询的方式来判断每个事件是否发生，结构上的缺陷使得大

量时间被浪费在顺序查询上。而对于事件触发写法，在某个时间点，状态是唯一确定的，在事件里查找状态只要使用 switch case 语句，就能一步定位到相应的状态，甚至相应的延迟时间也可以预先准确估算。

总之，在为状态机模型编写代码时，应该尽量使用事件触发结构，前文中电子表的例子就采用了事件触发结构，在两个按钮中断内处理状态转移。

但事件查询法也有其优点：事件查询法无须中断资源，并且所有的代码集中在一起，便于阅读。在前、后台程序中，可以在后台程序中顺序循环执行多个事件查询状态机。前文中双色报警灯的例子就使用了事件查询法，可以在不占用中断的情况下实现多路报警逻辑同时运行。

10.2.4　范例 19：状态机项目

状态机的应用非常广泛，既可以局部使用，也可以对整个软件进行建模。本节通过实际应用范例，希望让读者进一步熟悉并掌握状态机建模方法与应用。

1．利用状态机实现字符序列监测

在 STM32 单片机上，PA.0 接一只红色 LED，PA.1 接一只绿色 LED，均为高电平点亮。要求串口收到 "red" 字符串时，点亮红色 LED；收到 "green" 字符串时，点亮绿色 LED；收到 "black" 字符串时关闭所有 LED。要求不阻塞 CPU，在串口中断内完成，且要求无论单词前后是否有其他字母，都要正确解析。

这个例子实际上是简化了的通信字符串匹配解析程序。在大部分的通信程序中都有类似的数据匹配帧解析过程，特别是在用不等长的若干字符串表示命令的系统中（例如控制手机、调制解调通信设备的 AT 指令集）。本例中，共有 3 个字符串匹配解析任务，分别是解析 "red" "green" "black" 这 3 个单词。只要字符流中含有 3 个单词中的任意一个，就要执行相应的功能，所以 3 个解析任务是并发执行的。

先分析字符最少的单词 "red"，在数据流中，只要依次出现 "r" "e" "d" 这 3 个字母，就要点亮红灯。在未收到匹配字符时，需要等待字符 "r"；在收到 "r" 之后，需要等待字符 "e"；在收到 "e" 之后，需要等待字符 "d"；收到字符 "d" 之后点亮红灯，然后重新等待字符 "r"。任一字符匹配错误，都重新开始等待字符 "r"。

该过程共有 3 个状态，还有 3 种有效事件（收到 3 种字符）。字符的接收事件驱使状态转移。用状态转移图描述该模型，如图 10-18 所示。

类似地，可以画出字符串 "green" 与字符串 "black" 匹配过程的状态转移图。两个字符串都有 5 个字符，因此需要 5 个状态，分别如图 10-19 与图 10-20 所示。

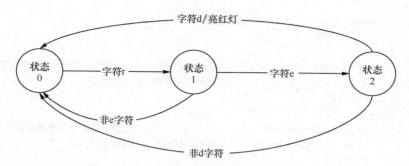

图 10-18 字符串 "red" 匹配过程的状态转移图

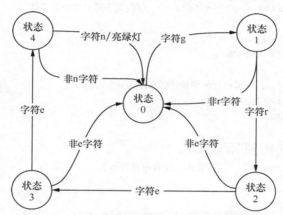

图 10-19 字符串 "green" 状态转移图

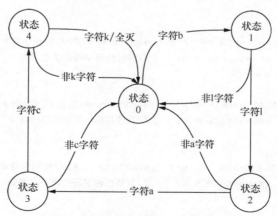

图 10-20 字符串 "black" 状态转移图

字符串 "red" 的状态机程序如下。

```
switch(redState)        //在串口接收中断内添加
    {
        case 0:
            if(USART1->DR == 'r') redState = 1;      //收到字符 r 才能使状态跳转至 1
            else redState = 0;       //其他任何字符让状态回到 0
            break;
        case 1:
            if(USART1->DR == 'e') redState = 2;//收到字符 e 才能使状态跳转至 2
            else redState = 0;       //其他任何字符让状态回到 0
            break;
        case 2:
            if(USART1->DR == 'd')        //收到字符 d 才点亮 LED
            {
                redState = 0;
                REDLED_ON;
            }
            else      //其他任何字符让状态回到 0
                redState = 0;
            break;
    }
```

字符串 "green" 的状态机程序如下。

```
switch(greenState)         //在串口接收中断内添加
    {
    case 0:
        if(USART1->DR == 'g') greenState = 1;       //收到字符 g 才能使状态跳转至 1
        else greenState = 0;        //其他任何字符让状态回到 0
    break;
    case 1:
        if(USART1->DR == 'r') greenState = 2;//收到字符 r 才能使状态跳转至 2
        else greenState = 0;        //其他任何字符让状态回到 0
    break;
    case 2:
        if(USART1->DR == 'e') greenState = 3;//收到字符 e 才能使状态跳转至 2
        else greenState = 0;        //其他任何字符让状态回到 0
    break;
    case 3:
        if(USART1->DR == 'e') greenState = 4;//收到字符 e 才能使状态跳转至 2
        else greenState = 0;        //其他任何字符让状态回到 0
    break;
    case 4:
        if(USART1->DR == 'n')        //收到字符 n 才点亮 LED
        {
            greenState = 0;
```

```
                    GREENLED_ON;
                }
                else    //其他任何字符让状态回到 0
                    greenState = 0;
                break;
        }
```

字符串 "**black**" 的状态机程序如下。

```
switch(blackState)    //在串口接收中断内添加
{
    case 0:
        if(USART1->DR == 'b') blackState = 1;    //收到字符 b 才能使状态跳转至 1
        else blackState = 0;    //其他任何字符让状态回到 0
    break;
    case 1:
        if(USART1->DR == 'l') blackState = 2;//收到字符 l 才能使状态跳转至 2
        else blackState = 0;    //其他任何字符让状态回到 0
    break;
    case 2:
        if(USART1->DR == 'a') blackState = 3;//收到字符 a 才能使状态跳转至 2
        else blackState = 0;    //其他任何字符让状态回到 0
    break;
    case 3:
        if(USART1->DR == 'c') blackState = 4;//收到字符 c 才能使状态跳转至 2
        else blackState = 0;    //其他任何字符让状态回到 0
    break;
    case 4:
        if(USART1->DR == 'k')    //收到字符 k 才点亮 LED
        {
            blackState = 0;
            GREENLED_ON;
        }
        else    //其他任何字符让状态回到 0
            blackState = 0;
        break;
}
```

只要在串口接收中断内，依次处理 3 个状态机，相当于 3 个状态机并发执行，从而实现同时解析 3 个命令。

2. 利用状态机实现简单按键监测

传统的按键输入软件接口通常非常简单，其原理为在程序中一旦检测到按键输入口为低电平时，便采用软件延时程序延时 10ms。然后再次检测按键输入口，如果还是低电平则表示有按键被按下，转入执行按键处理程序。如果第二次检测按键输入口为高电平，则放弃本次按键的检测，重新开始一次按键检测过程。

通过这种方式实现的按键接口，作为基础学习或在一些简单的系统中可以采用，但在多数的实际产品设计中，这种按键输入软件的实现方法有缺陷和不足。它采用了软件延时，使得 MCU 的效率降低，也不容易同系统中其他模块协调工作，导致系统的实时性变差。

在单片机系统中，按键的操作是随机的，因此系统软件需要对按键一直进行循环查询。由于按键的检测过程需要进行消抖处理，因此按键状态的采样时间间隔周期一般为 10ms。这样不仅可以跳过按键抖动的影响，也可以远小于按键 0.3～0.5s 的稳定闭合期，不会将按键操作过程丢失。

单片机系统采集的按键输入信号即按键连接的 I/O 口电平，如图 10-21 所示，读入"1"表示按键处于未按下状态，读入"0"表示按键处于闭合状态。

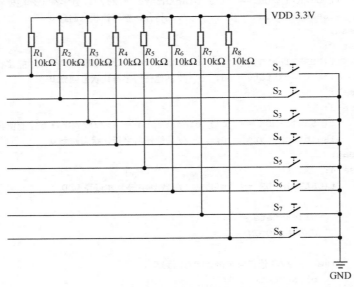

图 10-21　独立式按键电路

下面给出图 10-22 所示的简单独立式按键状态转换图，将一次按键完整的操作过程分解为 3 个状态，每隔 10ms 检测一次按键的输入信号，根据检测到的按键输入信号决定状态转换。

在图 10-22 中，状态 0 为按键的初始状态，当检测到按键输入为 1 时，表示按键未按下，仍返回状态 0；当检测到按键输入为 0 时，表示有按键被按下，进入状态 1，但是未经过消抖不能确认按键是否真正被按下。

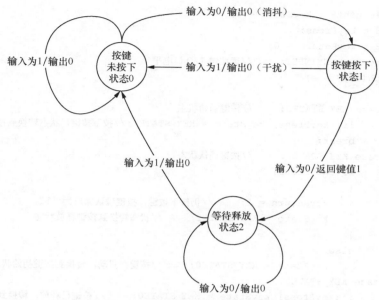

图 10-22 简单独立式按键状态转移图

状态 1 为按键按下状态，它表示在 10ms 前按键是闭合的。因此当它再次检测到按键输入为 0 时，可以确认按键被按下（因为经过了 10ms 的消抖），此时输出键值表示确认按键被按下，进入下一状态即状态 2。而当再次检测到按键的输入为 1 时，表示按键可能处于抖动干扰状态，返回状态 0，这样利用状态 1 实现了按键的消抖处理。

状态 2 为等待按键释放状态，因为只有释放按键后，一次完整的按键操作过程才算完成。

从以上分析可知，在一次按键操作的整个过程，按键的状态是从状态 0 至状态 1，再到状态 2，最后返回状态 0 的。在整个过程中，按键的输出仅在状态 1 时给出了唯一的一次确认按键闭合的输出值。因此上述所表述的按键状态机克服了按键抖动的问题，也确保在一次按键的整个过程中，系统只输出一次按键按下信号。

在上述按键设计过程中，按键没有"连发"功能，是较简单和基本的按键。

建立状态转移图后，就可以根据它实现代码。软件中通常使用多分支结构来实现状态机，图 10-22 所需的代码如下。

```c
#include "stm32f10x.h" // STM32 头文件
#define KEYINPUT GPIO_ReadInputDataBit(GPIOA,GPIO_Pin_4)     //定义按键输入口
#define KEY_STATE0 0
#define KEY_STATE1 1
#define KEY_STATE2 2
uint8_t KEY_Read()
{
```

```
static uint8_t keyState = 0;
uint8_t keyPress;
uint8_t keyReturn = 0;
keyPress = KEYINPUT;        //读按键 I/O 口电平
switch(keyState)
{
    case KEY_STATE0:       //按键初始状态
        if(!keyPress) keyState = KEY_STATE1;//按下按键，状态转换到按键确认状态
        break;
    case KEY_STATE1:       //按键确认状态
        if(!keyPress)
        {
            keyReturn = 1;      //仍按下按键，按键确认输出为"1"
            keyState = KEY_STATE2;        //状态转换到按键释放状态
        }
        else
            keyState = KEY_STATE0;        //按键在抖动，转换到按键初始状态
    case KEY_STATE2:
        if(keyPress) keyState = KEY_STATE0;        //按键已释放，转换到按键初始状态
        break;
}
return keyReturn;
}
```

该函数每隔 10ms 被调用执行一次，每次执行时将先读取与按键连接的 I/O 电平到变量 keyPress 中，然后进入 switch 结构构成的状态机。switch 结构中的 case 语句分别实现了 3 个不同状态的处理判别过程，在每个状态中将根据状态的不同及 keyPress 的值确定 keyReturn 的值，并确定下一次按键的状态值 keyState。

函数 KEY_Read() 的返回值可供上层程序使用。当返回值为 0 时，表示按键无动作，而返回值为 1 时，表示有一次按键闭合动作，需要进入按键处理程序做相应的键处理。

在函数 KEY_Read() 中定义了 3 个局部变量，其中 keyPress 和 keyReturn 为一般普通的局部变量。每次函数执行时，keyPress 为刚检测的按键值；keyReturn 为函数的返回值，总是先初始化为 0，且只有在状态 1 中重新置 1，作为表示按键确认的标志返回。变量 keyState 非常重要，它保存着按键的状态值，该变量的值在函数调用结束后不能消失，必须保留原值，因此在程序中定义为"局部静态变量"，用 static 声明；或者可以定义为全局变量。

在上例中，对秒的校时设置操作还是不方便，比如将秒从 00 设置为 59，需要按键 59 次。若将按键设计成一个具有"连发"功能的系统，就能很好地解决这个问题。接下来对按键系统进行改造，当按下按键后并在 1s 内释放，此时秒计时加 1；当按下按键后但在 1s 内没有释放，那么以后每隔 0.5s，秒计时就会自动加 10，直到释放按键为止，这样的按键系统就具备

了"连发"功能。具有"连发"监测功能的按键状态机的状态转换图如图 10-23 所示。

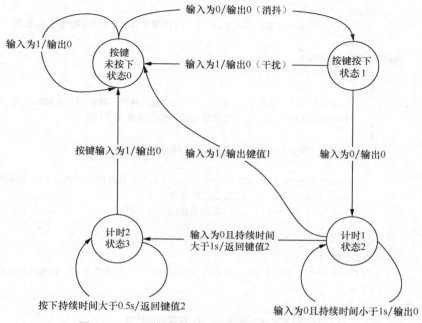

图 10-23 具有连发功能按键状态机的状态转换图

在上述状态机中，按键系统输出 1，表示按键在 1s 内释放了；输出 2 表示按键产生了一次"连发"的效果。

状态机转换的程序如下。

```c
uint8_t nKEY_Read()
{
    static uint8_t keyState = 0;
    static uint8_t keyTime = 0;
    uint32_t keyPress,keyReturn = 0;
    keyPress = KEYINPUT;        //读按键 I/O 口电平
    switch(keyState)
    {
        case KEY_STATE0:        //按键初始状态
            if(!keyPress) keyState = KEY_STATE1;  //按下按键，状态转换到按键确认状态
            break;
        case KEY_STATE1:        //按键确认状态
            if(!keyPress)
            {
                keyState = KEY_STATE2;    //按键仍按下，状态转换到计时 1
```

```
                keyTime = 0;        //清 0 按键时间计数器
            }
            else
                keyState = KEY_STATE0;        //按键在抖动，转换到按键初始状态
            break;
        case KEY_STATE2:
            if(keyPress)
            {
                keyState = KEY_STATE0;        //按键已释放，转换到按键初始状态
                keyReturn = 1;        //释放按键，输出键值为 "1"
            }
            else if(++keyTime >= 100)        //按键时间计数
            {
                keyState = KEY_STATE3;        //输入为 0 且持续时间大于 1s，状态转换到计时 2
                keyTime = 0;        //按键计数器清 0
                keyReturn = 2;        //输出长按键值为 "2"
            }
            break;
        case KEY_STATE3:
            if(keyPress) keyState = KEY_STATE0;        //释放按键，切换到按键初始状态
            else
            {
                if(++keyTime >= 50)        //按键时间计数
                {
                    keyTime = 0;        //按下时间大于 0.5s，按键计数器清 0
                    keyReturn = 2;        //输出长按键值为 "2"
                }
            }
            break;
    }
    return keyReturn;
}
```

函数 nKEY_Read() 与前面的函数 KEY_Read()结构类似，每隔 10ms 被调用执行一次，在构成状态机的 switch 结构中使用局部的静态变量 keyTime 作为按键时间计数器，记录按下按键的时间值。

函数 nKEY_Read()的返回值可供上层程序使用，返回值为 0 时，表示按键无动作；返回 1 时，表示按键的一次单发（小于 1s）操作；返回值为 2 时表示一次按键的"连发"动作。

与上一例不同的是，本例中，返回值 1 在 KEY_STATE2 状态，释放按键时返回。因为如果在按下按键时返回 1，那么每次长按之前都会先返回一个单发、短按的操作，再返回一个长按操作。这样在应用程序中会引起其他不必要的操作。

实例如下。

下面给出一个实例，如图 10-24 和图 10-25 所示，利用状态机配合 FIFO，实现按键的监测，$S_1 \sim S_4$ 一共有 4 个按键，分别控制显示数据加 1、减 1、加 10、减 10 的操作。读者可以在实例的基础上，稍加修改，实现长按、短按等操作。

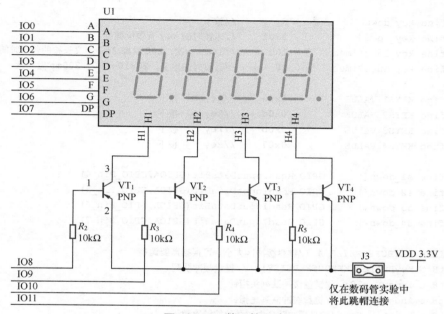

图 10-24　数码管电路

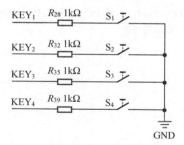

图 10-25　按键电路

```c
#include "stm32f10x.h"
#define ALLOF    GPIOB->ODR |= (1<<12) + (1<<13) + (1<<14)+ (1<<15) //数码管全灭
#define state_keyUp          0       //初始态，未按键
#define state_keyDown        1       //键被按下
#define state_keyLong        2       //长按
#define state_keyTime        3       //按键计时状态
```

```c
#define return_keyUp          0x00      //初始状态
#define return_keyPressed     0x01      //键被按下，普通按键
#define return_keyLong        0x02      //长按
#define return_keyAuto        0x04      //自动连发

#define key_down              0         //按下
#define key_up                0x0f      //未按时的 key 有效位键值
#define key_longTimes         100       //10ms 一次，200 次即 2s，定义长按的判定时间
#define key_autoTimes         20        //连发时间定义，20×10=200，200ms 发一次

#define KEYS1_VALUE           0x0e      //key S1 按下
#define KEYS2_VALUE           0x0d      //key S2 按下
#define KEYS3_VALUE           0x0b      //key S3 按下
#define KEYS4_VALUE           0x07      //key S4 按下

#define s1_down()     GPIO_ReadInputDataBit(GPIOA,GPIO_Pin_4)
#define s2_down()     GPIO_ReadInputDataBit(GPIOA,GPIO_Pin_5)
#define s3_down()     GPIO_ReadInputDataBit(GPIOA,GPIO_Pin_6)
#define s4_down()     GPIO_ReadInputDataBit(GPIOA,GPIO_Pin_7)

#define KEYBUFFERSIZE 4 //键盘缓冲区大小，可根据需要调整
uint8_t KeyBuffer[KEYBUFFERSIZE]; //键盘缓冲队列
uint8_t indexF = 0; //键盘缓冲队列头指针
uint8_t indexR = 0; //键盘缓冲队列尾指针
uint8_t count = 0; //键盘缓冲队列内记录的按键次数

uint8_t table[10]={0xc0,0xf9,0xa4,0xb0,0x99,0x92,0x82,0xf8,0x80,0x90};//数码管显示码表
uint8_t DispBuffer[4]; //显示缓冲区
typedef enum
{
  CONFIRM_KEY = 1,
  FUNC_KEY,
  UP_KEY,
  DOWN_KEY
} key_event_t;

void KeyInBuffer(uint8_t key)
{
    if(count >= KEYBUFFERSIZE)
        return; //若缓冲区已满，放弃本次按键
    count++; //按键次数计数增加
    KeyBuffer[indexR] = key; //向队列尾部追加新数据
    if(++indexR >= KEYBUFFERSIZE)
```

```
            indexR = 0; //循环队列，如果队列头部指针越界，则回到指针起始位置
    }
    uint8_t keyOutBuffer()
    {
        uint8_t key;
        if(count == 0) return 0; //若无按键，返回 0
        count--; //按键次数计数减 1
        key = KeyBuffer[indexF]; //从缓冲区头部读取一个按键值
        if(++indexF >= KEYBUFFERSIZE)
            indexF = 0; //循环队列，如果队列头指针越界，则回到数组起始位置
        return key; //返回键值
    }
    void KeyGPIO_Configuration(void)
    {
        GPIO_InitTypeDef GPIO_InitStructure;
        RCC_APB2PeriphClockCmd(RCC_APB2Periph_GPIOA, ENABLE);
        GPIO_InitStructure.GPIO_Pin = GPIO_Pin_4 | GPIO_Pin_5 | GPIO_Pin_6 | GPIO_Pin_7;
        GPIO_InitStructure.GPIO_Speed = GPIO_Speed_10MHz;
        GPIO_InitStructure.GPIO_Mode = GPIO_Mode_IPU;
        GPIO_Init(GPIOA, &GPIO_InitStructure);
    }
    static uint8_t key_get(void)
    {
      if(s1_down() == key_down)
      {
        return KEYS1_VALUE;
      }
      if(s2_down() == key_down)
      {
        return KEYS2_VALUE;
      }
      if(s3_down() == key_down)
      {
        return KEYS3_VALUE;
      }
      if(s4_down() == key_down)
      {
        return KEYS4_VALUE;
      }

      return key_up ;      //0xf0, 没有任何按键
    }
    static uint8_t key_read(uint8_t* pKeyValue)
```

```
{
    static uint8_t   s_u8keyState = 0;          //未按、普通短按、长按、连发等状态
    static uint16_t s_u16keyTimeCounts = 0;     //在计时状态的计数器
    static uint8_t   s_u8LastKey = key_up ;      //保存按键释放时的 P 口数据

    uint8_t keyTemp = 0;                     //键对应 I/O 口的电平
    int8_t key_return = 0;                   //函数返回值
    keyTemp = key_up & key_get();           //提取所有的 key 对应的 I/O 口

    switch(s_u8keyState)                      //这里检测到的是先前的状态
    {
        case state_keyUp:              //如果先前是初始状态，即无动作
        {
            if(key_up != keyTemp) //如果按键被按下
            {
                s_u8keyState = state_keyDown; //更新按键的状态，普通按键被按下
            }
        }
        break;

        case state_keyDown: //如果先前是被按下的
        {
            if(key_up != keyTemp) //如果现在还是被按下的
            {
                s_u8keyState = state_keyTime; //转换到计时状态
                s_u16keyTimeCounts = 0;
                s_u8LastKey = keyTemp;        //保存键值
            }
            else
            {
                s_u8keyState = state_keyUp; //按键没被按下，回到初始状态，说明是干扰
            }
        }
        break;

        case state_keyTime:    //如果先前已经转换到计时状态(值为 3)
        {
            //如果真的是手动按键，必然进入本代码块，并且会多次进入
            if(key_up == keyTemp) //如果未按键
            {
                s_u8keyState = state_keyUp;
                key_return = return_keyPressed;     //返回 1，一次完整的普通按键
                //程序进入这个语句块，说明已经有 2 次以上 10ms 的中断，等于已经消抖
```

```
                        //那么此时检测到按键被释放，说明是一次普通短按
                }
                else   //在计时状态，检测到键还被按着
                {
                        if(++s_u16keyTimeCounts > key_longTimes) //时间达到2s
                        {
                                s_u8keyState = state_keyLong;   //进入长按状态
                                s_u16keyTimeCounts = 0;         //计数器清0，便于进入连发重新计数
                                key_return = return_keyLong;    //返回state_keyLong
                        }
                }
        }
        break;

        case state_keyLong:   //在长按状态检测连发，每0.2s发一次
        {
                if(key_up == keyTemp)
                {
                        s_u8keyState = state_keyUp;
                }
                else //按键时间超过2s时
                {
                        if(++s_u16keyTimeCounts > key_autoTimes)//10×20=200ms
                        {
                                s_u16keyTimeCounts = 0;
                                key_return = return_keyAuto;   //每0.2s返回值的第2位置位(1<<2)
                        }//连发的时候，肯定也伴随着长按
                }
                key_return |= return_keyLong;   //0x02是肯定的,0x04|0x02是可能的
        }
        break;

        default:
                break;
    }
    *pKeyValue = s_u8LastKey ; //返回键值
    return key_return;
}
void KeyProcess(void)
{
    uint8_t key_stateValue;
    uint8_t keyValue = 0;
    uint8_t *pKeyValue = &keyValue;
```

```
        key_stateValue = key_read(pKeyValue);
        if ((return_keyPressed == key_stateValue) && (*pKeyValue == KEYS1_VALUE))
{KeyInBuffer(KEYS1_VALUE);}}
            if ((return_keyPressed == key_stateValue) && (*pKeyValue == KEYS2_VALUE))
{KeyInBuffer(KEYS2_VALUE);}}
            if ((return_keyPressed == key_stateValue) && (*pKeyValue == KEYS3_VALUE))
{KeyInBuffer(KEYS3_VALUE);}}
            if ((return_keyPressed == key_stateValue) && (*pKeyValue == KEYS4_VALUE))
{KeyInBuffer(KEYS4_VALUE);}}
    }
    void SegGPIO_Configuration(void)
    {
      GPIO_InitTypeDef GPIO_InitStructure;
      RCC_APB2PeriphClockCmd( RCC_APB2Periph_GPIOB , ENABLE);
      GPIO_InitStructure.GPIO_Pin = GPIO_Pin_0 | GPIO_Pin_1 | GPIO_Pin_2 |GPIO_Pin_3 |
    GPIO_Pin_4 | GPIO_Pin_5 | GPIO_Pin_6 | GPIO_Pin_7;
      GPIO_InitStructure.GPIO_Speed = GPIO_Speed_10MHz;
      GPIO_InitStructure.GPIO_Mode = GPIO_Mode_Out_PP;
      GPIO_Init(GPIOB, &GPIO_InitStructure);
      RCC_APB2PeriphClockCmd( RCC_APB2Periph_GPIOB , ENABLE);
      GPIO_InitStructure.GPIO_Pin = GPIO_Pin_12 |GPIO_Pin_13 | GPIO_Pin_14 | GPIO_Pin_15 ;
      GPIO_InitStructure.GPIO_Speed = GPIO_Speed_10MHz;
      GPIO_InitStructure.GPIO_Mode = GPIO_Mode_Out_PP;
      GPIO_Init(GPIOB, &GPIO_InitStructure);
        RCC_APB2PeriphClockCmd(RCC_APB2Periph_GPIOB | RCC_APB2Periph_AFIO,ENABLE);
    //先打开复用才能修改复用功能
        GPIO_PinRemapConfig(GPIO_Remap_SWJ_JTAGDisable,ENABLE);//关闭 jtag，使能 swd
    }
    void DisplayScan()
    {
        static uint16_t com;//扫描计数变量
        com++;//每次调用后切换一次显示
        if(com >= 4)//com 的值在 0、1、2、3 之间切换
            com = 0;
        ALLOF;//切换前将全部显示暂时关闭，避免虚影
        switch(com)
        {
            case 0:
                GPIOB->ODR =0xFFFF;
                GPIO_ResetBits(GPIOB,GPIO_Pin_12);
                GPIOB->ODR &= ((DispBuffer[3])|0xFF00);
                break;
            case 1:
```

```
            GPIOB->ODR =0xFFFF;
            GPIO_ResetBits(GPIOB,GPIO_Pin_13);
            GPIOB->ODR &= ((DispBuffer[2])|0xFF00);
            break;
        case 2:
            GPIOB->ODR =0xFFFF;
            GPIO_ResetBits(GPIOB,GPIO_Pin_14);
            GPIOB->ODR &= ((DispBuffer[1])|0xFF00);
            break;
        case 3:
            GPIOB->ODR =0xFFFF;
            GPIO_ResetBits(GPIOB,GPIO_Pin_15);
            GPIOB->ODR &= ((DispBuffer[0])|0xFF00);
            break;
    }
}
void LEDDisplayNumber(uint32_t number)
{
    uint8_t digit; //码表数组下标
    uint8_t digitseg; //存放码表变量
    uint8_t SegBuff[4]; //码表临时存放数组
    uint8_t i;
    for(i=0;i<4;i++) //拆分数字,最多显示4位
    {
        digit = number % 10; //拆分数字,取余操作
        number /= 10; //拆分数字,除10操作
        digitseg = table[digit]; //查表,得到7段字形表
        SegBuff[i] = digitseg; //临时存放
    }
    DispBuffer[0] = SegBuff[0]; //写入显示缓存
    DispBuffer[1] = SegBuff[1]; //写入显示缓存
    DispBuffer[2] = SegBuff[2]; //写入显示缓存
    DispBuffer[3] = SegBuff[3];     //写入显示缓存
}
void NVIC_Configuration()
{
    NVIC_PriorityGroupConfig(NVIC_PriorityGroup_2);
    NVIC_InitTypeDef NVIC_InitStructure;
    NVIC_InitStructure.NVIC_IRQChannel = TIM2_IRQn;
    NVIC_InitStructure.NVIC_IRQChannelPreemptionPriority = 2; //抢占先优先级
    NVIC_InitStructure.NVIC_IRQChannelSubPriority = 0; //响应优先级
    NVIC_InitStructure.NVIC_IRQChannelCmd = ENABLE;
    NVIC_Init(&NVIC_InitStructure);
```

```
}
void TIM2_Configuration()
{
    RCC_APB1PeriphClockCmd(RCC_APB1Periph_TIM2, ENABLE);
    TIM_TimeBaseInitTypeDef TIM_TimeBaseStructure;
    TIM_TimeBaseStructure.TIM_Period = 179;
    TIM_TimeBaseStructure.TIM_Prescaler = 1999;
    TIM_TimeBaseStructure.TIM_ClockDivision = 0x0; //捕获的时候用到，一般都是 0
    TIM_TimeBaseStructure.TIM_CounterMode = TIM_CounterMode_Up;
    TIM_TimeBaseInit(TIM2, &TIM_TimeBaseStructure);
    TIM_ClearFlag(TIM2, TIM_FLAG_Update);
    TIM_ITConfig(TIM2, TIM_IT_Update, ENABLE);
    TIM_Cmd(TIM2, ENABLE);
}
void TIM2_IRQHandler(void)
{
    static u8 keycount;
    if(TIM_GetITStatus(TIM2,TIM_IT_Update) != RESET)
    {
        DisplayScan();
        keycount++;
        if(keycount == 4)//5ms 中断，按键 20ms 扫描一次
        {
            keycount = 0;
            KeyProcess();
        }
        TIM_ClearITPendingBit(TIM2,TIM_FLAG_Update);
    }
}
int main()
{
    static u16 count = 8888;
    uint8_t uKeyCode;
    SegGPIO_Configuration();    /* 配置 GPIO 初始化 */
    NVIC_Configuration();       /* 配置 NVIC*/
    TIM2_Configuration();       /* 配置 TIM2 定时器 */
    LEDDisplayNumber(count);
    KeyGPIO_Configuration();
    while(1)
    {
        uKeyCode = keyOutBuffer();
        switch(uKeyCode)
        {
```

```
        case 0x0e:
            count ++;
            LEDDisplayNumber(count);
            break;
        case 0x0d:
            count --;
            LEDDisplayNumber(count);
            break;
        case 0x0b:
            count = count + 10;
            LEDDisplayNumber(count);
            break;
        case 0x07:
            count = count - 10;
            LEDDisplayNumber(count);
            break;
        }
    }
}
```

3. 利用状态机进行自定义数据通信协议

这里所说的数据协议是建立在物理层之上的通信数据包格式。所谓通信的物理层就是指我们通常用到的 RS-232、RS-485、红外线、光纤、无线等通信方式。在这个层面上，底层软件提供两个基本的操作函数：发送一字节数据、接收一字节数据。所有的数据协议全部建立在这两个操作方法之上。

（1）数据帧格式。

通信中的数据往往是以数据包的形式进行传送的，与 8.1.1 小节内容类似，我们同样把这样的一个数据包称为一帧数据。比较可靠的通信协议往往包含以下几个部分：帧头、地址信息、数据类型、数据长度、数据块、校验码、帧尾。

❑ 帧头和针尾。

帧头和帧尾用于数据包完整性的判别，通常由一定长度的固定字节组成，要求是在整个数据链中判别数据包的误码率，越低越好。减小固定字节数据的匹配机会，也就是说，使帧头和帧尾的特征字节在整个数据链中能够匹配的机会最小。

通常有两种做法，一是减小特征字节的匹配概率，二是增加特征字节的长度。通常选取第一种方法，因为整个数据链路中的数据不具有随机性，数据可预测，可以通过人为选择帧头和帧尾的特征字来避开，从而减小特征字节的匹配概率。使用第二种方法的情况更加通用，适合于数据随机的场合。通过增加特征字节的长度减小匹配概率，虽然不能够完全避免匹配的情况，但可以使匹配概率大大减小。如果碰到匹配的情况也可以由校验码来进行检测，因此在绝大多数情况下比较可靠。

❑ 地址信息。

地址信息主要用于多机通信中，通过不同的地址信息来识别不同的通信终端。在一对多的通信系统中，可以只包含目的地址信息。同时包含源地址和目的地址则适用于多对多的通信系统。

❑ 数据类型、数据长度和数据块。

数据类型、数据长度和数据块是主要的数据部分。数据类型可以标识后面紧接着的是命令还是数据。数据长度用于指示有效数据的个数。校验码则用来检验数据的完整性和正确性。通常由对数据类型、数据长度和数据块这 3 个部分进行相关的运算得到。简单的做法是对数据段作累加和，复杂的也可以对数据进行 CRC 运算等，可以根据运算速度、容错度等要求来选取。

（2）物理层通信方式。

上位机和下位机中数据发送时物理通信层中提供了两个基本的操作函数，发送一字节数据为数据发送的基础。数据包的发送是指把数据包中的字节按照顺序一个一个地发送而已。发送的方法也不同。在单片机系统中，比较常用的方法是直接调用串口发送单字节数据的函数。这种方法的缺点是需要处理器在发送过程中全程参与，优点是所要发送的数据能够立即出现在通信线路上，能够立即被接收端接收到。另外一种方法是采用中断发送的方式，所有需要发送的数据被送入一个缓冲区，利用发送中断将缓冲区中的数据发送出去。这种方法的优点是处理器资源占用小，但是可能出现需要发送的数据不能立即被发送的情况，不过这种时延相当小。对于 STM32 单片机，比较倾向于采用直接发送的方式，因为采用中断发送的方式比较占用 RAM 资源，而且对比直接发送来说没有太多的优点。下位机接收数据有两种方式，一是等待接收，处理器一直查询串口状态，来判断是否接收到数据。二是中断接收。同理，采用中断接收的方法比较好。

（3）数据包解析。

数据包的解析过程可以设置到不同的位置。如果协议比较简单，整个系统只是处理一些简单的命令，那么可以直接把数据包的解析过程放入中断处理函数，当收到正确的数据包的时候，相应的标志位置 1，在主程序中再对命令进行处理。如果协议稍微复杂，比较好的方式是将接收的数据存放于缓冲区中，主程序读取数据后进行解析。也可两种方式交叉使用，比如在一对多的系统中，首先在接收中断中解析"连接"命令，连接命令接收后主程序进入设置状态，采用查询的方式来解析其余的协议。

给出以下具体的实例。在这个系统中，串口的命令非常简单，所有的协议全部在串口中断中进行。数据包的格式如下。

0x55, 0xAA, 0x7E, 0x12, 0xF0, 0x02, 0x23, 0x45, SUM, XOR, 0x0D

其中 0x55、0xAA、0x7E 为数据帧的帧头，0x0D 为帧尾，0x12 为设备的目的地址，0xF0 为源地址，0x02 为数据长度，后面接两个数据 0x23 和 0x45，从目的地址开始计算累加和异或校验和，到数据的最后一位结束。

协议解析的目的，首先判断数据包的完整性和正确性，然后提取数据类型、数据等，存放起来用于主程序处理。代码如下。

```
if(state_machine == 0) // 协议解析状态机
{
    if(rcvdat == 0x55) // 接收到帧头第一个数据
        state_machine = 1;
    else
    state_machine = 0; // 状态机复位
}
else if(state_machine == 1)
{
    if(rcvdat == 0xAA) // 接收到帧头第二个数据
        state_machine = 2;
    else
    state_machine = 0; // 状态机复位
}
else if(state_machine == 2)
{
    if(rcvdat == 0x7E) // 接收到帧头第三个数据
        state_machine = 3;
    else
    state_machine = 0; // 状态机复位
}
else if(state_machine == 3)
{
    sumchkm = rcvdat; // 开始计算累加、异或校验和
    xorchkm = rcvdat;
    if(rcvdat == m_SrcAdr) // 判断目的地址是否正确
        state_machine = 4;
    else
    state_machine = 0;
}
else if(state_machine == 4)
{
    sumchkm += rcvdat;
    xorchkm ^= rcvdat;
    if(rcvdat == m_DstAdr) // 判断源地址是否正确
        state_machine = 5;
```

```
        else
            state_machine = 0;
    }
    else if(state_machine == 5)
    {
        lencnt = 0; // 接收数据计数器
        rcvcount = rcvdat; // 接收数据长度
        sumchkm += rcvdat;
        xorchkm ^= rcvdat;
        state_machine = 6;
    }
    else if(state _machine == 6 || state _machine == 7)
    {
        m_ucData[lencnt++] = rcvdat; // 数据保存
        sumchkm += rcvdat;
        xorchkm ^= rcvdat;
        if(lencnt == rcvcount) // 判断数据是否接收完毕
            state_machine = 8;
        else
            state_machine = 7;
    }
    else if(state_machine == 8)
    {
        if(sumchkm == rcvdat) // 判断累加和是否相等
            state_machine = 9;
        else
            state_machine = 0;
    }
    else if(state_machine == 9)
    {
        if(xorchkm == rcvdat) // 判断异或校验和是否相等
            state_machine = 10;
        else
            state_machine = 0;
    }
    else if(state_machine == 10)
    {
        if(0x0D == rcvdat) // 判断是否接收到帧尾结束符
        {
            retval = 0xAA; // 置标志，表示一个数据包接收到
        }
        state_machine = 0; // 复位状态机
    }
```

在此过程中，使用了一个变量 state_machine 作为协议状态机的转换状态，用于确定当前字节处于一帧数据中的哪个部位，同时在接收过程中自动对接收数据进行校验和处理，在数据包接收完的同时进行校验的比较。因此当接收到帧尾结束符的时候，则表示一帧数据已经接收完毕，并且通过了校验，关键数据也保存到了缓冲中。主程序即可通过 retval 的标志位来进行协议的解析处理。接收过程中，只要哪一步收到的数据不是预期值，则直接将状态机复位，并用于下一帧数据的判断，因此系统出现状态死锁的情况非常少，系统比较稳定。如果出现丢失数据包的情况，也可由 PC 进行命令的补发。

在主程序中进行协议处理的过程与此类似，主循环中不断地读取串口缓冲区的数据，此数据也参与到主循环的协议处理过程中，代码与上面完全一样。以上给出的是通信系统运作的基本雏形，虽然简单，但是可行。实际的通信系统中的协议比这个要复杂，而且涉及数据包响应、命令错误、延时等一系列的问题，在这样的一个基础上可以克服这些困难并且实现出较为稳定可靠的系统。

10.3 温度传感器

温度传感器是温度控制系统或涉及温度测量相关的仪器仪表的核心部分，其品种繁多。按照测量方式可分为接触式和非接触式两大类；按照传感器材料及电子元件特性可分为热电阻和热电偶；按照数据格式又可分为数字量输出的温度传感器和模拟量输出的温度传感器。数字量输出的有 DS18B20、DHT11 等，模拟量输出的有 LM35、LM75 等。

本节介绍一款应用非常广泛的热敏电阻传感器 MF58。MF58 在工业生产、居民生活方面应用非常广泛。民用的如电磁炉、电饭煲、电烤箱、消毒柜、饮水机、微波炉、电取暖炉等家用电器的温度控制及温度检测，办公自动化设备（如复印机、打印机等）的温度检测及温度补偿，食品加工设备的温度控制与检测等，经常可以看到它的身影。

热敏电阻传感器是对温度敏感的电阻器的总称，是半导体测温元件。外界温度变化，其阻值会相应地发生较大的改变。按照温度系数，可以将热敏电阻分为负温度系数（Negative Temperature Coeffcient，NTC）热敏电阻和正温度系数（Positive Temperature Coeffcient，PTC）热敏电阻两大类。热敏电阻物理特性曲线如图 10-26 所示。从图中可以看出，PTC 的热敏电阻电阻率随着温度的升高逐渐变大，而 NTC 正好相反。MF58 系列是负温度系数热敏电阻的一类。MF58 热敏电阻实物如图 10-27 所示。

对于负温度系数热敏电阻（以下简称 NTC 热敏电阻）来说，在较小的温度范围内，电阻与温度之间，具有如下关系。

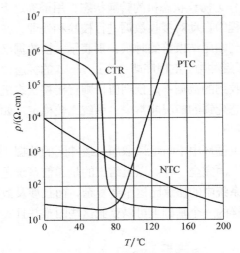

图 10-26　热敏电阻物理特性曲线

图 10-27　MF58 热敏电阻实物

$$R_T = R_0 e^{B\left(\frac{1}{T} - \frac{1}{T_0}\right)} = R_0 e^{B\left(\frac{1}{273+t} - \frac{1}{273+t_0}\right)}$$

式中：R_T、R_0 为热敏电阻在热力学温度 T，T_0 时的阻值，单位为 Ω；

　　　　T_0、T 为介质的起始温度和变化温度，单位为 K；

　　　　t_0、t 为介质的起始温度和变化温度，单位为℃；

　　　　B 为热敏电阻材料常数，一般为 2000K～6000K，其大小取决于热敏电阻的材料。

将上式进行化简，得：

$$B = \ln\left(\frac{R_T}{R_0}\right) \Big/ \left(\frac{1}{T} - \frac{1}{T_0}\right)$$

温度系数是指温度每升高 1℃电阻值的变化率。B 值是热敏电阻器的材料常数。热敏电阻器件（一种半导体陶瓷）在经过高温烧结后，形成具有一定电阻率的材料，每种配方和烧结温度下只有一个 B 值，所以称为材料常数。NTC 热敏电阻器的 B 值一般在 2000K～6000K，不能简单地认为 B 值是越大越好或者越小越好，要看具体的应用场合。一般来说，作为温度测量、温度补偿以及抑制电阻的产品，同样条件下是 B 值较大为宜。因为随着温度的变化，B 值大的产品其电阻值变化更大、更灵敏。

市面上 MF58 的型号有很多，如 MF58-103F3950 等，大多数都为玻璃封装，镀锡钢线引出。其中，103 标号指的是在 25℃时，组织为 $10 \times 10^3 \Omega$，即 10kΩ，F 表示阻值允许误差为 ± 1%，而 B 值为 3950K。生产厂商会给出一张温度分度，如表 10-1 所示。

表 10-1　MF58 温度分度

T/°C	R/kΩ	T/°C	R/kΩ	T/°C	R/kΩ	T/°C	R/kΩ	T/°C	R/kΩ
			R25°C=10.00kΩ		B25°C/50°C=3950kΩ				
−30	184.9	12	18.41	54	3.088	96	0.7748	138	0.2594
−29	174.5	13	17.53	55	2.976	97	0.7525	139	0.2533
−28	164.8	14	16.70	56	2.869	98	0.7309	140	0.2473
−27	155.5	15	15.91	57	2.767	99	0.7101	141	0.2416
−26	146.9	16	15.17	58	2.668	100	0.6900	142	0.2359
−25	138.7	17	14.47	59	2.574	101	0.6710	143	0.2305
−24	131.0	18	13.80	60	2.484	102	0.6526	144	0.2251
−23	123.7	19	13.17	61	2.397	103	0.6349	145	0.2200
−22	116.9	20	12.57	62	2.314	104	0.6177	146	0.2149
−21	110.5	21	12.00	63	2.234	105	0.6011	147	0.2101
−20	104.4	22	11.46	64	2.157	106	0.5850	148	0.2053
−19	98.68	23	10.95	65	2.083	107	0.5694	149	0.2007
−18	93.29	24	10.46	66	2.012	108	0.5543	150	0.1962
−17	87.78	25	10.00	67	1.944	109	0.5397	151	0.1919
−16	82.59	26	9.566	68	1.879	110	0.5255	152	0.1878
−15	77.75	27	9.154	69	1.816	111	0.5118	153	0.1838
−14	73.31	28	8.762	70	1.756	112	0.4985	154	0.1799
−13	69.28	29	8.389	71	1.698	113	0.4856	155	0.1761
−12	65.51	30	8.034	72	1.642	114	0.4731	156	0.1724
−11	62.00	31	7.697	73	1.588	115	0.4610	157	0.1688
−10	58.67	32	7.376	74	1.537	116	0.4492	158	0.1653
−9	55.49	33	7.070	75	1.487	117	0.4378	159	0.1619
−8	52.49	34	6.779	76	1.439	118	0.4268	160	0.1585
−7	49.67	35	6.502	77	1.393	119	0.4160	161	0.1553
−6	47.01	36	6.237	78	1.349	120	0.4056	162	0.1521
−5	44.50	37	5.986	79	1.306	121	0.3955	163	0.1490
−4	42.14	38	5.745	80	1.265	122	0.3857	164	0.1460
−3	39.92	39	5.516	81	1.226	123	0.3762	165	0.1431
−2	37.82	40	5.298	82	1.187	124	0.3670	166	0.1402
−1	35.84	41	5.089	83	1.151	125	0.3580	167	0.1374
0	33.97	42	4.890	84	1.115	126	0.3490	168	0.1347
1	32.22	43	4.700	85	1.081	127	0.3403	169	0.1320
2	30.56	44	4.518	86	1.048	128	0.3318	170	0.1294
3	29.01	45	4.345	87	1.016	129	0.3235	171	0.1269
4	27.54	46	4.179	88	0.9850	130	0.3155	172	0.1244
5	26.15	47	4.021	89	0.9553	131	0.3078	173	0.1220
6	24.85	48	3.869	90	0.9266	132	0.3003	174	0.1196
7	23.61	49	3.724	91	0.8990	133	0.2929	175	0.1173
8	22.45	50	3.586	92	0.8723	134	0.2858	176	0.1150
9	21.35	51	3.453	93	0.8466	135	0.2789	177	0.1128
10	20.31	52	3.326	94	0.8218	136	0.2723	178	0.1106
11	19.33	53	3.204	95	0.7979	137	0.2658	179	0.1084

可以看出，在 25℃时，热敏电阻的阻值为 10kΩ，随着温度的变化，MF58 热敏电阻的阻值也发生变化，温度和阻值之间可一一进行对应。测量温度时，可以将其与一电阻串联，如图 10-28 所示，测量电压值，根据电压值得到其阻值，进而达到其对应的温度。

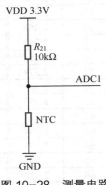

图 10-28　测量电路

从表 10-1 可以看出，在温度分度表给出的温度–阻值对应关系中，步进值为 1℃，如果进一步细化其测量值，可以认为相邻温度之间为线性变化，如 $y=A+B\cdot x$，利用相邻两点，求出 A、B 值，则可以完成更加精确的测量；或者利用 MATLAB、Origin 等数学处理软件，利用给出的温度和阻值关系，求出更加复杂的多项表达式系数值进行计算。

至此，利用本书所简述的相关知识，能够完成数字温度计的测量及其显示等功能。本节中讲述的高级单片机编程技巧，读者可以参考并将其融入前文所讲述的程序设计中。

10.4　习题与巩固

1. 什么是任务？
2. 什么是前后台程序？
3. 简述前、后台程序的基本编写原则及技巧。
4. 简述状态机的定义和特点。
5. 简述将状态转移图转换成程序代码的方法。